2019
浙江科技统计年鉴

浙江省科学技术厅
浙 江 省 统 计 局 编

ZHEJIANG UNIVERSITY PRESS
浙江大学出版社

图书在版编目（CIP）数据

2019浙江科技统计年鉴 / 浙江省科学技术厅，浙江省统计局编. —杭州：浙江大学出版社，2019.12

ISBN 978-7-308-19912-4

Ⅰ. ①2… Ⅱ. ①浙… ②浙… Ⅲ. ①科技统计—浙江—2019—年鉴 Ⅳ. ①G322.755-66

中国版本图书馆CIP数据核字（2019）第295095号

2019浙江科技统计年鉴

浙江省科学技术厅
浙 江 省 统 计 局 编

责任编辑 樊晓燕
责任校对 严 莹
装帧设计 刘依群
出版发行 浙江大学出版社
（杭州市天目山路148号 邮政编码310007）
（网址：http://www.zjupress.com）
排　　版 浙江时代出版服务有限公司
印　　刷 杭州高腾印务有限公司
开　　本 889mm×1194mm 1/16
印　　张 23.25
字　　数 619千
版 印 次 2019年12月第1版 2019年12月第1次印刷
书　　号 ISBN 978-7-308-19912-4
定　　价 180.00元

编辑说明

为反映浙江科技进步状况和区域创新能力，满足宏观管理部门制定科技发展规划和调整科技政策的需要，浙江省科技厅、省统计局在征询有关部门意见的基础上，共同整理编辑了这本科技统计资料书。

本书收集了浙江各类科技活动的投入产出等方面统计数据，较为全面、系统地描述了浙江区域科技活动的规模、水平、布局、构成与发展，是有关管理部门和社会各界了解、研究和分析浙江科技政策以及科技活动情况的主要工具书。

本书共分六个部分。第一部分为全社会科技活动的综合统计资料，主要有科技活动人员构成与投入情况、科技活动经费构成与投入情况、地方财政科技拨款情况、科技成果产出及获奖、技术市场成交等指标的综合资料；第二、三、四、五部分则依次为研究与开发机构、规模以上工业企业、大中型工业企业、高等院校的科技活动统计资料，主要有机构情况、科技活动人员情况、科技活动经费筹集与支出情况、科技项目（课题）情况、成果和知识产权等科技产出情况的内容；第六部分为浙江高技术产业发展状况的综合资料。本书的最后还附了主要指标解释，便于读者了解科技统计数据资料的统计定义、口径范围和统计方法。

《2019浙江科技统计年鉴》编辑委员会

目　录

一、综　合

二、研究与开发机构

三、规模以上工业企业情况

四、大中型工业企业情况

五、高等院校

六、高技术产业

一、综　合

1-1　各市土地面积和行政区划（2018）

城市	土地面积（平方公里）	市辖区（个）	县（县级市）（个）	建制镇（个）	乡（个）	村（个）
杭州市	16850	10	3	75	23	2015
宁波市	9816	6	4	75	10	2485
温州市	12110	4	7	93	26	5385
嘉兴市	4223	2	5	42		759
湖州市	5820	2	3	39	6	988
绍兴市	8279	3	3	67	15	2129
金华市	10942	2	7	74	31	3404
衢州市	8845	2	4	43	39	1482
舟山市	1459	2	2	17	5	296
台州市	10050	3	6	61	24	3043
丽水市	17275	1	8	53	90	2725

1-2　全省生产总值（1978—2018）

年份	全省生产总值（亿元）	第一产业（亿元）	第二产业（亿元）	第三产业（亿元）	工业产值（亿元）	人均生产总值（元）
1978	123.72	47.09	53.52	23.11	46.97	331
1979	157.75	67.56	64.07	26.12	55.59	417
1980	179.92	64.61	84.07	31.24	73.71	471
1981	204.86	69.06	94.68	41.12	84.08	531
1982	234.01	84.88	98.44	50.69	87.21	599
1983	257.09	82.89	113.12	61.08	102.55	650
1984	323.25	104.40	141.48	77.37	127.91	810
1985	429.16	123.88	198.91	106.37	178.68	1067
1986	502.47	136.29	230.89	135.29	206.63	1237
1987	606.99	159.41	281.47	166.11	249.69	1478
1988	770.25	195.68	354.39	220.18	315.36	1853
1989	849.44	210.95	386.25	252.24	346.50	2023
1990	904.69	225.04	408.18	271.47	363.74	2138
1991	1089.33	245.22	494.11	350.00	438.36	2558
1992	1375.70	262.67	653.43	459.60	581.73	3212
1993	1925.91	315.96	983.96	625.99	876.26	4469
1994	2689.28	438.65	1398.12	852.51	1243.37	6201
1995	3557.55	549.96	1854.52	1153.07	1645.51	8149
1996	4188.53	594.93	2232.17	1361.43	1983.90	9552
1997	4686.11	618.90	2554.57	1512.64	2285.24	10624
1998	5052.62	609.30	2766.94	1676.38	2484.97	11394
1999	5443.92	606.31	2974.74	1862.87	2679.68	12214
2000	6141.03	630.98	3273.93	2236.12	2945.70	13415
2001	6898.34	659.78	3572.88	2665.68	3181.94	14664
2002	8003.67	685.20	4090.48	3227.99	3640.84	16841
2003	9705.02	717.85	5096.38	3890.79	4462.97	20149
2004	11648.70	814.10	6250.38	4584.22	5491.33	23817
2005	13417.68	892.83	7164.75	5360.10	6344.71	27062
2006	15718.47	925.10	8511.51	6281.86	7585.47	31241
2007	18753.73	986.02	10154.25	7613.46	9090.74	36676
2008	21462.69	1095.96	11567.42	8799.31	10328.72	41405
2009	22998.24	1163.08	11860.16	9975.01	10440.77	43857
2010	27747.65	1360.56	14187.36	12199.74	12477.11	51758
2011	32363.38	1583.04	16331.27	14449.07	14370.50	59331
2012	34739.13	1667.88	17000.09	16071.16	14902.22	63508
2013	37756.58	1760.34	18047.52	17948.72	15837.20	68805
2014	40173.03	1777.18	19175.06	19220.79	16771.90	73002
2015	42886.49	1832.91	19711.67	21341.91	17217.47	77644
2016	47251.36	1965.18	21194.61	24091.57	18655.12	84916
2017	51768.26	1933.92	22232.08	27602.26	19474.48	92057
2018	56197.15	1967.01	23505.88	30724.26	20499.57	98643

注：1. 本表按当年价格计算。2000 年以后人均生产总值均按常住人口计算。

2. 2004 年起第一产业包括农林牧渔服务业。

3. 2013 年起三次产业分类依据国家统计局 2012 年制定的《三次产业划分规定》，后表同。

4. 2016 年起研发支出计入地区生产总值，后表同。

1–3　历年总户数和总人口数（1978—2018，年底数）

年份	总户数（万户）	总人口数（万人）	按性别分（万人）	
			男性	女性
1978	897.62	3750.96	1948.29	1802.67
1979	905.32	3792.33	1967.40	1824.93
1980	923.58	3826.58	1985.59	1840.99
1981	965.92	3871.51	2007.55	1863.96
1982	990.66	3924.32	2034.98	1889.34
1983	1014.03	3963.10	2056.06	1907.04
1984	1038.85	3993.09	2071.46	1921.63
1985	1081.20	4029.56	2090.69	1938.87
1986	1122.09	4070.07	2112.05	1958.02
1987	1167.30	4121.19	2137.38	1983.81
1988	1211.08	4169.85	2161.26	2008.59
1989	1240.41	4208.88	2180.83	2028.05
1990	1259.49	4234.91	2193.71	2041.20
1991	1276.80	4261.37	2206.65	2054.72
1992	1297.81	4285.91	2218.72	2067.19
1993	1311.07	4313.30	2232.72	2080.58
1994	1321.54	4341.20	2246.57	2094.63
1995	1339.82	4369.63	2259.54	2110.09
1996	1353.99	4400.09	2273.54	2126.55
1997	1369.79	4422.28	2282.85	2139.43
1998	1389.44	4446.86	2293.29	2153.57
1999	1410.25	4467.46	2302.64	2164.82
2000	1440.40	4501.22	2316.54	2184.68
2001	1447.67	4519.84	2323.87	2195.97
2002	1466.19	4535.98	2330.30	2205.68
2003	1485.72	4551.58	2335.61	2215.97
2004	1509.29	4577.22	2345.26	2231.96
2005	1534.16	4602.11	2354.19	2247.91
2006	1556.53	4629.43	2364.97	2264.46
2007	1578.85	4659.34	2377.12	2282.22
2008	1595.70	4687.85	2388.98	2298.87
2009	1604.17	4716.18	2400.16	2316.02
2010	1607.86	4747.95	2413.13	2334.83
2011	1618.04	4781.31	2426.93	2354.38
2012	1616.25	4799.34	2433.68	2365.66
2013	1622.44	4826.89	2445.04	2381.86
2014	1630.49	4859.18	2458.69	2400.49
2015	1642.42	4873.34	2462.76	2410.58
2016	1652.99	4910.85	2479.23	2431.62
2017	1672.00	4957.63	2499.50	2458.13
2018	1694.80	4999.84	2517.95	2481.89

注：本表资料为公安年报数据。

1-4　就业和失业人员情况（1978—2018，年底数）

年份	就业人员总数（万人）	非私营单位在岗职工合计	国有单位	集体单位	其他单位	私营、个体和乡村从业人员	城镇登记失业率（%）
1978	1794.96	312.89	183.14	129.75		1482.07	7.2
1979	1829.90	339.91	196.78	143.13		1489.99	3.7
1980	1856.42	359.73	208.50	151.23		1496.69	2.7
1981	1954.53	397.35	223.62	155.73		1575.18	1.3
1982	2021.74	374.33	232.29	142.04		1647.41	2.4
1983	2141.16	382.75	237.68	145.07		1758.41	1.8
1984	2248.91	402.51	228.26	172.72	1.53	1846.40	1.1
1985	2318.56	426.57	240.71	183.81	2.05	1891.99	0.8
1986	2386.42	443.04	251.92	188.73	2.39	1943.38	1.2
1987	2444.73	459.65	263.46	192.97	3.22	1985.08	1.6
1988	2502.73	475.74	274.30	196.97	4.47	2026.99	1.5
1989	2522.86	470.12	274.95	189.34	5.83	2052.74	2.1
1990	2554.46	476.02	280.87	189.12	6.03	2078.44	2.2
1991	2579.36	492.81	293.41	191.09	8.31	2080.20	2
1992	2600.38	491.37	297.96	181.62	11.79	2103.33	2.4
1993	2615.89	502.36	300.59	176.12	25.65	2105.20	2.6
1994	2640.51	500.88	294.13	170.42	36.33	2106.78	2.6
1995	2621.47	498.61	294.59	161.89	42.13	2111.89	2.8
1996	2625.06	495.35	290.22	156.25	48.88	2119.20	2.6
1997	2619.66	482.26	285.05	144.53	52.68	2126.47	3
1998	2612.54	455.80	256.61	102.94	96.25	2144.42	3.3
1999	2625.17	427.45	233.15	80.21	114.09	2184.58	3.4
2000	2726.09	398.53	208.19	58.93	131.41	2314.70	3.4
2001	2796.65	372.39	185.36	41.28	145.75	2409.63	3.7
2002	2858.56	367.14	179.67	35.49	151.98	2466.84	4
2003	2918.74	373.21	170.40	30.53	172.28	2517.93	3.7
2004	2991.95	447.47	176.44	36.05	234.98	2527.39	4.1
2005	3100.76	522.93	177.93	31.17	313.83	2569.64	3.7
2006	3172.38	590.47	182.27	28.51	379.70	2561.54	3.51
2007	3405.01	641.17	185.94	27.68	427.56	2738.32	3.27
2008	3486.53	689.35	186.98	25.30	477.07	2695.33	3.49
2009	3591.98	749.57	191.00	28.10	530.44	2755.07	3.26
2010	3636.02	812.14	196.48	27.60	588.06	2724.12	3.20
2011	3674.11	882.51	195.55	26.54	660.43	2696.94	3.12
2012	3691.24	1022.32	211.20	24.26	786.85	2663.08	3.01
2013	3708.73	1020.58	200.23	20.91	799.44	2658.66	3.01
2014	3714.15	1051.02	202.00	19.20	829.83	2640.01	2.96
2015	3733.65	1027.53	206.17	14.81	806.55	2660.21	2.93
2016	3760.00	1003.06	205.40	14.45	783.21	2714.26	2.87
2017	3796.00	993.49	207.01	15.02	771.46	2738.69	2.73
2018	3836.00	960.08	201.35	14.32	744.41	2781.47	2.60

注：城镇登记失业人员、城镇登记失业率数据来自社会保障部门。

1–5　地方财政科技拨款情况（1990—2018）

年份	财政科技拨款（亿元）			财政科技拨款占财政支出比重（%）
		科技三项费	科学事业费	
1990	1.50	0.77	0.73	1.87
1991	1.73	0.91	0.81	2.03
1992	1.93	0.96	0.95	2.03
1993	2.26	1.11	1.11	1.80
1994	2.78	1.32	1.37	1.82
1995	3.49	1.78	1.63	1.94
1996	4.42	2.04	2.19	2.07
1997	5.57	2.94	2.41	2.32
1998	7.30	4.08	2.98	2.55
1999	9.46	5.59	3.39	2.80
2000	13.98	9.18	3.95	3.24
2001	18.55	12.05	5.12	3.10
2002	24.94	16.05	6.12	3.33
2003	29.41	19.52	7.17	3.28
2004	38.35	25.18	9.15	3.61
2005	50.01	34.10	10.56	3.95
2006	62.88	41.52	12.81	4.29
2007	72.88			4.03
2008	88.19			3.99
2009	99.30			3.74
2010	121.40			3.78
2011	143.90			3.74
2012	165.98			3.99
2013	191.87			4.06
2014	207.99			4.03
2015	250.79			3.77
2016	269.04			3.86
2017	303.50			4.03
2018	379.66			4.40

1–6　省本级财政科技拨款情况（1999—2018）

年份	省本级地方财政科技拨款（亿元）	科技三项费	科学事业费	科技基建费	占本级财政支出比重（%）
1999	3.32	1.37	1.93	0.02	5.94
2000	3.97	1.76	2.20	0.01	5.99
2001	5.13	2.23	2.89	0.01	5.71
2002	6.52	3.33	3.12	0.07	6.19
2003	7.52	3.87	3.58	0.06	6.52
2004	10.01	5.53	4.48	0.01	7.29
2005	12.96	7.90	4.79	0.01	8.10
2006	16.48	9.09	5.58	0.01	9.04
2007	16.99				8.50
2008	18.86				7.50
2009	20.42				6.27
2010	22.02				6.29
2011	24.16				6.04
2012	27.00				6.27
2013	30.34				6.30
2014	23.77				4.94
2015	25.47				3.08
2016	24.40				4.79
2017	24.77				2.38
2018	28.42				4.93

注：从 2014 年开始，省本级地方财政科技拨款不包含省对市县转移支付。

1-7 研究与试验发展（R&D）人员投入情况（1990—2018）

单位：万人年

年份	R&D 人员	按执行部门分			
		研究机构	高等院校	工业企业	其他部门
1990	1.23				
1991	1.30				
1992	1.39				
1993	1.49				
1994	1.56				
1995	1.63				
1996	1.71				
1997	1.76				
1998	2.31				
1999	2.74				
2000	2.86	0.29	0.53	1.62	0.43
2001	3.92	0.27	0.57	2.43	0.65
2002	4.46	0.28	0.77	2.66	0.74
2003	4.96	0.29	0.82	3.13	0.72
2004	5.85	0.28	1.03	3.98	0.56
2005	8.01	0.32	1.06	6.11	0.52
2006	10.81	0.34	1.05	8.80	0.63
2007	13.05	0.45	1.08	10.55	0.96
2008	16.03	0.41	1.13	13.03	1.46
2009	18.51	0.40	1.20	15.09	1.81
2010	22.35	0.42	1.30	18.57	2.05
2011	26.29	0.46	1.29	21.71	2.82
2012	27.81	0.54	1.34	22.86	3.07
2013	31.10	0.51	1.42	26.35	2.82
2014	33.84	0.56	1.41	29.03	2.84
2015	36.47	0.71	1.61	31.67	2.48
2016	37.66	0.71	1.77	32.18	2.99
2017	39.81	0.78	2.00	33.36	3.66
2018	45.80	0.89	2.07	39.41	3.43

1-8　R&D 经费投入情况（1990—2018）

年份	R&D 活动经费 （亿元）	占 GDP 比重 （%）
1990	2.04	0.23
1991	2.27	0.21
1992	3.46	0.25
1993	4.43	0.23
1994	7.88	0.30
1995	9.14	0.26
1996	10.5	0.25
1997	15.19	0.33
1998	19.7	0.39
1999	27.05	0.50
2000	36.59	0.60
2001	44.74	0.65
2002	57.65	0.72
2003	77.76	0.80
2004	115.55	0.99
2005	163.29	1.22
2006	224.03	1.43
2007	286.32	1.53
2008	345.76	1.61
2009	398.84	1.73
2010	494.23	1.78
2011	612.93	1.90
2012	722.59	2.08
2013	817.27	2.18
2014	907.85	2.26
2015	1011.18	2.36
2016	1130.63	2.39
2017	1266.34	2.45
2018	1445.69	2.57

注：2016 年起研发支出计入地区生产总值。

1–9 R&D经费支出情况（1990—2018）

单位：亿元

年份	R&D经费支出	按执行部门分				按经费来源分			
		研究机构	高等院校	工业企业	其他部门	政府资金	企业资金	国外资金	其他资金
1990	2.04	0.96	0.51	0.52	0.05				
1991	2.27	0.87	0.69	0.64	0.06				
1992	3.46	1.21	1.25	0.90	0.09				
1993	4.43	1.48	1.77	1.04	0.13				
1994	7.88	1.33	1.82	4.52	0.21				
1995	9.14	1.85	2.42	4.63	0.24				
1996	10.50	2.23	2.43	5.56	0.29				
1997	15.19	2.96	3.04	7.85	1.34				
1998	19.70	3.10	3.00	11.80	1.80				
1999	27.05	3.04	3.71	17.80	2.50				
2000	36.59	3.21	3.33	26.54	3.51	5.73	26.93	0.53	3.40
2001	44.74	3.32	5.09	32.04	4.29	6.59	32.73	0.64	4.78
2002	57.65	2.97	6.58	42.58	5.52	6.77	42.20	0.17	8.51
2003	77.76	4.35	7.88	59.62	5.91	9.46	57.70	0.32	10.28
2004	115.55	4.62	13.33	91.10	6.50	13.78	97.42	0.63	3.72
2005	163.29	11.58	13.90	130.41	7.40	24.12	134.74	0.55	3.88
2006	224.03	12.38	15.99	183.39	12.27	28.00	190.28	1.12	4.63
2007	286.32	13.63	18.18	235.55	18.96	30.94	246.39	2.50	6.49
2008	345.76	13.89	19.15	283.73	28.99	37.08	296.46	4.39	7.83
2009	398.84	12.85	23.91	330.10	31.98	36.63	354.22	2.48	5.51
2010	494.23	15.36	34.55	407.43	36.89	48.00	435.45	3.27	7.53
2011	612.93	18.07	40.81	501.87	52.18	53.56	539.41	9.51	10.45
2012	722.59	21.83	44.72	588.61	67.43	60.41	644.37	3.13	14.68
2013	817.27	24.17	47.28	684.36	61.46	66.16	733.62	2.38	15.12
2014	907.85	27.12	49.76	768.15	62.83	70.65	817.35	2.58	17.27
2015	1011.18	30.28	56.14	853.57	71.19	75.29	911.30	2.00	22.60
2016	1130.63	35.03	54.65	935.79	105.16	78.72	1033.25	2.10	16.56
2017	1266.34	36.24	62.19	1030.14	137.77	91.58	1151.55	1.56	21.66
2018	1445.69	47.41	72.36	1147.39	178.53	113.89	1302.68	2.18	26.94

1-10　全省地方国有企事业单位专业技术人员数（2000—2017）

单位：人

年份	合计	工程技术人员	农业技术人员	科学技术人员	卫生技术人员	教学人员	其他
2000	784993	125710	19183	4075	117971	368294	149760
2001	766471	112939	19195	4205	121796	377050	131286
2002	761390	107786	18319	4207	125686	385007	120385
2003	777986	110674	18926	5140	130700	392515	120031
2004	898859	93731	18954	2486	150235	405641	227812
2005	814699	98224	19214	6281	153944	413375	123661
2006	828474	100016	18749	5952	158926	420777	124054
2007	840539	100576	19379	6176	162583	423577	128248
2008	853938	102978	18733	6363	166264	427803	131797
2009	863487	102941	18492	6577	172390	432339	130748
2010	845636	98338	17079	4446	175744	426760	123269
2011	891166	105137	17520	5051	191810	442339	129309
2012	913315	105749	16656	5072	214208	445195	126435
2013	941912	110547	15844	5437	221251	461020	127813
2014	971520	118416	16190	5854	232231	466971	131858
2015	990171	122495	15989	6351	241513	472170	131653
2016	1018574	121659	15972	6438	252162	481528	140815
2017	1047049	128813	16175	6834	263594	490129	141504

1–11 按行业分的专业技术人员数（2018）

单位：人

行　业	合计	高级	中级	初级
总计	**913326**	**174128**	**385656**	**353542**
教育	506040	106414	236051	163575
科研	7151	2785	3046	1320
文化	11339	2418	4902	4019
卫生	274234	46578	94688	132968
体育	1412	245	599	568
新闻出版	3039	648	1330	1061
广播电视	9691	1340	4138	4213
社会福利	2161	96	929	1136
救助减灾	204	8	88	108
统计调查	693	30	259	404
技术推广与实验	10176	1799	4637	3740
公共设施与管理	21754	4108	9027	8619
物资仓储	90	8	38	44
监测	2118	501	917	700
勘探与勘察	2752	881	1434	437
测绘	884	243	401	240
检验检测与鉴定	1851	400	732	719
法律服务	457	19	135	303
资源管理事务	1774	184	843	747
质量技术监督事务	3201	833	1356	1012
经济监管事务	1290	134	570	586
知识产权事务	85	17	44	24
公证与认证	415	56	148	211
信息与咨询	1500	276	625	599
人才交流	261	27	121	113
机关后勤服务	1461	72	607	782
其他服务	47293	4008	17991	25294

1-12 按行业分的企业单位专业技术人员数（2018）

单位：人

项 目	总数	按职务分				
		高级职务	正高级职务	中级职务	初级职务	未聘任专业技术职务
总计	**156803**	**12647**	**581**	**39915**	**56584**	**47657**
农、林、牧、渔业	1220	94	5	345	684	97
采矿业	520	65		212	219	24
制造业	23721	1730	69	6015	8402	7574
电力、热力、燃气及水生产和供应业	16249	1368	34	4769	7822	2290
建筑业	20563	2288	26	5391	6903	5981
批发和零售业	18351	529	10	2850	5690	9282
交通运输、仓储和邮政业	29466	3102	197	8232	12037	6095
住宿和餐饮业	910	37		147	501	225
信息传输、软件和信息技术服务业	3187	67	1	260	409	2451
金融业	9779	271	2	2421	3248	3839
房地产业	5339	561	8	1947	1714	1117
租赁和商务服务业	3700	222	6	1110	1461	907
科学研究和技术服务业	4244	795	40	1685	919	845
水利、环境和公共设施管理业	6168	546	5	1816	2886	920
居民服务、修理和其他服务业	2769	155	1	657	1560	397
教育	279	31	8	137	57	54
卫生和社会工作	1365	178	28	509	611	67
文化、体育与娱乐业	8973	608	141	1412	1461	5492

1–12 续表 单位：人

项 目	按专业分					
	工程技术人员	农业技术人员	科学技术人员	卫生技术人员	教学人员	其他专技人员
总计	**77110**	**819**	**482**	**5342**	**676**	**72374**
农、林、牧、渔业	416	224	3	3	5	569
采矿业	262			12		246
制造业	16847	162	181	208	184	6139
电力、热力、燃气及水生产和供应业	10559	8	4	10	6	5662
建筑业	16806		1		8	3748
批发和零售业	769	269		3153	27	14133
交通运输、仓储和邮政业	16099	128		102	105	13032
住宿和餐饮业	214		1		10	685
信息传输、软件和信息技术服务业	1689		129			1369
金融业	369	1			7	9402
房地产业	2944	4		2	9	2380
租赁和商务服务业	937	3		39	6	2715
科学研究和技术服务业	3712		157	1	3	371
水利、环境和公共设施管理业	4032	16	4		5	2111
居民服务、修理和其他服务业	880	4		535	15	1335
教育	21			2	199	57
卫生和社会工作	28		1	1274		62
文化、体育与娱乐业	526		1	1	87	8358

1–13　技术市场成交合同数量与成交金额（1990—2018）

年份	合同数量（项）					成交金额（亿元）				
		技术开发	技术转让	技术咨询	技术服务		技术开发	技术转让	技术咨询	技术服务
1990	8336	1375	526	1436	4999	1.36	0.40	0.13	0.10	0.74
1991	9200	1014	538	1502	6146	1.62	0.41	0.28	0.16	0.78
1992	12670	1788	671	2188	8023	3.08	0.55	0.41	0.42	1.71
1993	15769	876	437	3824	10632	7.15	0.75	0.44	1.22	4.74
1994	14436	550	458	4387	9041	7.20	0.69	0.53	1.85	4.13
1995	17954	467	491	5206	11790	9.78	1.05	1.04	2.22	5.47
1996	19031	759	360	4554	13358	10.73	1.22	0.48	2.25	6.78
1997	19808	849	378	5296	13285	13.32	1.40	0.85	2.79	8.28
1998	21774	1094	314	5294	15072	16.23	2.14	0.70	3.45	9.93
1999	25479	1713	542	6435	16789	18.85	3.57	1.21	4.24	9.63
2000	31218	4391	395	11163	15269	27.63	7.38	1.34	6.94	11.97
2001	33728	4014	510	10328	18876	31.67	8.85	1.21	8.40	13.20
2002	38400	4143	458	13975	19824	38.94	9.14	1.75	12.48	15.58
2003	50861	5886	489	21046	23440	53.04	12.06	2.41	20.77	17.79
2004	39974	6862	562	18825	13725	58.15	17.02	2.74	23.39	15.00
2005	20628	6788	816	8361	4663	38.70	19.75	3.47	8.74	6.74
2006	17734	6900	682	6908	3244	39.96	24.17	2.70	7.37	5.73
2007	16400	6508	830	5711	3351	45.42	28.24	3.86	6.96	6.36
2008	17391	6313	739	7048	3291	58.92	39.31	6.41	9.23	3.97
2009	12786	6221	717	3871	1977	56.51	43.41	5.83	4.43	2.83
2010	12826	7135	536	3223	1932	60.35	45.32	8.02	3.71	3.30
2011	13857	8761	335	2746	2015	68.30	57.53	4.17	2.58	4.01
2012	13551	9594	285	1995	1677	81.31	66.46	9.17	2.16	3.52
2013	12095	8360	312	1737	1686	81.41	55.70	9.85	1.92	13.94
2014	11955	8189	376	1871	1519	89.16	61.75	16.05	2.60	8.75
2015	11283	8176	530	1070	1507	99.29	64.81	24.44	2.17	7.87
2016	14826	8191	548	1251	4836	198.37	132.90	28.15	4.35	32.98
2017	13704	9154	625	910	3015	324.73	214.45	49.19	5.09	56.00
2018	16142	10544	715	939	3944	539.39	413.93	43.34	16.58	65.55

1–14　科协系统科技活动情况（2017—2018）

项　目	单位	科协合计		省科协		市科协		县级科协	
		2017	2018	2017	2018	2017	2018	2017	2018
机构数	**个**	**101**	**101**	**1**	**1**	**11**	**11**	**89**	**89**
人员数	**人**	**1632**	**1614**	**226**	**217**	**530**	**540**	**876**	**857**
学术活动									
学术会议									
次数	次	297	215	11	5	155	151	131	59
参加人数	人	54901	50883	2332	370	29508	40721	23061	9792
干部教育培训									
办培训班	个	97	120	5	20	14	10	78	90
培训人数	人次	6382	8807	452	1775	1111	786	4819	6246
科普活动									
宣讲活动	次	4291	4095	135	136	800	584	3356	3375
受众	人次	6760623	8256229	3085555	2181477	1298836	3348124	2376232	2726628
出版									
编著科技图书	种	63	47		0	20	15	43	32
年发行总量	册	477400	231810		0	172500	97000	304900	134810

1–15　科协系统省级学会情况（2012—2018）

项　目	单位	2012	2013	2014	2015	2016	2017	2018
机构数	个	**162**	**165**	**169**	**170**	**173**	**173**	**175**
会员数	人	**200156**	**197578**	**219027**	**231067**	**220897**	**235037**	**274195**
学术活动								
学术会议								
次数	次	768	771	927	1105	1058	780	829
参加人数	人	95156	100846	127614	173171	182818	223252	223508
交流论文数	篇	27289	14873	33283	35226	39773	26284	24887
科技培训								
继续教育	个	234	253	344	443	334	326	239
培训人数	人次	28115	35343	51386	82564	59965	76936	73540
科普活动								
宣讲活动	次	909	937	1455	1967	1254	452	342
受众	人次	263943	265364	323308	352079	1984109	1863481	3561227
青少年科技竞赛次数	次	58	61	39	48	49	26	30
出版								
主办科技期刊	种	50	58	54	56	53	60	54
年发行总量	册	2212513	981607	2144011	2109891	995120	1862500	1929077
编著科技图书	种	44	44	51	51	70	34	37
年发行总量	册	150300	167000	291400	306300	362232	362730	318750

1-16　专利申请量和授权量（1990—2018）

单位：件

年份	申请量合计	发明	实用新型	外观设计	授权量合计	发明	实用新型	外观设计
1990	2243	256	1754	233	989	43	882	64
1991	2571	300	1965	306	1217	49	1006	162
1992	3194	377	2382	435	1577	63	1343	171
1993	3343	423	2353	567	2946	129	2404	413
1994	3495	389	2373	733	2028	62	1612	354
1995	4042	357	2323	1362	2131	54	1455	622
1996	5162	403	2845	1914	2410	45	1377	988
1997	6262	493	3062	2707	3167	64	1487	1616
1998	7074	571	3309	3194	4470	47	1967	2456
1999	8177	587	3465	4125	7071	108	3524	3439
2000	10316	859	4439	5018	7495	184	3439	3872
2001	12828	1093	5216	6519	8312	174	3549	4589
2002	17265	1843	6390	9032	10479	188	3860	6431
2003	21463	2750	7758	10955	14402	398	4928	9076
2004	25294	3578	9021	12695	15249	785	5492	8972
2005	43221	6776	12723	23722	19056	1110	6778	11168
2006	52980	8333	15940	28707	30968	1424	10503	19041
2007	68933	9532	19270	40131	42069	2213	16108	23748
2008	89965	12063	25168	52734	52955	3269	20002	29684
2009	108563	15655	40436	52472	79945	4818	25295	49832
2010	120783	18027	50249	52507	114643	6410	47617	60616
2011	177081	24745	75875	76461	130190	9135	56030	65025
2012	249373	33265	108599	107509	188431	11459	84897	92075
2013	294014	42744	127122	124148	202350	11139	106238	84973
2014	261434	52405	116011	93018	188544	13372	99508	75664
2015	307263	67674	150172	89417	234983	23345	124465	87173
2016	393147	93254	199244	100649	221456	26576	123744	71136
2017	377115	98975	191372	86768	213805	28742	114311	70752
2018	455526	143064	219176	93286	284592	32550	172435	79607

1-17 测绘部门主要指标完成情况（2009—2018）

项　目	单位	2009	2010	2011	2012	2013	2014	2015	2016	2017	2018
基础测绘经费总投入	万元	30656	35920	34496	40576	50675	74789	71238	67943	48512	40452
测绘服务总值	亿元	12.83	15.13	25.10	27.95	32.39	33.64	37.43	50.40	54.13	66.18
年末测绘人数	人	9686	10295	10774	11742	12488	14587	16061	18576	20011	21939
1:1 万地形图测制与更新	幅	1446	1819	1473	1657	1639	1502	1446	1446	1446	4336
1:2000 地形图测制与更新	幅									22076	12262
提供各种比例尺地形图	张	72404	53470	108450	87825	149968	107833	82869	49795		

1-18 标准计量、特种设备和质量监督情况（2016—2018）

项　目	单位	2016	2017	2018
国家质检中心	家	49	49	49
省级质检中心	家	100	101	104
各级政府质量奖获奖企业数	家	1712	1993	2371
浙江名牌产品数	个	2605	2680	2842
纳入全省质量信用信息平台的企业数	家	50432	34691	—
纳入全省质量信用信息平台的信息数	条	203104	136771	—
现行有效地方标准数	项	623	733	789
企业产品标准自我声明公开数	项	62180	102877	136372
依法设置的计量检定机构数	所	76	76	76
省级检定机构数	所	1	1	1
市级检定机构数	所	12	12	12
县（市）、区级检定机构数	所	63	63	63
依法授权的计量检定机构数	个	51	56	84
省级授权机构数	个	8	8	9
市级授权机构数	个	43	48	75
全省最高等级社会公用计量标准数	个	200	183	321
全省其他等级社会公用计量标准数	个	3176	3193	3039
强制检定计量器具实际检出数	万台件	643.18	776.13	728.02
全省检验检测机构数	个	1674	1766	2062
产品质量监督检验受检企业数	个	17960	17620	17239
特种设备综合检验机构数	个	18	18	18
省特种设备检验机构数	个	1	1	1
市特种设备检验机构数	个	11	11	11
行业特种设备检验机构数	个	6	2	6
固定资产总值	万元	578220	614091	—
打击假冒伪劣案件立案数	个	4365	5962	7750

注：固定资产总值自 2015 年起含工商、食药、质监三局部分合并数据。

1-19　高新技术产品进出口贸易情况（2016—2018）

单位：万美元

项　目	出口			进口			进出口		
	2016	2017	2018	2016	2017	2018	2016	2017	2018
高新技术产品	**1684579**	**1865611**	**2135516**	**798935**	**1020651**	**1188756**	**2483514**	**2886261**	**3324272**
生物技术	16269	15731	20945	1001	187	1054	17270	15918	21998
生命科学技术	439441	477323	540148	151543	204653	208365	590984	681976	748514
光电技术	99976	102936	106235	122729	122632	137501	222705	225568	243735
计算机与通信技术	604230	693964	740872	67736	106157	122493	671965	800120	863365
电子技术	286360	328791	433708	327243	407072	471626	613602	735862	905334
计算机集成制造技术	160686	177943	227519	110117	153277	205608	270804	331219	433127
材料技术	58798	51786	50089	6438	7584	9145	65236	59370	59235
航空航天技术	11441	10700	9151	11433	18699	32546	22875	29400	41697
其他技术	7378	6437	6849	695	391	417	8073	6828	7266

1-20　分地区工业制成品、高新技术产品进出口情况（2016—2018）

单位：万美元

地　区	出口								
	2016			2017			2018		
	总值	工业制成品	高新技术产品	总值	工业制成品	高新技术产品	总值	工业制成品	高新技术产品
合计	**26752256**	**26010384**	**1684579**	**28679328**	**27833754**	**1865611**	**32103885**	**31091511**	**2135354**
杭州地区	5013970	4896322	642713	5092086	4962702	707120	5182140	5045182	785645
宁波地区	6608688	6469214	433363	7352031	7205819	491068	8415018	8255065	540263
温州地区	1607670	1577682	40515	1707735	1682432	45359	1971789	1947073	57751
嘉兴地区	2350527	2266107	146605	2620201	2525919	180971	3058467	2951035	223209
湖州地区	901563	859255	28976	1005601	963228	32375	1168275	1122178	36685
绍兴地区	2556423	2507002	63022	2731281	2678663	55135	3105172	3042259	57675
金华地区	4697738	4703772	113819	4882523	4863770	112398	5549506	5525360	135673
衢州地区	302627	287110	17310	382293	362173	16603	350320	335080	15099
舟山地区	625011	389220	3877	566599	285381	2234	642663	246832	2779
台州地区	1773336	1748586	188711	2036001	2009821	217548	2320380	2292848	275530
丽水地区	314703	306113	5668	302977	293846	4800	340119	328599	5046

地　区	进口								
	2016			2017			2018		
	总值	工业制成品	高新技术产品	总值	工业制成品	高新技术产品	总值	工业制成品	高新技术产品
合计	**6863538**	**4370517**	**798935**	**9111412**	**5725711**	**1020651**	**11132125**	**7081804**	**1188136**
杭州地区	1773381	1042366	330464	2415806	1364342	438780	2775229	1599550	501308
宁波地区	2878148	2044518	331302	3864818	2748180	411690	4592800	3401860	488404
温州地区	200471	114725	3198	250613	148712	2997	312695	208630	4202
嘉兴地区	784094	513275	76641	1025717	698645	99515	1218698	868798	105217
湖州地区	120667	80128	3933	133966	78942	3702	173018	121154	7107
绍兴地区	204114	175067	12612	215357	178247	10560	294070	260249	17197
金华地区	113944	76336	16542	138642	96900	25976	166537	107778	14864
衢州地区	120939	27366	2064	155289	44409	2716	180787	54636	4076
舟山地区	428852	87796	5223	589759	86586	3947	1074218	161059	16407
台州地区	213588	191413	16558	294695	267266	20360	311890	278816	27963
丽水地区	25340	17528	398	26750	13483	408	32183	19275	1391

1-21 全省科技成果获奖情况（1990—2018）

单位：项

年份	国家自然科学奖	国家技术发明奖	国家科技进步奖	省科技进步奖	省重大科技贡献奖
1990	—	3	16	297	—
1991	2	7	14	299	—
1992	—	4	6	297	—
1993	1	4	24	300	—
1994	—	—	—	299	—
1995	5	5	19	—	—
1996	—	3	12	300	—
1997	2	6	22	300	—
1998	—	1	16	299	—
1999	1		11	299	—
2000			13	300	—
2001		1	8	300	—
2002	2		4	279	—
2003		1	8	280	3
2004		2	13	280	—
2005	3		11	280	2
2006	1	2	9	280	—
2007	2	6	21	273	3
2008		6	17	279	—
2009		8	31	277	3
2010	1	2	15	279	—
2011	—	2	28	280	3
2012	2	6	21	277	—
2013	4	8	14	281	3
2014	2	5	27	291	—
2015	1		7	291	3
2016	2	4	6	280	—
2017		2	8	252	3
2018		3	4	259	—

二、研究与开发机构

2-1 县及县以上政府部门属研究与开发机构情况（2002—2018）

指标名称	单位	2002	2003	2004	2005	2006	2007	2008	2009	2010
机构数	个	169	162	151	151	147	148	146	144	146
从业人员	人	7987	7912	7574	7803	7937	8015	8337	8694	8867
科技活动人员	人	5893	5512	5563	5817	6104	6369	6642	6927	7118
R & D人员	人年	1691	1725	1741	1926	2036	2099	2314	2324	2374
基础研究	人年	100	157	137	133	125	159	167	168	317
应用研究	人年	489	380	516	572	473	535	609	459	562
试验发展	人年	1102	1188	1088	1221	1438	1405	1538	1697	1495
科技经费筹集额	万元	92180	107559	122892	148209	180238	215736	252759	263837	287954
政府资金	万元	56601	73016	84888	112869	131734	159349	181660	192904	212224
科技经费内部支出	万元	80350	104993	108692	120886	139325	171085	208112	221402	257300
R & D经费内部支出	万元	19155	23466	29596	40267	52415	60330	79249	92848	109016
基础研究	万元	804	2323	1973	2748	2539	4058	6938	5965	12345
应用研究	万元	5029	6064	9766	14569	16423	21612	21313	22959	31788
试验发展	万元	13322	15080	17857	22950	33453	34660	50998	63925	64883
固定资产	万元	94456	109623	121378	122684	137451	166779	211619	258278	346581
课题数	个	1976	1936	1906	2327	3043	3717	3310	3260	3411
课题经费支出	万元	24967	33048	49062	61567	69650	86192	95333	103035	115658
课题投入人员	人年	3131	3264	3376	3843	4092	4626	4786	4682	4458
专利申请量	项	76	88	70	96	121	144	206	271	367
专利授权量	项	40	11	23	51	56	50	88	90	191
发表科技论文	篇	2075	2168	2275	2545	2755	2967	3346	3285	3610
出版科技著作	部	86	87	120	98	90	89	110	109	107

注：2002年起不含转制机构数据。

2-1 续表

指标名称	单位	2011	2012	2013	2014	2015	2016	2017	2018
机构数	个	144	144	143	139	135	137	131	129
从业人员	人	9268	9572	9882	9925	10102	10210	10363	11101
科技活动人员	人	7512	8116	8429	8525	8575	8731	8898	9456
R & D人员	人年	2789	3422	3265	3374	4279	4547	4973	5423
基础研究	人年	258	362	367	590	674	776	856	918
应用研究	人年	1062	1026	1038	1016	1469	1349	1645	1801
试验发展	人年	1469	2034	1860	1768	2136	2422	2472	2704
科技经费筹集额	万元	332924	384798	422855	439084	438865	502734	541521	6069056
政府资金	万元	231322	278333	318394	319081	311458	373338	398384	443120
科技经费内部支出	万元	298700	346626	379181	415793	421009	455875	500013	545448
R & D经费内部支出	万元	119461	145593	168504	188761	206816	228807	258774	3221110
基础研究	万元	9345	11287	13933	25428	25907	32825	30588	35145
应用研究	万元	47278	51830	63260	53594	81701	73841	95664	111991
试验发展	万元	62838	82476	91311	109739	99209	122141	132521	174975
固定资产	万元	388733	456994	496651	604363	583933	686487	777558	871179
课题数	个	3349	3865	4167	4312	4518	4452	4678	4752
课题经费支出	万元	125969	135643	131888	142052	154217	193019	204334	228685
课题投入人员	人年	4642	5613	5666	5935	6525	6376	6251	6623
专利申请量	项	517	618	663	899	934	1215	1368	1532
专利授权量	项	254	472	529	604	619	799	818	982
发表科技论文	篇	3931	4010	4076	4313	7361	5008	5001	4976
出版科技著作	部	158	136	147	146	256	172	169	196

注：2002 年起不含转制机构数据。

2–2 县级以上政府部门属研究与开发机构情况（1986—2018）

年份	机构数（个）	单位从事科技活动人员（人）	科学家工程师	科技经费筹集额（万元）	政府拨款	科技经费支出额（万元）	人员费用
1986	153			14015	8877	12580	3067
1987	152			17721	10431	15234	3001
1988	156			18920	14073	27715	4065
1989	161			24889	11974	25070	4026
1990	163			33801	15801	29169	5123
1991	164			29623	9330	26494	5001
1992	165			40512	14410	37017	6156
1993	162			47139	14289	45206	9001
1994	161			53069	18251	48025	13993
1995	161			62021	11784	59248	15589
1996	161			72172	25110	63407	18189
1997	162			91503	31795	83434	20806
1998	164			126704	47919	107580	23018
1999	160			126740	50194	113565	28392
2000	146			120587	54365	108129	27263
2001	127			89248	51719	82109	26341
2002	110	5470	3756	89540	54571	77742	28286
2003	104	5095	3746	104005	70254	101781	36464
2004	96	5171	3836	119699	81822	105631	35580
2005	99	5455	4200	144821	109676	117582	31646
2006	99	5730	4469	176610	128341	136046	38853
2007	100	6000	4814	211682	155461	167207	44752
2008	98	6285	5049	247818	177210	203732	51972
2009	97	6555		259300	188672	217138	57000
2010	95	6714		281040	205659	250360	60634
2011	94	7115		324294	223070	289858	71232
2012	97	7729		375690	270412	336575	80561
2013	97	8049		412979	309667	369037	92073
2014	97	8163		431374	311697	408097	104341
2015	96	8239		431581	304650	414042	122536
2016	96	8363		487236	358527	444288	138555
2017	93	8508		526443	383723	483779	171450
2018	92	9042		593654	431147	532198	203675

2–3　全省各类科技机构概况（2018）

指标名称	单位	政府部门属科技机构					从事研发与技术服务的其他事业单位	从事研发与技术服务的企业
		县以上部门属研究与开发机构合计	自然科学和技术领域	社会与人文科学领域	科技信息和文献机构	县属研究与开发机构		
机构数	个	92	73	8	11	37	99	39
职工总数	人	10626	9881	382	363	475	7733	6092
单位在职从事科技活动人员	人	9042	8341	353	348	414	6628	3688
大学本科及以上学历*	人	7887	7248	324	315	313	5960	3261
R&D 人员折合全时工作量	人年	5304	5087	213	4	119	2921	1189
科技活动收入	千元	5936537	5505569	227295	203673	131769	3656003	831646
政府拨款	千元	4311473	3943938	194873	172662	119727	2622762	13359
科技经费内部支出	千元	5321977	4942467	210158	169352	132505	3079877	608525
资产购建支出	千元	1462331	1429907	12494	19930	34638	1240530	97683
R&D 经费内部支出	千元	3165828	3023945	141033	850	55282	1628022	384082
固定资产	千元	8453438	8025468	100366	327604	258351	4823804	3278090
课题数	个	4647	4429	137	81	105	983	337
课题经费支出	千元	2244251	2120767	94976	28509	42600	1114928	394948
R&D 课题经费支出	千元	1580922	1497963	82109	850	27193	945282	322665
课题投入人员	人年	6423	6005	274	144	200	3324	1464
R&D 课题投入人员	人年	4885	4674	207	4	105	2758	1115
专利申请受理	项	1502	1500	1	1	30	722	660
专利授权	项	975	974		1	7	357	429
科技论文	篇	4892	3921	902	69	84	1022	526
科技专著	种	196	114	79	3		30	12

注：以后各表的范围为县以上政府部门属研究与开发机构，即自然科学与技术、社会与人文科学，科技信息和文献三个领域中的机构。

*：县属为大专以上学历。

2–4 县级以上政府部门属自然科学研究与开发机构情况（2018）

指标名称	机构数（个）	从业人员总数（人）	单位在职科技活动人员	大学本科及以上学历	经费收入总额（千元）	政府资金	科技活动贷款（千元）	经费支出总额（千元）	科技经费支出
总计	**92**	**10626**	**9042**	**7887**	**6620638**	**4453426**	**750**	**6268839**	**5321977**
按隶属关系分组									
地方部门属	82	7894	6708	5899	4549528	2952232	750	4336589	3650630
省级部门属	28	4823	4107	3583	2837325	1583548		2560771	2182111
副省级城市属	14	1135	904	804	852455	671809	750	896316	677732
地市级部门属	40	1936	1697	1512	859748	696875		879502	790787
中央部门属	10	2732	2334	1988	2071110	1501194		1932250	1671347
中国科学院	1	838	838	680	578716	486722		508907	502762
按服务的国民经济行业分组									
农、林、牧、渔业	27	3914	3302	2875	2509652	2073780		2384974	2017692
农业	13	1748	1407	1265	1041709	910366		1045299	903101
林业	5	375	287	251	252673	212039		211926	173094
渔业	5	481	430	366	373582	336584		292808	277549
农、林、牧、渔专业及辅助性活动	4	1310	1178	993	841688	614791		834941	663948
制造业	12	929	799	724	438148	187736		354315	320867
农副食品加工业	1	10	8	7	2622	1890		2622	2226
酒、饮料和精制茶制造业	1	68	49	49	32699	7924		32593	23876
文教、工美、体育和娱乐用品制造业	1	12	3	3	2103	55		2257	251
化学原料和化学制品制造业	1	92	77	65	49056	10241		45275	37769
医药制造业	1	6	5	5	2798	664		2906	2826
非金属矿物制品业	1	19	19	7	2820	2820		2820	2820
通用设备制造业	2	221	174	173	60756	19200		72841	64237

2-4 续表 1

指标名称	机构数（个）	从业人员总数（人）	单位在职科技活动人员	大学本科及以上学历	经费收入总额（千元）	政府资金	科技活动贷款（千元）	经费支出总额（千元）	科技经费支出
专用设备制造业	3	234	213	191	111547	69772		70671	66168
仪器仪表制造业	1	267	251	224	173747	75170		122330	120694
电力、热力、燃气及水生产和供应业	1	119	94	79	57027	8565		51302	34969
电力、热力生产和供应业	1	119	94	79	57027	8565		51302	34969
科学研究和技术服务业	36	4045	3730	3193	2722031	1858989		2624508	2386956
研究和试验发展	19	3167	2977	2554	2225791	1677721		2157193	2061758
专业技术服务业	6	574	477	396	355572	85544		334245	198386
科技推广和应用服务业	11	304	276	243	140668	95724		133070	126812
水利、环境和公共设施管理业	11	1441	965	876	794737	238421	750	753900	472947
水利管理业	2	824	542	495	556844	133332		411991	317603
生态保护和环境治理业	9	617	423	381	237893	105089	750	341909	155344
卫生和社会工作	3	137	115	104	83950	71435		84376	73268
卫生	3	137	115	104	83950	71435		84376	73268
文化、体育和娱乐业	1	28	24	24	10586	10578		11005	10819
体育	1	28	24	24	10586	10578		11005	10819
公共管理、社会保障和社会组织	1	13	13	12	4507	3922		4459	4459
国家机构	1	13	13	12	4507	3922		4459	4459
按机构所属学科分组									
自然科学领域	8	742	694	605	694504	429889		669141	548335
农业科学领域	32	4494	3692	3232	2792550	2245981		2798632	2236941
医学科学领域	5	738	626	572	341524	207681		338389	314176
工程科学与技术领域	32	3961	3379	2885	2362837	1208576	750	2063729	1859197
社会与人文科学领域	15	691	651	593	429223	361299		398948	363328

2–4 续表 2

指标名称	机构数（个）	从业人员总数（人）	单位在职科技活动人员	大学本科及以上学历	经费收入总额（千元）	政府资金	科技活动贷款（千元）	经费支出总额（千元）	科技经费支出
按机构中从事科技活动人员规模分组									
≥ 1000 人	1	1124	1023	855	724647	529357		730931	563276
500 ~ 999 人	3	1941	1853	1620	1423878	1158910		1359844	1285438
300 ~ 499 人	3	1493	1142	1004	737977	222450		643382	625308
200 ~ 299 人	2	725	530	469	512227	353931		446181	383532
100 ~ 199 人	15	2505	2133	1876	1463147	855321		1279439	997133
50 ~ 99 人	19	1505	1301	1144	1212118	904933	750	1149080	1026655
30 ~ 49 人	14	753	554	491	349329	269668		466263	267437
20 ~ 29 人	9	230	208	185	82153	73017		82968	78407
10 ~ 19 人	17	279	247	200	96205	72960		91787	79793
0 ~ 9 人	9	71	51	43	18957	12879		18964	14998
地方属机构按地区分组									
杭州市	30	4763	3954	3485	2842728	1615085		2644252	2090966
宁波市	8	449	419	386	475799	444688	750	456400	439958
温州市	14	1218	1042	969	536934	404214		559639	487880
嘉兴市	2	498	456	332	189687	57685		201753	198647
湖州市	4	202	153	125	145406	116130		122903	108237
绍兴市	2	49	48	42	14534	9812		21023	20447
金华市	8	222	194	174	88976	81354		88905	83078
衢州市	3	57	57	56	30307	30207		27440	26997
舟山市	4	107	93	62	38702	33874		36338	29290
台州市	4	214	182	164	85188	59159		75821	68293
丽水市	3	115	110	104	101267	100024		102115	96837

2–5 县级以上政府部门属自然科学研究与开发机构人员情况（2018）

单位：人

指标名称	从业人员总数	单位在职科技活动人员	女性	外聘的流动学者	非本单位在读研究生	离退休人员
总计	**10626**	**9042**	**3445**	**633**	**1023**	**4927**
按隶属关系分组						
地方部门属	7894	6708	2653	292	487	4109
省级部门属	4823	4107	1704	33	254	2155
副省级城市属	1135	904	303	2	3	968
地市级部门属	1936	1697	646	257	230	986
中央部门属	2732	2334	792	341	536	818
中国科学院	838	838	232	210	354	5
地方属机构按地区分组						
杭州市	4763	3954	1638	18	220	2673
宁波市	449	419	138		3	225
温州市	1218	1042	412	243	236	608
嘉兴市	498	456	172	16	20	56
湖州市	202	153	60	14	8	90
绍兴市	49	48	15			41
金华市	222	194	70			153
衢州市	57	57	18			31
舟山市	107	93	25	1		75
台州市	214	182	61			72
丽水市	115	110	44			85

2-6 县级以上政府部门属自然科学研究与开发机构人员按工作性质分类（2018）

单位：人

指标名称	单位在职科技人员	科技管理人员	课题活动人员	科技服务人员	生产经营活动人员	其他人员
总计	**9042**	**1313**	**6206**	**1523**	**454**	**1130**
按隶属关系分组						
地方部门属	6708	1054	4560	1094	313	873
省级部门属	4107	579	3014	514	118	598
副省级城市属	904	115	563	226	151	80
地市级部门属	1697	360	983	354	44	195
中央部门属	2334	259	1646	429	141	257
中国科学院	838	54	624	160		
按学科领域分组						
自然科学领域	694	85	505	104	31	17
农业科学领域	3692	563	2741	388	243	559
医学科学领域	626	86	433	107	47	65
工程科学与技术领域	3379	445	2188	746	126	456
社会与人文科学领域	651	134	339	178	7	33
地方属机构按地区分组						
杭州市	3954	579	2816	559	229	580
宁波市	419	54	305	60	2	28
温州市	1042	225	688	129	56	120
嘉兴市	456	48	264	144		42
湖州市	153	26	95	32	23	26
绍兴市	48	5	31	12		1
金华市	194	46	93	55		28
衢州市	57	14	34	9		
舟山市	93	17	47	29		14
台州市	182	20	102	60	3	29
丽水市	110	20	85	5		5

2-7　县级以上政府部门属自然科学研究与开发机构科技活动人员情况（2018）

单位：人

指标名称	单位在职科技活动人员	学　历					职　称		
		博士毕业	硕士毕业	本科毕业	大专毕业	其他	高级职称	中级职称	其他
总计	**9042**	**1674**	**3235**	**2978**	**688**	**467**	**3236**	**2908**	**2898**
按隶属关系分组									
地方部门属	6708	873	2564	2462	550	259	2286	2119	2303
省级部门属	4107	692	1441	1450	365	159	1464	1155	1488
副省级城市属	904	67	362	375	71	29	346	328	230
地市级部门属	1697	114	761	637	114	71	476	636	585
中央部门属	2334	801	671	516	138	208	950	789	595
中国科学院	838	290	249	141	21	137	289	257	292
地方属机构按地区分组									
杭州市	3954	636	1395	1454	307	162	1556	1182	1216
宁波市	419	40	199	147	18	15	136	139	144
温州市	1042	110	527	332	55	18	275	386	381
嘉兴市	456	53	138	141	100	24	76	68	312
湖州市	153	10	55	60	17	11	42	61	50
绍兴市	48	1	10	31	3	3	14	19	15
金华市	194	6	55	113	14	6	42	92	60
衢州市	57	1	17	38	1		18	23	16
舟山市	93		21	41	16	15	21	35	37
台州市	182	9	101	54	13	5	47	81	54
丽水市	110	7	46	51	6		59	33	18

2–8　县级以上政府部门属自然科学研究与开发机构经费收入情况（2018）

单位：千元

指标名称	科技活动收入	政府资金	财政拨款	承担政府科研项目收入	其他	非政府资金	技术性收入	国外资金	生产经营活动收入	其他收入
总计	**5936537**	**4311473**	**2973504**	**946899**	**391070**	**1625064**	**1454508**	**490**	**295270**	**388831**
按隶属关系分组										
地方部门属	4143432	2896170	2080893	652323	162954	1247262	1096809	212	183274	222822
省级部门属	2588918	1549422	1031630	451376	66416	1039496	898959	212	109095	139312
副省级城市属	776062	657308	451946	123045	82317	118754	114414		51035	25358
地市级部门属	778452	689440	597317	77902	14221	89012	83436		23144	58152
中央部门属	1793105	1415303	892611	294576	228116	377802	357699	278	111996	166009
中国科学院	575708	483721	231957	65101	186663	91987	78547			3008
按服务的国民经济行业分组										
农、林、牧、渔业	2270749	2008957	1353336	514463	141158	261792	153262	490	26389	212514
农业	929537	871836	742806	116085	12945	57701	52125		5799	106373
林业	210053	201757	99745	80909	21103	8296	1633	278	9550	33070
渔业	355180	331101	157090	104305	69706	24079	12366		11040	7362
农、林、牧、渔专业及辅助性活动	775979	604263	353695	213164	37404	171716	87138	212		65709
制造业	386754	184859	148211	35030	1618	201895	201625		25683	25711
农副食品加工业	2230	1854	1854			376	376			392
酒、饮料和精制茶制造业	19768	5862	1929	2967	966	13906	13906		4773	8158
文教、工美、体育和娱乐用品制造业	652					652	652		896	555
化学原料和化学制品制造业	24702	9613	8392	1221		15089	15089		18179	6175
医药制造业	2798	664		642	22	2134	2134			
非金属矿物制品业	2820	2820	2820							
通用设备制造业	55529	19200	14770	4157	273	36329	36329		1835	3392
专用设备制造业	110022	69676	65268	4051	357	40346	40076			1525
仪器仪表制造业	168233	75170	53178	21992		93063	93063			5514
电力、热力、燃气及水生产和供应业	37092	4261	2227	2034		32831	32831		1035	18900
电力、热力生产和供应业	37092	4261	2227	2034		32831	32831		1035	18900

2-8 续表 单位：千元

指标名称	科技活动收入	政府资金	财政拨款	承担政府科研项目收入	其他	非政府资金	技术性收入	国外资金	生产经营活动收入	其他收入
科学研究和技术服务业	2518358	1802137	1241719	331005	229413	716221	667279		102428	101245
研究和试验发展	2135625	1625524	1109860	291321	224343	510101	461159		7678	82488
专业技术服务业	249482	82369	74492	7603	274	167113	167113		93849	12241
科技推广和应用服务业	133251	94244	57367	32081	4796	39007	39007		901	6516
水利、环境和公共设施管理业	629323	225889	156671	50354	18864	403434	399094		139735	25679
水利管理业	455059	128941	103655	25286		326118	326118		90839	10946
生态保护和环境治理业	174264	96948	53016	25068	18864	77316	72976		48896	14733
卫生和社会工作	79798	70907	64733	6174		8891	417			4152
卫生	79798	70907	64733	6174		8891	417			4152
文化、体育和娱乐业	10541	10541	4285	6240	16					45
体育	10541	10541	4285	6240	16					45
公共管理、社会保障和社会组织	3922	3922	2322	1599	1					585
国家机构	3922	3922	2322	1599	1					585
按机构所属学科领域分组										
自然科学领域	564698	401060	346459	54489	112	163638	163638		88649	41157
农业科学领域	2483527	2167761	1416213	584468	167080	315766	207236	490	66844	242179
医学科学领域	320474	202156	180794	20750	612	118318	74072		2278	18772
工程科学与技术领域	2155429	1190565	787423	181537	221605	964864	947084		135702	71706
社会与人文科学领域	412409	349931	242615	105655	1661	62478	62478		1797	15017
地方属机构按地区分组										
杭州市	2558191	1576200	1071600	389552	115048	981991	853167	212	143690	140847
宁波市	467640	439097	323787	96964	18346	28543	24203			8159
温州市	474374	399831	335304	54287	10240	74543	65598		20910	41650
嘉兴市	181691	55959	30311	16067	9581	125732	120156		5400	2596
湖州市	129518	113510	66853	46635	22	16008	13240		11040	4848
绍兴市	10366	9411	6842	2569		955	955			4168
金华市	87549	80458	59941	18993	1524	7091	7091			1427
衢州市	30207	30207	24481	5726						100
舟山市	34106	33461	21121	4162	8178	645	645			4596
台州市	70101	58347	50282	8050	15	11754	11754		2234	12853
丽水市	99689	99689	90371	9318						1578

2-9　县级以上政府部门属自然科学研究与开发机构经费支出情况（2018）

单位：千元

指标名称	科技经费内部支出						生产经营支出	其他支出
		科技经费日常支出				科研基建		
			人员劳务费	设备购置费	其他日常支出			
总计	**5321977**	**4539683**	**2036748**	**680037**	**1822898**	**782294**	**260266**	**476097**
按隶属关系分组								
地方部门属	3650630	3099997	1463130	440945	1195922	550633	150009	325451
省级部门属	2182111	1971168	851569	284948	834651	210943	100816	223155
副省级城市属	677732	451483	242925	55239	153319	226249	39766	37960
地市级部门属	790787	677346	368636	100758	207952	113441	9427	64336
中央部门属	1671347	1439686	573618	239092	626976	231661	110257	150646
中国科学院	502762	442053	198185	75923	167945	60709		6145
按服务的国民经济行业分组								
农、林、牧、渔业	2017692	1776726	809951	263466	703309	240966	25461	287319
农业	903101	758209	368727	89712	299770	144892	8871	120027
林业	173094	142644	53371	19147	70126	30450	9543	29289
渔业	277549	236373	100263	26034	110076	41176	7047	8212
农、林、牧、渔专业及辅助性活动	663948	639500	287590	128573	223337	24448		129791
制造业	320867	299885	144601	56424	98860	20982	13964	17832
农副食品加工业	2226	2226	2000		226			396
酒、饮料和精制茶制造业	23876	19120	12164	316	6640	4756	5261	3456
文教、工美、体育和娱乐用品制造业	251	251	251				1066	940
化学原料和化学制品制造业	37769	37769	19400	10119	8250		4617	2889
医药制造业	2826	2826	1883	40	903			80
非金属矿物制品业	2820	2820	2652		168			
通用设备制造业	64237	50168	21655	16351	12162	14069	3020	3932
专用设备制造业	66168	64011	33277	15417	15317	2157		4503
仪器仪表制造业	120694	120694	51319	14181	55194			1636
电力、热力、燃气及水生产和供应业	34969	34969	25139	715	9115		6615	9718
电力、热力生产和供应业	34969	34969	25139	715	9115		6615	9718

单位：千元

指标名称	科技经费内部支出	科技经费日常支出	人员劳务费	设备购置费	其他日常支出	科研基建	生产经营支出	其他支出
科学研究和技术服务业	2386956	1942395	825829	309307	807259	444561	93287	115368
研究和试验发展	2061758	1674358	707523	262910	703925	387400	2920	79028
专业技术服务业	198386	149234	66407	27187	55640	49152	88943	31506
科技推广和应用服务业	126812	118803	51899	19210	47694	8009	1424	4834
水利、环境和公共设施管理业	472947	418611	202197	33872	182542	54336	120939	34566
水利管理业	317603	270359	117043	27539	125777	47244	83099	11289
生态保护和环境治理业	155344	148252	85154	6333	56765	7092	37840	23277
卫生和社会工作	73268	51819	22279	13847	15693	21449		11108
卫生	73268	51819	22279	13847	15693	21449		11108
文化、体育和娱乐业	10819	10819	3923	2406	4490			186
体育	10819	10819	3923	2406	4490			186
公共管理、社会保障和社会组织	4459	4459	2829		1630			
国家机构	4459	4459	2829		1630			
按机构所属学科领域分组								
自然科学领域	548335	457767	146519	85981	225267	90568	86740	34066
农业科学领域	2236941	1980410	919477	292548	768385	256531	63542	318199
医学科学领域	314176	279356	132492	60697	86167	34820	2920	21293
工程科学与技术领域	1859197	1458937	670206	208517	580214	400260	105175	82295
社会与人文科学领域	363328	363213	168054	32294	162865	115	1889	20244
地方属机构按地区分组								
杭州市	2090966	1891905	861672	285885	744348	199061	129802	227937
宁波市	439958	257347	130451	36113	90783	182611	601	15841
温州市	487880	446823	213318	89423	144082	41057	11835	44972
嘉兴市	198647	166961	69010	9461	88490	31686		3106
湖州市	108237	84186	27074	7243	49869	24051	7047	7619
绍兴市	20447	20447	15823	294	4330			576
金华市	83078	72185	48359	5280	18546	10893		5827
衢州市	26997	20362	13632	382	6348	6635		443
舟山市	29290	27651	18907	2625	6119	1639		7048
台州市	68293	65993	36887	3503	25603	2300	724	6804
丽水市	96837	46137	27997	736	17404	50700		5278

2–10　县级以上政府部门属自然科学研究与开发机构基本建设情况（2018）

单位：千元

指标名称	基本建设投资实际完成额			科研基建				
		科研仪器设备	科研土建工程		政府资金	企业资金	事业单位资金	其他资金
总计	**992793**	**171994**	**610300**	**782294**	**594109**	**26250**	**161935**	**0**
按隶属关系分组								
地方部门属	761132	80715	469918	550633	401535	26250	122848	
省级部门属	265632	32732	178211	210943	102236	21513	87194	
副省级城市属	367107	33508	192741	226249	203641		22608	
地市级部门属	128393	14475	98966	113441	95658	4737	13046	
中央部门属	231661	91279	140382	231661	192574		39087	
中国科学院	60709		60709	60709	60709			
地方属机构按地区分组								
杭州市	394608	25026	174035	199061	90757		108304	
宁波市	182611	28789	153822	182611	182611			
温州市	56009	12497	28560	41057	31168	4737	5152	
嘉兴市	31686	6982	24704	31686	10016	21513	157	
湖州市	24051	5443	18608	24051	16963		7088	
金华市	10893	1348	9545	10893	10685		208	
衢州市	6635	630	6005	6635	6635			
舟山市	1639		1639	1639			1639	
台州市	2300		2300	2300	2000		300	
丽水市	50700		50700	50700	50700			

2-11　县级以上政府部门属自然科学研究与开发机构资产情况（2018）

单位：千元

指标名称	年末固定资产原价	科研房屋建筑物	科研仪器设备	进口
总计	**8453438**	**2741612**	**4000674**	**1482805**
按隶属关系分组				
地方部门属	5043320	1798487	2084812	677346
省级部门属	3256273	1156030	1589075	594590
副省级城市属	850546	262683	233441	58177
地市级部门属	936501	379774	262296	24579
中央部门属	3410118	943125	1915862	805459
中国科学院	1131039	329463	596943	292270
地方属机构按地区分组				
杭州市	3114701	855124	1549456	557489
宁波市	410960	159009	116492	37254
温州市	771002	297245	228127	46404
嘉兴市	330552	269269	43408	
湖州市	190585	106093	71409	26626
绍兴市	14132	3081	2142	
金华市	64250	43604	12628	2291
衢州市	10735	3559	1871	
舟山市	34699	19398	10611	
台州市	72454	35845	32394	6832
丽水市	29250	6260	16274	450

2-12　县级以上政府部门属自然科学研究与开发机构课题情况（一）（2018）

指标名称	课题数合计（个）	R&D 课题	课题经费内部支出（千元）	政府资金	R&D 课题经费	课题投入人员（人年）	R&D 人员
总计	**4647**	**3428**	**2244251**	**1609548**	**1580922**	**6423**	**4885**
按课题活动类型分组							
基础研究	759	759	187949	166237	187949	833	833
应用研究	1065	1065	578342	448748	578342	1600	1600
试验发展	1604	1604	814632	598989	814632	2451	2451
研究与试验发展成果应用	504		196556	146541		581	
技术推广与科技服务	715		466773	249034		957	

2-13 县级以上政府部门属自然科学研究与开发机构课题情况（二）（2018）

指标名称	课题数合计（个）	R&D 课题	课题经费内部支出（千元）	政府资金	R&D 课题经费	课题投入人员（人年）	R&D 人员
总　计	**4647**	**3428**	**2244251**	**1609548**	**1580922**	**6423**	**4885**
按隶属关系分组							
地方部门属	3003	2066	1397000	997868	875333	4387	3145
省级部门属	2120	1433	914589	643728	503058	2778	1901
副省级城市属	363	206	225471	220644	150068	561	341
地市级部门属	520	427	256940	133496	222206	1048	903
中央部门属	1644	1362	847252	611681	705589	2036	1739
中国科学院	849	828	418352	279238	405965	919	893
按服务的国民经济行业分组							
农、林、牧、渔业	2047	1512	684524	599054	533294	2569	2019
农业	640	519	329139	253155	264832	1021	863
林业	143	95	42198	41331	33277	330	230
渔业	301	180	141010	140785	97111	352	227
农、林、牧、渔专业及辅助性活动	963	718	172176	163783	138075	866	700
制造业	243	173	95794	22472	78415	448	384
农副食品加工业	1	1	327	205	327	1	1
酒、饮料和精制茶制造业	37	19	7883	2739	4068	36	20
化学原料和化学制品制造业	20	20	16058	1221	16058	75	75
医药制造业	3	2	2558	664	2536	5	4
通用设备制造业	54	53	27871	5856	27471	159	158
专用设备制造业	31	30	14241	7299	13176	82	74
仪器仪表制造业	97	48	26856	4489	14779	90	52
电力、热力、燃气及水生产和供应业	26	7	11618	7932	4581	51	26
电力、热力生产和供应业	26	7	11618	7932	4581	51	26
科学研究和技术服务业	1929	1513	1079384	753956	867570	2578	2083
研究和试验发展	1793	1436	1019830	718662	847921	2392	1977
专业技术服务业	80	53	29046	6465	12825	103	69
科技推广和应用服务业	56	24	30509	28829	6825	83	38
水利、环境和公共设施管理业	329	189	358338	211540	87669	677	291

2-13 续表 1

指标名称	课题数合计（个）	R&D 课题	课题经费内部支出（千元）	政府资金	R&D 课题经费	课题投入人员（人年）	R&D 人员
水利管理业	191	130	278672	148089	66899	405	169
生态保护和环境治理业	138	59	79666	63451	20770	272	122
卫生和社会工作	36	34	10587	10587	9393	85	81
卫生	36	34	10587	10587	9393	85	81
文化、体育和娱乐业	4		85	85		2	
体育	4		85	85		2	
公共管理、社会保障和社会组织	33		3922	3922		13	
国家机构	33		3922	3922		13	
按课题所属学科分组							
信息科学与系统科学	6	1	3659	2815	740	13	5
系统学	1		375	375			
系统评估与可行性分析	1		50	50		2	
信息科学与系统科学其他学科	4	1	3234	2390	740	11	5
物理学	1	1	163		163	1	1
凝聚态物理学	1	1	163		163	1	1
化学	30	23	9203	4696	7977	35	31
有机化学	2	2	2840	528	2840	7	7
分析化学	8	8	2480	1636	2480	9	9
应用化学	7	4	1186	350	610	7	5
材料化学	4	3	472	347	272	5	4
化学其他学科	9	6	2225	1835	1775	8	6
地球科学	426	248	271714	201250	192546	420	306
地球化学	10		8849			19	
地质学	5	4	1281	205	665	5	4
水文学	1	1	250		250	1	1
海洋科学	393	239	254594	200735	191071	379	298
地球科学其他学科	17	4	6740	310	560	17	4
生物学	163	140	75694	58429	56576	222	192
生物化学	8	7	3325	1431	3303	8	7
细胞生物学	1	1	137	137	137	1	1
发育生物学	2	2	902	640	902	2	2
遗传学	1	1	71	71	71	1	1
分子生物学	55	54	20927	20912	20922	92	92

2-13 续表 2

指标名称	课题数合计（个）	R&D 课题	课题经费内部支出（千元）	政府资金	R&D 课题经费	课题投入人员（人年）	R&D 人员
生态学	6	6	895	895	895	5	5
植物学	26	15	9533	9533	5918	35	22
昆虫学	1	1	50	50	50	1	1
动物学	12	10	24128	11208	9470	37	26
微生物学	41	34	12348	10923	11943	29	24
病毒学	8	8	2616	2616	2616	11	11
生物学其他学科	2	1	762	13	349	2	1
农学	1420	1064	468753	388978	351373	1742	1392
农业基础学科	84	64	24160	23964	17127	66	49
农艺学	326	271	154989	139288	118725	545	463
园艺学	418	307	131920	119885	96779	491	385
农产品贮藏与加工	107	80	24027	16267	16623	77	57
土壤学	49	34	18097	14618	10291	51	38
植物保护学	269	197	48752	46634	39336	259	206
农学其他学科	167	111	66807	28322	52493	254	194
林学	219	144	67678	66603	51943	366	252
林业基础学科	21	20	3875	3875	3837	44	42
林木遗传育种学	26	23	6730	6730	6233	31	28
森林培育学	56	35	25760	25760	21044	102	74
森林经理学	5	2	1528	1528	500	3	1
森林保护学	10	7	2058	2058	1445	14	12
防护林学	2	2	698	698	698	5	5
经济林学	28	13	5458	5458	3088	70	29
园林学	11	7	4217	4217	3405	23	18
林业工程	12	10	6424	5807	6204	29	26
林业经济学	5	1	1263	1263	247	9	1
林学其他学科	43	24	9667	9209	5243	36	18
畜牧、兽医科学	149	120	47986	37975	39879	189	168
畜牧、兽医科学基础学科	14	14	6557	2286	6557	26	26
畜牧学	94	72	28668	27437	21795	115	96
兽医学	14	13	2319	2296	2169	9	9
畜牧、兽医科学其他学科	27	21	10443	5956	9359	40	36
水产学	161	112	73860	72277	59946	213	153

2-13　续表 3

指标名称	课题数合计（个）	R&D 课题	课题经费内部支出（千元）	政府资金	R&D 课题经费	课题投入人员（人年）	R&D 人员
水产学基础学科	10	5	3367	3287	2000	6	3
水产增殖学	8	7	6266	6266	5907	11	10
水产养殖学	88	61	25102	24863	15711	125	78
水产饲料学	1	1	392	392	392	1	1
水产保护学	33	24	9297	9280	8078	19	15
水产品贮藏与加工	6	5	1886	911	1486	6	6
水产工程学	2		6				
水产资源学	7	5	7867	7867	6749	22	19
水产经济学	1		44			1	
水产学其他学科	5	4	19634	19411	19625	22	22
基础医学	61	58	38452	34257	34276	136	128
医学生物化学	1	1	427	75	427	1	1
医学细胞生物学	17	17	11231	11231	11231	39	39
医学遗传学	2	2	1311	1310	1311	8	8
放射医学	1	1	591	591	591	4	4
医学寄生虫学	14	11	6746	6746	2570	21	13
医学微生物学	3	3	1996	1996	1996	7	7
病理学	1	1	2374	2372	2374	9	9
药理学	2	2	3867	3867	3867	9	9
医学实验动物学	1	1	317	317	317	2	2
基础医学其他学科	19	19	9591	5751	9591	37	37
临床医学	17	17	1854	1854	1854	43	43
临床诊断学	1	1	324	324	324	2	2
内科学	3	3	152	152	152	7	7
外科学	4	4	416	416	416	12	12
肿瘤学	8	8	882	882	882	20	20
临床医学其他学科	1	1	80	80	80	2	2
预防医学与公共卫生学	52	50	35041	23480	23175	121	94
毒理学	1	1	323	323	323	2	2
职业病学	18	18	4260	4245	4260	27	27
卫生检验学	1	1	1530	480	1530	4	4
食品卫生学	10	9	11421	4935	6873	25	19
环境卫生学	6	5	13034	9034	5716	34	13

2-13　续表 4

指标名称	课题数合计（个）	R&D 课题	课题经费内部支出（千元）	政府资金	R&D 课题经费	课题投入人员（人年）	R&D 人员
劳动卫生学	12	12	2452	2442	2452	11	11
健康促进与健康教育学	1	1	1378	1378	1378	15	15
预防医学与公共卫生学其他学科	3	3	643	643	643	4	4
药学	18	17	20085	8621	8532	52	44
药物化学	6	6	3986	3364	3986	19	19
生物药物学	2	2	442	0	442	2	2
药效学	6	6	1339	1339	1339	10	10
药学其他学科	4	3	14318	3918	2765	20	13
中医学与中药学	41	36	17318	17318	15868	72	68
中医学	8	8	2432	2432	2432	16	16
中西医结合医学	1	1	577	577	577	3	3
中药学	24	19	11071	11071	9621	36	32
中医学与中药学其他学科	8	8	3238	3238	3238	18	18
工程与技术科学基础学科	22	16	4305	239	3673	20	17
标准科学技术	2	2	32	0	32	1	1
计量学	20	14	4273	239	3641	19	16
信息与系统科学相关工程与技术	16	13	14065	2390	7021	42	34
控制科学与技术	4	3	7295	350	1445	12	8
仿真科学技术	1	1	354	8	354	1	1
信息安全技术	3	3	314	308	314	6	6
信息技术系统性应用	4	2	1745	1495	551	10	6
信息与系统科学相关工程与技术其他学科	4	4	4356	229	4356	13	13
自然科学相关工程与技术	40	38	14469	6754	13384	110	101
光学工程	7	7	1090	500	1090	39	39
农业工程	23	22	5047	4297	5027	22	21
生物医学工程学	10	9	8332	1957	7267	49	41
测绘科学技术	1	1	150		150	1	1
工程测量技术	1	1	150		150	1	1
材料科学	884	859	435042	280601	421333	961	929
材料科学基础学科	10	9	3077	2345	1932	8	6
材料表面与界面	4	3	4085	25	3835	5	4
材料失效与保护	2	1	260	60	180	2	1

2-13 续表 5

指标名称	课题数合计（个）	R&D 课题	课题经费内部支出（千元）	政府资金	R&D 课题经费	课题投入人员（人年）	R&D 人员
材料检测与分析技术	6	5	4244	340	3373	10	8
材料合成与加工工艺	843	823	414962	276979	403720	909	884
金属材料	2	1	420		300	3	2
无机非金属材料	3	3	521	217	521	5	5
有机高分子材料	4	4	6239		6239	11	11
复合材料	5	5	350	201	350	5	5
生物材料	1	1	82	82	82	1	1
纳米材料	2	2	450		450	3	3
材料科学其他学科	2	2	352	352	352	1	1
机械工程	36	30	56594	1904	41260	132	117
机械设计	13	10	31716	80	19980	60	51
机械制造工艺与设备	3	2	2221	330	2121	10	7
流体传动与控制	5	5	5330		5330	19	19
机械制造自动化	12	11	15577	1112	13448	40	39
机械工程其他学科	3	2	1750	382	382	3	1
动力与电气工程	37	36	7342	3480	6942	24	24
动力机械工程	31	30	5599	2764	5199	18	18
电气工程	3	3	1234	208	1234	4	4
动力与电气工程其他学科	3	3	508	508	508	2	2
能源科学技术	23	11	10328	5790	6227	47	32
能源计量与测量	3	2	1667	303	1250	6	4
节能技术	1	1	372	372	372	2	2
一次能源	18	7	8265	5090	4581	39	26
能源科学技术其他学科	1	1	25	25	25		
电子与通信技术	8	7	9360	532	3810	18	14
电子技术	1	1	534		534	2	2
光电子学与激光技术	2	2	568	168	568	4	4
半导体技术	3	3	2656	332	2656	7	7
信息处理技术	1		5550			4	
电子与通信技术其他学科	1	1	52	32	52		
计算机科学技术	20	7	12419	12273	1959	59	30
计算机科学技术基础学科	1		35	35		2	
人工智能	4	3	1350	1310	1310	23	22

2-13 续表 6

指标名称	课题数合计（个）	R&D 课题	课题经费内部支出（千元）	政府资金	R&D 课题经费	课题投入人员（人年）	R&D 人员
计算机系统结构	3	2	234	136	129	6	5
计算机软件	3	2	600	592	520	5	2
计算机应用	4		131	131		13	
计算机科学技术其他学科	5		10069	10069		9	
化学工程	12	12	6483	623	6483	40	40
化学分离工程	1	1	320		320	3	3
精细化学工程	5	5	2390		2390	15	15
毛皮与制革工程	2	2	2050	150	2050	8	8
制药工程	3	3	1223	473	1223	7	7
生物化学工程	1	1	500		500	8	8
产品应用相关工程与技术	74	35	21356	3891	10778	73	40
仪器仪表技术	73	34	20756	3891	10178	67	35
产品应用专用性技术	1	1	600		600	5	5
纺织科学技术	3	2	481	139	189	3	2
服装技术	1		292			1	
纺织科学技术其他学科	2	2	189	139	189	2	2
食品科学技术	32	24	16958	12320	12450	45	34
食品科学技术基础学科	5	5	990	545	990	6	6
食品加工技术	16	10	9655	9049	6665	25	17
食品包装与储藏	2	2	949	6	949	2	2
食品科学技术其他学科	9	7	5364	2720	3847	12	9
土木建筑工程	2	2	755	333	755	2	2
建筑材料	1	1	333	333	333	1	1
土木建筑结构	1	1	422		422	1	1
水利工程	170	105	253841	151486	57222	369	136
水利工程基础学科	19	17	58153	35089	3516	78	23
水利工程测量	6	6	3608	1124	3608	5	5
水工材料	1	1	51	51	51	2	2
水工结构	9	5	4349	1581	2011	15	4
水利机械	5		970	620		5	
水利工程施工	11	4	5154	2503	2543	20	8
水处理	2	1	52		2		
河流泥沙工程学	8	8	721	721	721	15	15

2-13　续表 7

指标名称	课题数合计（个）	R&D 课题	课题经费内部支出（千元）	政府资金	R&D 课题经费	课题投入人员（人年）	R&D 人员
环境水利	38	28	14045	11729	11318	45	35
水利管理	20	7	3778	1498	2186	12	5
防洪工程	17	14	4255	1935	3390	21	16
水利工程其他学科	34	14	158704	94635	27876	152	24
环境科学技术及资源科学技术	226	93	118667	89284	45050	361	167
环境科学技术基础学科	5	2	4101	1679	1962	6	2
环境学	65	19	14451	13844	4468	64	22
环境工程学	32	20	13266	8162	5637	32	20
资源科学技术	1		1015	490		2	
环境科学技术及资源科学技术其他学科	123	52	85836	65110	32982	258	123
安全科学技术	38	28	10537	5527	9980	61	56
安全物质学	1		20				
安全系统学	2	2	254	254	254	4	4
安全工程技术科学	16	9	3579	2998	3070	21	17
安全卫生工程技术	3	2	1560	1538	1538	7	7
公共安全	14	14	4968	730	4968	28	28
安全科学技术其他学科	2	1	156	6	150	2	1
管理学	48	6	7705	6126	5213	110	51
区域经济管理	3		387	107		3	
科学学与科技管理	38	1	1587	1325	284	55	1
企业管理	2	2	1760	1500	1760	12	12
公共管理	1	1	3000	3000	3000	35	35
人力资源开发与管理	3	1	852	75	50	4	3
管理学其他学科	1	1	119	119	119		
马克思主义	2	2	4000	4000	4000	31	31
科学社会主义	2	2	4000	4000	4000	31	31
哲学	1	1	1000	1000	1000	5	5
中国哲学史	1	1	1000	1000	1000	5	5
宗教学	1	1	100	100	100	1	1
佛学	1	1	100	100	100	1	1
艺术学	1		11	11		1	
艺术学其他学科	1		11	11		1	

2–13　续表 8

指标名称	课题数合计（个）	R&D 课题	课题经费内部支出（千元）	政府资金	R&D 课题经费	课题投入人员（人年）	R&D 人员
历史学	4	4	1275	1275	1275	5	5
历史文献学	4	4	1275	1275	1275	5	5
考古学	28	26	48090	48090	46770	61	58
中国考古	28	26	48090	48090	46770	61	58
经济学	76	8	25650	25083	5886	62	9
宏观经济学	43		7527	7527		27	
发展经济学	3	3	1536	1536	1536	3	3
资源经济学	1		51	51		2	
可持续发展经济学	6		10473	10473		9	
农业经济学	2		190	147		1	
交通运输经济学	2		80	80		2	
金融学	2		770	245		2	
经济学其他学科	17	5	5024	5024	4350	18	6
政治学	4	4	6650	6650	6650	26	26
政治学理论	1	1	400	400	400	4	4
行政学	1	1	1000	1000	1000	5	5
政治学其他学科	2	2	5250	5250	5250	17	17
社会学	48	22	17656	16109	11928	74	31
应用社会学	7	5	1974	1974	1910	10	9
比较社会学	1		398	12		1	
文化社会学	1	1	1500	1500	1500	8	8
经济社会学	15	14	7160	6898	6818	12	11
发展社会学	3	2	1720	1720	1700	4	3
社会学其他学科	21		4903	4005		39	
图书馆、情报与文献学	20	4	6965	4907	4586	48	19
文献学	3	3	4236	2686	4236	17	17
情报学	17	1	2729	2221	350	31	2
教育学	2		455			8	
教育学其他学科	2		455			8	
体育科学	4		85	85		2	
运动生理学	1						
运动训练学	1		29	29		1	
体育科学其他学科	2		55	55		1	

2–13　续表 9

指标名称	课题数合计（个）	R&D 课题	课题经费内部支出（千元）	政府资金	R&D 课题经费	课题投入人员（人年）	R&D 人员
按课题来源分组							
国家重大科技专项	32	30	42217	38281	41200	77	73
国家自然科学基金课题	391	391	52873	50753	52873	422	422
国家 863 计划课题	8	6	2487	2389	1667	14	9
国家科技支撑（攻关）计划课题	29	26	8701	8674	7479	38	35
国家重点研发计划课题	132	111	86390	69756	76112	299	266
国家 973 计划课题	13	13	9378	9278	9378	23	23
国家公益性行业科研专项	42	35	26266	26094	18784	105	89
国家社会科学基金课题	8	6	1773	1511	1298	9	7
除上述国家计划外由中央政府部门下达的课题	764	628	542654	487786	500802	1083	932
地方自然科学基金课题	193	189	21473	18954	21111	195	190
地方科技支撑（攻关）计划课题	592	522	301087	230766	261939	1008	904
火炬计划地方级课题	3	1	1023	773	25	3	
地方社会科学基金课题	32	8	14541	14241	9611	67	26
除上述地方计划外由地方政府部门下达的课题	1465	924	560507	490375	363929	1881	1220
企业委托：各类生产企业委托课题	585	313	289373	13895	143378	583	356
自选：本机构选定并支付费用的课题	163	117	44557	19279	39653	218	183
国际合作课题	14	13	2658	2416	2358	17	15
其他：不能归入前述各类的课题	181	95	236293	124328	29325	381	133
按课题合作形式分组							
与境外机构合作	22	20	4522	2934	4273	26	23
与国内高校合作	147	118	58881	52564	51451	268	215
与国内独立研究机构合作	301	225	170527	157118	135430	566	449
与境内注册的外商独资企业合作	3	1	702		4	2	1
与境内注册的其他企业合作	272	184	97791	61589	57457	323	236
独立研究	3751	2791	1713193	1154085	1150057	4784	3619
其他	151	89	198634	181258	182250	455	342
按课题的社会经济目标分组							
环境保护、生态建设及污染防治	415	187	271081	186255	108556	624	299
环境一般问题	14	6	5613	5000	1789	31	13
环境与资源评估	74	14	20750	10097	6115	80	26
环境监测	55	25	28944	15375	14415	71	35

2-13 续表 10

指标名称	课题数合计（个）	R&D 课题	课题经费内部支出（千元）	政府资金	R&D 课题经费	课题投入人员（人年）	R&D 人员
生态建设	73	42	75629	68860	43804	117	73
环境污染预防	17	6	5044	3892	1765	20	9
环境治理	154	77	128456	80889	37205	277	125
自然灾害的预防、预报	28	17	6645	2143	3463	28	18
能源生产、分配和合理利用	56	32	18340	10745	11899	75	52
能源一般问题研究	1	1	98		98		
能源矿物的开采和加工技术	1	1	300	150	300	3	3
能源转换技术	1	1	147	47	147	1	1
能源输送、储存与分配技术	3	3	846		846	5	5
可再生能源	26	18	8685	4342	7827	30	24
能源设施和设备建造	16	4	6511	4805	1990	28	14
能源安全生产管理和技术	2		632	502		2	
节约能源的技术	5	4	987	899	691	5	5
能源生产、输送、分配、储存、利用过程中污染的防治与处理	1		134				
卫生事业发展	217	203	151167	99756	106724	533	468
卫生一般问题	14	14	10016	6831	10016	33	33
诊断与治疗	63	60	20521	15845	20023	143	141
预防医学	16	15	14645	10645	7327	55	34
公共卫生	16	15	7353	7320	7332	28	28
营养和食品卫生	13	12	14192	6314	9644	29	23
药物滥用和成瘾	9	9	11258	10758	11258	32	32
卫生医疗其他研究	86	78	73182	42044	41125	214	178
教育事业发展	1	1	20	12	20		
其他教育	1	1	20	12	20		
基础设施以及城市和农村规划	22	5	7408	5353	1830	27	11
交通运输	4	1	318		98	6	5
通信	3		2241	2241		7	
城市规划与市政工程	5	3	1602	1052	840	5	3
农村发展规划与建设	7	1	2963	2060	892	8	3
交通运输、通信、城市与农村发展对环境的影响	3		285			1	
基础社会发展和社会服务	274	94	148604	114378	80751	401	183
社会发展和社会服务一般问题	78	7	33448	32544	4698	116	43

2-13 续表 11

指标名称	课题数合计（个）	R&D 课题	课题经费内部支出（千元）	政府资金	R&D 课题经费	课题投入人员（人年）	R&D 人员
社会保障	1		20				
公共安全	43	28	12778	8676	8940	54	39
社会管理	13	12	5278	5278	5228	11	9
法律与司法	1		185	185		2	
政府与政治	3	3	4250	4250	4250	12	12
遗产保护	28	26	48090	48090	46770	61	58
宗教与道德	2	2	300	300	300	2	2
传媒	1		200	200		2	
科技发展	73	8	8252	5872	2652	107	7
国土资源管理	13		22263	1703		7	
其他社会发展和社会服务	18	8	13540	7279	7913	28	14
地球和大气层的探索与利用	356	265	346430	255098	197948	518	346
地壳、地幔，海底的探测和研究	53	43	81744	79349	79449	80	75
水文地理	86	47	145852	63400	11591	198	65
海洋	203	161	116532	110058	104607	228	194
大气	7	7	283	283	283	4	4
地球探测和开发其他研究	7	7	2019	2008	2019	8	8
民用空间探测及开发	19	17	6806	4909	6116	19	18
飞行器和运载工具研制	1	1	319	219	319		
卫星服务	18	16	6487	4690	5797	18	17
农林牧渔业发展	2013	1521	685603	604118	526395	2526	2013
农林牧渔业发展一般问题	117	57	36613	35593	20698	95	48
农作物种植及培育	879	706	331103	294636	257859	1221	1016
林业和林产品	169	120	54194	53327	43946	271	202
畜牧业	149	119	48015	37774	39430	190	167
渔业	157	109	63459	61027	49857	192	134
农林牧渔业体系支撑	505	387	137768	111650	105415	518	420
农林牧渔业生产中污染的防治与处理	37	23	14451	10112	9188	39	26
工商业发展	1234	1076	573388	314683	509663	1548	1361
促进工商业发展的一般问题	36	8	7862	7177	3289	48	13
产业共性技术	802	782	400096	265887	389030	860	834

2-13 续表 12

指标名称	课题数合计（个）	R&D 课题	课题经费内部支出（千元）	政府资金	R&D 课题经费	课题投入人员（人年）	R&D 人员
食品、饮料和烟草制品业	40	26	8307	3792	5498	40	28
纺织业、服装及皮革制品业	9	8	3466	572	3174	22	21
化学工业	11	10	4877	335	4677	25	24
非金属与金属制品业	8	8	6434	547	6434	20	20
机械制造业（不包括电子设备、仪器仪表及办公机械	71	64	38206	10131	30410	139	125
电子设备、仪器仪表及办公机械	23	10	16690	395	15335	36	31
其他制造业	5	3	8708	664	3136	14	9
热力、水的生产和供应	10	2	3459		742	11	2
建筑业	7	5	11547	339	1965	12	7
信息与通信技术（ICT）服务业	10	10	3863	2803	3863	49	49
技术服务业	189	134	55154	18807	39212	248	183
金融业	2		374	112		1	
商业及其他服务业	1		999	999		3	
工商业活动中的环境保护、污染防治与处理	10	6	3346	2123	2897	19	15
非定向研究	14	14	13260	13260	13260	80	80
自然科学领域的非定向研究	4	4	394	394	394	5	5
医学科学领域的非定向研究	1	1	316	316	316	2	2
社会科学领域的非定向研究	9	9	12550	12550	12550	74	74
其他民用目标	25	12	21794	969	17410	71	53
国防	1	1	350	12	350	1	1
地方属机构课题按地区分组							
杭州市	1949	1338	848010	647337	452142	2609	1778
宁波市	175	80	114202	113612	77849	311	178
温州市	409	293	191007	77991	162281	763	643
嘉兴市	97	61	101290	28242	70559	201	145
湖州市	129	96	26220	24102	22131	73	53
绍兴市	24	23	9434	1589	9414	27	26
金华市	51	44	18335	16633	16571	113	106
衢州市	30	23	4870	4730	3550	23	16
舟山市	32	19	14437	14437	9165	69	44
台州市	58	45	48608	48608	34720	104	77
丽水市	49	44	20587	20587	16951	95	79

2-14　县级以上政府部门属自然科学研究与开发机构课题经费内部支出情况（2018）

单位：千元

指标名称	课题经费内部支出	基础研究	应用研究	试验发展	R&D成果应用	科技服务
总计	**2244251**	**187949**	**578342**	**814632**	**196556**	**466773**
按隶属关系分组						
地方部门属	1397000	85448	201382	588502	133019	388649
省级部门属	914589	82974	105971	314113	73832	337699
副省级城市属	225471	1174	25219	123675	33483	41921
地市级部门属	256940	1299	70192	150715	25704	9029
中央部门属	847252	102501	376959	226129	63538	78125
中国科学院	418352	73029	194556	138380	8082	4305

2-15　县级以上政府部门属自然科学研究与开发机构课题投入人员情况（2018）

单位：人年

指标名称	课题投入人员	基础研究	应用研究	试验发展	R&D成果应用	科技服务
总计	**6423**	**834**	**1600**	**2451**	**581**	**957**
按隶属关系分组						
地方部门属	4387	361	809	1976	448	793
省级部门属	2778	345	517	1039	289	588
副省级城市属	561	4	52	286	74	146
地市级部门属	1048	12	240	651	86	59
中央部门属	2036	473	791	476	133	163
中国科学院	919	230	498	164	8	19

2–16 县级以上政府部门属自然科学研究与开发机构专利情况（2018）

指标名称	专利申请受理数（件）	发明专利	专利授权数（件）	发明专利	国外授权	有效发明专利数（件）	专利所有权转让及许可数（件）	专利所有权转让与许可收入（千元）
总计	**1502**	**1127**	**975**	**586**	**20**	**3032**	**107**	**21153**
按隶属关系分组								
地方部门属	690	415	442	201	2	1227	35	8128
省级部门属	395	275	286	138	2	887	27	4535
副省级城市属	50	34	38	24		146	3	1000
地市级部门属	245	106	118	39		194	5	2593
中央部门属	812	712	533	385	18	1805	72	13025
中国科学院	565	521	297	262	18	1267	55	5645
按服务的国民经济行业分组								
农、林、牧、渔业	469	359	372	192	2	1020	27	5435
制造业	155	62	53	21		140	7	3843
电力、热力、燃气及水生产和供应业	2		1			7		
科学研究和技术服务业	747	640	480	350	18	1711	73	11875
水利、环境和公共设施管理业	118	59	59	18		110		
卫生和社会工作	10	6	10	5		43		
文化、体育和娱乐业	1	1				1		
按机构所属学科领域分								
自然科学领域	32	30	64	37		112		
农业科学领域	587	411	469	224	2	1226	44	12815
医学科学领域	36	23	24	15		114	1	100
工程科学与技术领域	845	661	417	309	18	1578	62	8238
社会人文科学领域	2	2	1	1		2		
地方属机构按地区分组								
杭州市	357	236	270	135	2	791	18	4035
宁波市	19	14	14	11		60	2	
温州市	193	110	59	27		114	8	2793
嘉兴市	39	35	17	10		71		
湖州市	8	5	18	8		86	2	300
金华市	50	4	44	1		45		
衢州市	10	1	11	1		4		
舟山市	5	1						
台州市	8	8	4	4		25	5	1000
丽水市	1	1	5	4		31		

2–17 县级以上政府部门属自然科学研究与开发机构论文、著作及其他科技产出情况（2018）

指标名称	科技论文（篇）		科技著作（种）	形成国家或行业标准数（项）	集成电路布图设计登记数（件）	植物新品种权授予数（项）	软件著作权数（件）	新药证书数（件）
		国外发表						
总计	**4892**	**1610**	**196**	**78**	**3**	**64**	**170**	**1**
按隶属关系分组								
地方部门属	3302	526	160	50	3	36	148	1
省级部门属	2513	466	134	40		12	131	1
副省级城市属	400	18	13	3		12	3	
地市级部门属	389	42	13	7	3	12	14	
中央部门属	1590	1084	36	28		28	22	
中国科学院	840	687	11	4				
按服务的国民经济行业分组								
农、林、牧、渔业	1524	427	43	27		61	87	
制造业	162	14		27	3		10	1
电力、热力、燃气及水生产和供应业	18	2						
科学研究和技术服务业	2503	1023	121	20		1	27	
水利、环境和公共设施管理业	246	63	13	4		2	37	
卫生和社会工作	374	81	18				9	
文化、体育和娱乐业	4							
公共管理、社会保障和社会组织	61		1					
按机构所属学科领域分组								
自然科学领域	196	122	11	2			12	
农业科学领域	1752	524	51	40		64	94	
医学科学领域	549	157	26	7			9	
工程科学与技术领域	1425	805	26	20	3		55	1
社会与人文科学领域	970	2	82	9				
地方属机构按地区分组								
杭州市	2461	420	140	39		13	126	
宁波市	209	11	1	1		8		
温州市	213	21	8	7	3	3	14	
嘉兴市	120	32	2			2		
湖州市	83	18	1	1		3	4	
绍兴市	8							
金华市	69	5	2				4	1
衢州市	32	4		2		3		
舟山市	20							
台州市	60		2			1		
丽水市	27	15	4			3		

2–18 县级以上政府部门属自然科学研究与开发机构 R&D 人员情况（2018）

单位：人

指标名称	R&D 人员	女性	按工作量分		按学历分			
			R&D 全时人员	R&D 非全时人员	博士毕业	硕士毕业	本科毕业	其他
总计	**6819**	**2340**	**3747**	**3072**	**1754**	**2695**	**1904**	**466**
按隶属关系分组								
地方部门属	4423	1689	2398	2025	903	1891	1267	362
省级部门属	2666	1014	1499	1167	659	1007	754	246
副省级城市属	390	149	280	110	58	181	123	28
地市级部门属	1367	526	619	748	186	703	390	88
中央部门属	2396	651	1349	1047	851	804	637	104
中国科学院	1160	341	672	488	373	444	294	49
按机构所属学科领域分组								
自然科学领域	535	129	257	278	209	179	127	20
农业科学领域	3079	1108	1661	1418	791	1180	862	246
医学科学领域	500	267	417	83	75	222	163	40
工程科学与技术领域	2460	737	1224	1236	629	1033	666	132
社会与人文科学领域	245	99	188	57	50	81	86	28
地方属机构按地区分组								
杭州市	2355	919	1415	940	605	919	635	196
宁波市	199	77	167	32	34	83	63	19
温州市	1068	448	375	693	184	575	264	45
嘉兴市	261	79	102	159	48	95	77	41
湖州市	113	52	36	77	10	50	45	8
绍兴市	34	11	26	8	1	9	21	3
金华市	123	33	84	39	6	47	62	8
衢州市	21		16	5	1	14	2	4
舟山市	57	15	34	23		15	30	12
台州市	101	24	59	42	8	40	30	23
丽水市	91	31	84	7	6	44	38	3

2-19 县级以上政府部门属自然科学研究与开发机构 R&D 人员折合全时工作量（2018）

单位：人年

指标名称	R&D 折合全时工作量	研究人员	按活动类型分		
			基础研究人员	应用研究人员	试验发展人员
总计	**5304**	**3688**	**918**	**1773**	**2613**
按隶属关系分组					
地方部门属	3321	2237	380	859	2082
省级部门属	2039	1386	364	554	1121
副省级城市属	348	256	4	54	290
地市级部门属	934	595	12	251	671
中央部门属	1983	1451	538	914	531
中国科学院	1016	833	262	567	187
按服务的国民经济行业分组					
农、林、牧、渔业	2136	1407	289	410	1437
农业	891	602	67	198	626
林业	246	163	83	24	139
渔业	229	155	6	25	198
农、林、牧、渔专业及辅助性活动	770	487	133	163	474
制造业	405	274	8	95	302
农副食品加工业	1	1			1
酒、饮料和精制茶制造业	26	18		6	20
化学原料和化学制品制造业	76	60	8	21	47
医药制造业	4	1			4
通用设备制造业	163	98		25	138
专用设备制造业	82	63		29	53
仪器仪表制造业	53	33		14	39
电力、热力、燃气及水生产和供应业	34	30		18	16
电力、热力生产和供应业	34	30		18	16

单位：人年

指标名称	R&D 折合全时工作量	研究人员	按活动类型分		
			基础研究人员	应用研究人员	试验发展人员
科学研究和技术服务业	2328	1756	568	1121	639
研究和试验发展	2212	1685	565	1111	536
专业技术服务业	75	43	3	6	66
科技推广和应用服务业	41	28		4	37
水利、环境和公共设施管理业	316	154	33	89	194
水利管理业	171	62	31	46	94
生态保护和环境治理业	145	92	2	43	100
卫生和社会工作	85	67	20	40	25
卫生	85	67	20	40	25
按机构所属学科领域分组					
自然科学领域	388	260	115	221	52
农业科学领域	2347	1530	314	469	1564
医学科学领域	445	361	66	199	180
工程科学与技术领域	1911	1340	312	786	813
社会与人文科学领域	213	197	111	98	4
地方属机构按地区分组					
杭州市	1904	1311	351	532	1021
宁波市	184	141	2	22	160
温州市	657	406	12	158	487
嘉兴市	157	93	9	59	89
湖州市	55	38	4	13	38
绍兴市	26	8		12	14
金华市	106	76		22	84
衢州市	18	16	2	1	15
舟山市	45	23		14	31
台州市	83	50		8	75
丽水市	86	75		18	68

2-20　县级以上政府部门属自然科学研究与开发机构 R&D 经费支出情况（2018）

单位：千元

指标名称	R&D经费内部支出	按活动类型分			按来源分					R&D经费外部支出
		基础研究	应用研究	试验发展	政府资金	企业资金	事业单位资金	国外资金	其他资金	
总　计	**3165828**	**351451**	**1110110**	**1704267**	**2455975**	**234814**	**429752**	**243**	**45044**	**99304**
按隶属关系分组										
地方部门属	1846980	180968	471851	1194161	1341673	147963	320831		36513	4973
省级部门属	1119588	176372	271590	671626	713041	105476	265179		35892	
副省级城市属	211261	1376	34502	175383	199523	10	11728			3700
地市级部门属	516131	3220	165759	347152	429109	42477	43924		621	1273
中央部门属	1318848	170483	638259	510106	1114302	86851	108921	243	8531	94331
中国科学院	481033	86532	230532	163969	341465	70421	67337	243	1567	
按机构所属学科领域分组										
自然科学领域	394406	40639	335079	18688	363996	2700	27710			64850
农业科学领域	1439772	89793	321371	1028608	1271881	36167	102194		29530	27658
医学科学领域	253305	25245	80004	148056	164127		82195		6983	
工程科学与技术领域	937312	95181	335575	506556	546843	195947	185748	243	8531	6796
社会与人文科学领域	141033	100593	38081	2359	109128		31905			
地方属机构按地区分组										
杭州市	1030167	170003	256704	603460	678529	41365	274381		35892	
宁波市	120036	1100	13676	105260	118657	10	1369			3700
温州市	345143	2978	111761	230404	263693	40012	40817		621	1273
嘉兴市	103812	4314	29547	69951	41142	62612	58			
湖州市	40142	1708	12293	26141	34112	2262	3768			
绍兴市	9678		3954	5724	9678					
金华市	51631	1	8090	43540	49791	1702	138			
衢州市	12244	862	517	10865	12244					
舟山市	13686		4601	9085	13686					
台州市	40698	1	4527	36170	40398		300			
丽水市	79743	1	26181	53561	79743					

2-21　县级以上政府部门属自然科学研究与开发机构 R&D 经费内部支出情况（2018）

单位：千元

指标名称	R&D经费内部支出	经常费支出	人员费用	设备购置费	其他	基本建设费	仪器设备费	土建费
总计	**3165828**	**2702000**	**1191216**	**435810**	**1074974**	**463828**	**118417**	**345411**
按隶属关系分组								
地方部门属	1846980	1573586	766966	243692	562928	273394	43098	230296
省级部门属	1119588	987892	456603	154402	376887	131696	18588	113108
副省级城市属	211261	163379	105695	7761	49923	47882	10365	37517
地市级部门属	516131	422315	204668	81529	136118	93816	14145	79671
中央部门属	1318848	1128414	424250	192118	512046	190434	75319	115115
中国科学院	481033	420324	188443	72191	159690	60709		60709
按服务的国民经济行业分组								
农、林、牧、渔业	1314473	1152319	522588	163466	466265	162154	23362	138792
农业	637717	533559	241780	73613	218166	104158	18079	86079
林业	131437	110135	37342	16234	56559	21302	1938	19364
渔业	140055	121699	57027	10442	54230	18356	1984	16372
农、林、牧、渔专业及辅助性活动	405264	386926	186439	63177	137310	18338	1361	16977
制造业	153160	134320	70103	30395	33822	18840	14395	4445
农副食品加工业	327	327	215		112			
酒、饮料和精制茶制造业	13481	10667	7199	158	3310	2814		2814
化学原料和化学制品制造业	37279	37279	19148	9988	8143			
医药制造业	2558	2558	1883	40	635			
通用设备制造业	63214	49145	20632	16351	12162	14069	12482	1587
专用设备制造业	21311	19354	11653	2097	5604	1957	1913	44
仪器仪表制造业	14990	14990	9373	1761	3856			
电力、热力、燃气及水生产和供应业	13231	13231	9078	389	3764			
电力、热力生产和供应业	13231	13231	9078	389	3764			
科学研究和技术服务业	1488295	1249851	505106	216692	528053	238444	71507	166937
研究和试验发展	1430781	1208529	487302	205490	515737	222252	64232	158020
专业技术服务业	37488	24842	9852	5198	9792	12646	7275	5371
科技推广和应用服务业	20026	16480	7952	6004	2524	3546		3546
水利、环境和公共设施管理业	145531	121195	69229	17640	34326	24336	9153	15183
水利管理业	95547	74061	38209	13475	22377	21486	9153	12333
生态保护和环境治理业	49984	47134	31020	4165	11949	2850		2850
卫生和社会工作	51138	31084	15112	7228	8744	20054		20054
卫生	51138	31084	15112	7228	8744	20054		20054
地方属机构按地区分组								
杭州市	1030167	925796	433485	147020	345291	104371	11677	92694
宁波市	120036	86653	58172	1689	26792	33383	8310	25073
温州市	345143	316133	128890	75845	111398	29010	12482	16528
嘉兴市	103812	72225	38244	7266	26715	31587	6982	24605
湖州市	40142	30549	10622	2284	17643	9593	1984	7609
绍兴市	9678	9678	8831	25	822			
金华市	51631	41008	24340	4527	12141	10623	1148	9475
衢州市	12244	6897	4772	172	1953	5347	515	4832
舟山市	13686	13686	10758	1532	1396			
台州市	40698	38398	26515	2682	9201	2300		2300
丽水市	79743	32563	22337	650	9576	47180		47180

2–22 县级以上政府部门属自然科学研究与开发机构 R&D 经费外部支出情况（2018）

单位：千元

指标名称	R&D 经费外部支出	对国内科研机构支出	对国内高等学校支出	对国内企业支出	对境外机构支出
总计	**99304**	**51150**	**33516**	**14192**	**0**
按隶属关系分组					
地方部门属	4973	2045	1232	1250	
副省级城市属	3700	2045	1209		
地市级部门属	1273		23	1250	
中央部门属	94331	49105	32284	12942	
按机构所属学科领域分组					
自然科学领域	64850	32426	27020	5404	
农业科学领域	27658	16829	5464	5365	
工程科学与技术领域	6796	1895	1032	3423	
按机构服务的国民经济行业分组					
农、林、牧、渔业	27658	16829	5464	5365	
农业	26318	15790	5264	5264	
林业	990	889		101	
渔业	350	150	200		
电力、热力、燃气及水生产和供应业	2173			2173	
电力、热力生产和供应业	2173			2173	
科学研究和技术服务业	65655	32446	27359	5404	
研究和试验发展	65655	32446	27359	5404	
水利、环境和公共设施管理业	3818	1875	693	1250	
生态保护和环境治理业	3818	1875	693	1250	
地方属机构按地区分组					
宁波市	3700	2045	1209		
温州市	1273		23	1250	

2-23 县级以上政府部门属自然科学研究与开发机构 R&D 经常费支出情况（2018）

单位：千元

指标名称	R&D 经常费支出	按活动类型分			按来源分				
		基础研究	应用研究	试验发展	政府资金	企业资金	事业单位资金	国外资金	其他资金
总计	**2702000**	**319141**	**948931**	**1433928**	**2106500**	**208564**	**341649**	**243**	**45044**
按隶属关系分组									
地方部门属	1573586	171770	410674	991142	1151172	121713	264188		36513
省级部门属	987892	167640	245141	575111	647257	83963	220780		35892
副省级城市属	163379	1374	27997	134008	155641	10	7728		
地市级部门属	422315	2756	137536	282023	348274	37740	35680		621
中央部门属	1128414	147371	538257	442786	955328	86851	77461	243	8531
中国科学院	420324	75612	201437	143275	280756	70421	67337	243	1567
按机构所属学科领域分组									
自然科学领域	318288	32732	269731	15825	314513	2700	1075		
农业科学领域	1264195	81088	283089	900018	1116358	36167	82140		29530
医学科学领域	221390	22525	72914	125951	142334		72073		6983
工程科学与技术领域	757094	82204	285115	389775	424167	169697	154456	243	8531
社会与人文科学领域	141033	100592	38082	2359	109128		31905		

2–24　县级以上政府部门属自然科学研究与开发机构对外科技服务活动情况（2018）

单位：人年

指标名称	合计	科技成果的示范性推广工作	为用户提供可行性报告、技术方案、建议及进行技术论证等技术咨询工作	地形、地质和水文考察、天文、气象和地震的日常观察	为社会和公众提供的检验、检疫、测试、标准化、计量、计算、质量控制和专利服务	科技信息文献服务	提供孵化、平台搭建等科技服务活动	其他科技服务活动	科技培训工作
总计	**4050**	**647**	**973**	**155**	**1068**	**153**	**88**	**529**	**437**
按隶属关系分组									
地方部门属	3355	529	830	134	934	114	55	422	337
省级部门属	2111	300	553	119	655	54	25	214	191
副省级城市属	376	33	78	15	207	7		26	10
地市级部门属	868	196	199		72	53	30	182	136
中央部门属	695	118	143	21	134	39	33	107	100
中国科学院	113	18	35		40	6	5	8	1
地方属机构按地区分组									
杭州市	1972	221	495	118	770	55	28	186	99
宁波市	154	26	56	15	23	7		17	10
温州市	547	116	112		55	28	18	123	95
嘉兴市	304	50	78		55			38	83
湖州市	77	26	12		6	3	4	14	12
绍兴市	16	4	1			4		6	1
金华市	87	32	21		13	6		5	10
衢州市	50	21				5		13	11
舟山市	33	10	2		2	2	2	12	3
台州市	94	16	51	1	10	3	1	2	10
丽水市	21	7	2			1	2	6	3

2–25　县级以上政府部门属社会与人文科学研究与开发机构情况（2018）

指标名称	机构数（个）	从业人员总数（人）	单位在职科技活动人员	大学本科及以上学历	经费收入总额（千元）	政府资金	科技活动贷款（千元）	经费支出总额（千元）	科技经费支出
总计	**8**	**382**	**353**	**324**	**239757**	**203808**	**0**	**238896**	**210158**
按隶属关系分组									
地方部门属	8	382	353	324	239757	203808		238896	210158
省级部门属	5	293	282	253	193592	160859		192114	167854
副省级城市属	2	77	68	68	44062	42894		44525	42053
地市级部门属	1	12	3	3	2103	55		2257	251
按机构所属学科分组									
社会与人文科学领域	8	382	353	324	239757	203808		238896	210158
马克思主义	1	146	139	128	62089	62089		53879	45184
艺术学	1	12	3	3	2103	55		2257	251
考古学	1	76	76	59	92855	60781		105320	89941
经济学	2	43	43	42	28062	27411		21910	21910
社会学	2	77	68	68	44062	42894		44525	42053
体育科学	1	28	24	24	10586	10578		11005	10819
按机构中从事科技活动人员规模分组									
100 ~ 199 人	1	146	139	128	62089	62089		53879	45184
50 ~ 99 人	1	76	76	59	92855	60781		105320	89941
30 ~ 49 人	3	107	98	98	67617	66383		61976	59504
20 ~ 29 人	1	28	24	24	10586	10578		11005	10819
10 ~ 19 人	1	13	13	12	4507	3922		4459	4459
0 ~ 9 人	1	12	3	3	2103	55		2257	251
按地区分组									
杭州市	6	328	312	283	213110	179209		211632	185693
宁波市	1	42	38	38	24544	24544		25007	24214
温州市	1	12	3	3	2103	55		2257	251

2–26　县级以上政府部门属社会与人文科学研究开发机构人员情况（2018）

单位：人

指标名称	从业人员总数	单位在职科技人员		外聘的流动学者	非本单位在读研究生	离退休人员
			女性			
总计	**382**	**353**	**141**	**2**	**0**	**96**
按隶属关系分组						
地方部门属	382	353	141	2		96
省级部门属	293	282	114			40
副省级城市属	77	68	26	2		28
地市级部门属	12	3	1			28

2–27　县级以上政府部门属社会与人文科学研究开发机构人员工作性质情况（2018）

单位：人

指标名称	单位在职科技人员				生产经营活动人员	其他人员
		科技管理人员	课题活动人员	科技服务人员		
总计	**353**	**82**	**248**	**23**	**5**	**24**
按隶属关系分组						
地方部门属	353	82	248	23	5	24
省级部门属	282	60	208	14		11
副省级城市属	68	21	38	9		9
地市级部门属	3	1	2		5	4
按机构所属学科领域分组						
社会与人文科学领域	353	82	248	23	5	24
马克思主义	139	26	105	8		7
艺术学	3	1	2		5	4
考古学	76	16	54	6		
经济学	43	15	28			
社会学	68	21	38	9		9
体育科学	24	3	21			4
按地区分组						
杭州市	312	73	223	16		16
宁波市	38	8	23	7		4
温州市	3	1	2		5	4

2–28　县级以上政府部门属社会与人文科学研究与开发机构科技活动人员情况（2018）

单位：人

指标名称	单位在职科技活动人员	学历					职称		
		博士毕业	硕士毕业	本科毕业	大专毕业	其他	高级职称	中级职称	其他
总计	**353**	**58**	**142**	**124**	**24**	**5**	**161**	**85**	**107**
按隶属关系分组									
地方部门属	353	58	142	124	24	5	161	85	107
省级部门属	282	51	110	92	24	5	142	59	81
副省级城市属	68	7	32	29			19	26	23
地市级部门属	3			3					3
按地区分组									
杭州市	312	54	121	108	24	5	155	71	86
宁波市	38	4	21	13			6	14	18
温州市	3			3					3

2–29 县级以上政府部门属社会与人文科学研究与开发机构经费收入情况（2018）

单位：千元

指标名称	科技活动收入	政府资金				非政府资金			生产经营活动收入	其他收入
			财政拨款	承担政府科研项目收入	其他收入		技术性收入	国外资金		
总计	**227295**	**194873**	**120979**	**73877**	**17**	**32422**	**32422**	**0**	**896**	**11566**
按隶属关系分组										
地方部门属	227295	194873	120979	73877	17	32422	32422		896	11566
省级部门属	184572	152802	82913	69872	17	31770	31770			9020
副省级城市属	42071	42071	38066	4005						1991
地市级部门属	652					652	652		896	555
按机构所属学科领域分组										
社会与人文科学领域	227295	194873	120979	73877	17	32422	32422		896	11566
马克思主义	54409	54409	44409	10000						7680
艺术学	652					652	652		896	555
考古学	92145	60441	29783	30658		31704	31704			710
经济学	27477	27411	4436	22974	1	66	66			585
社会学	42071	42071	38066	4005						1991
体育科学	10541	10541	4285	6240	16					45
按地区分组										
杭州市	202411	170641	100752	69872	17	31770	31770			10699
宁波市	24232	24232	20227	4005						312
温州市	652					652	652		896	555

2-30 县级以上政府部门属社会与人文科学研究与开发机构经费支出情况（2018）

单位：千元

指标名称	科技经费内部支出	科技经费日常支出				科研基建	生产经营支出	其他支出
			人员劳务费	设备购置费	其他日常支出			
总计	**210158**	**210158**	**84560**	**12494**	**113104**	**0**	**1066**	**14185**
按隶属关系分组								
地方部门属	210158	210158	84560	12494	113104		1066	14185
省级部门属	167854	167854	59629	12465	95760			10773
副省级城市属	42053	42053	24680	29	17344			2472
地市级部门属	251	251	251				1066	940
按机构所属学科领域分组								
社会与人文科学领域	210158	210158	84560	12494	113104		1066	14185
马克思主义	45184	45184	24593	1537	19054			8695
艺术学	251	251	251				1066	940
考古学	89941	89941	14771	8522	66648			1892
经济学	21910	21910	16342		5568			
社会学	42053	42053	24680	29	17344			2472
体育科学	10819	10819	3923	2406	4490			186
按地区分组								
杭州市	185693	185693	71954	12494	101245			12452
宁波市	24214	24214	12355		11859			793
温州市	251	251	251				1066	940

2–31　县级以上政府部门属社会与人文科学研究与开发机构资产情况（2018）

单位：千元

指标名称	年末固定资产原价			
		科研房屋建筑物	科研仪器设备	
				进口
总计	**100366**	**20709**	**35860**	**25820**
按隶属关系分组				
地方部门属	100366	20709	35860	25820
省级部门属	93515	16518	35535	25820
副省级城市属	2631		296	
地市级部门属	4220	4191	29	
按地区分组				
杭州市	94589	16518	35831	25820
宁波市	1557			
温州市	4220	4191	29	

2–32　县级以上政府部门属社会与人文科学研究与开发机构课题情况（一）（2018）

指标名称	课题数合计（个）		课题经费内部支出（千元）			课题投入人员（人年）	
		R&D 课题		政府资金	R&D 课题经费		R&D 人员
总计	**137**	**70**	**94976**	**94976**	**82109**	**274**	**207**
按课题活动类型分组							
基础研究	32	32	53055	53055	53055	108	108
应用研究	34	34	26374	26374	26374	95	95
试验发展	4	4	2680	2680	2680	5	5
研究与试验发展成果应用	2		1320	1320		3	
技术推广与科技服务	65		11547	11547		64	

2–33 县级以上政府部门属社会与人文科学研究与开发机构课题情况（二）（2018）

指标名称	课题数合计（个）	R&D 课题	课题经费内部支出（千元）	政府资金	R&D 课题经费	课题投入人员（人年）	R&D 人员
总计	**137**	**70**	**94976**	**94976**	**82109**	**274**	**207**
按隶属关系分组							
地方部门属	137	70	94976	94976	82109	274	207
省级部门属	85	38	73132	73132	64270	206	177
副省级城市属	52	32	21844	21844	17839	67	30
按课题所属学科分组							
管理学	2	2	4500	4500	4500	42	42
企业管理	1	1	1500	1500	1500	7	7
公共管理	1	1	3000	3000	3000	35	35
马克思主义	2	2	4000	4000	4000	31	31
科学社会主义	2	2	4000	4000	4000	31	31
哲学	1	1	1000	1000	1000	5	5
中国哲学史	1	1	1000	1000	1000	5	5
宗教学	1	1	100	100	100	1	1
佛教	1	1	100	100	100	1	1
历史学	4	4	1275	1275	1275	5	5
历史文献学	4	4	1275	1275	1275	5	5
考古学	28	26	48090	48090	46770	61	58
中国考古	28	26	48090	48090	46770	61	58
经济学	49	8	13343	13343	5886	33	9
宏观经济学	41		7457	7457		24	
发展经济学	3	3	1536	1536	1536	3	3

2–33 续表

指标名称	课题数合计（个）	R&D 课题	课题经费内部支出（千元）	政府资金	R&D 课题经费	课题投入人员（人年）	R&D 人员
经济学其他学科	5	5	4350	4350	4350	6	6
政治学	4	4	6650	6650	6650	26	26
政治学理论	1	1	400	400	400	4	4
行政学	1	1	1000	1000	1000	5	5
政治学其他学科	2	2	5250	5250	5250	17	17
社会学	42	22	15933	15933	11928	68	31
应用社会学	5	5	1910	1910	1910	9	9
文化经济学	1	1	1500	1500	1500	8	8
经济社会学	14	14	6818	6818	6818	11	11
发展社会学	2	2	1700	1700	1700	3	3
社会学其他学科	20		4005	4005		37	
体育科学	4		85	85		2	
运动生理学	1						
运动训练学	1		29	29		1	
体育科学其他学科	2		55	55		1	
按课题来源分组							
国家社会科学基金课题	3	3	500	500	500	4	4
除上述国家计划外由中央政府部门下达的课题	10	10	30010	30010	30010	35	35
地方社会科学基金课题	22	2	8505	8505	4500	60	23
除上述地方计划外由地方政府部门下达的课题	84	50	48951	48951	40699	129	102
自选：本机构选定并支付费用的课题	18	5	7010	7010	6400	46	43
按地区分组							
杭州市	117	70	90971	90971	82109	236	207
宁波市	20		4005	4005		37	

2–34 县级以上政府部门属社会与人文科学研究与开发机构课题经费内部支出情况（2018）

单位：千元

指标名称	经费支出合计	基础研究	应用研究	试验发展	R&D成果应用	科技服务
总计	**94976**	**53055**	**26374**	**2680**	**1320**	**11547**
按隶属关系分组						
地方部门属	94976	53055	26374	2680	1320	11547
省级部门属	73132	52780	9810	1680	1320	7542
副省级城市属	21844	275	16564	1000		4005
按地区分组						
杭州市	90971	53055	26374	2680	1320	7542
宁波市	4005					4005

2–35 县级以上政府部门属社会与人文科学研究与开发机构课题投入人员情况（2018）

单位：人年

指标名称	投入人员合计	基础研究	应用研究	试验发展	R&D成果应用	科技服务
总计	**274**	**108**	**95**	**5**	**3**	**64**
按隶属关系分组						
地方部门属	274	108	95	5	3	64
省级部门属	206	106	68	3	3	26
副省级城市属	67	2	27	2		37
按地区分组						
杭州市	236	108	95	5	3	26
宁波市	37					37

2–36 县级以上政府部门属社会与人文科学研究与开发机构论文、著作和专利情况（2018）

指标名称	科技论文（篇）	国外发表	科技著作（种）	专利申请受理数（件）	专利授权数（件）	有效发明专利数（件）
总计	**902**	**1**	**79**	**1**	**0**	**1**
按隶属关系分组						
地方部门属	902	1	79	1		1
省级部门属	776	1	71	1		1
副省级城市属	126		8			
按机构所属学科领域分组						
社会与人文科学领域				1		1
体育科学				1		1
按地区分组						
杭州市	856	1	79	1		1
宁波市	46					

2–37 县级以上政府部门属社会与人文科学研究与开发机构 R&D 人员情况（2018）

单位：人

指标名称	R&D 人员	女性	按工作量分		按学历分			
			R&D 全时人员	R&D 非全时人员	博士毕业	硕士毕业	本科毕业	其他
总计	**245**	**99**	**188**	**57**	**50**	**81**	**86**	**28**
按隶属关系分组								
地方部门属	245	99	188	57	50	81	86	28
省级部门属	215	84	158	57	47	70	70	28
副省级城市属	30	15	30		3	11	16	
按机构所属学科领域分组								
社会与人文科学领域	245	99	188	57	50	81	86	28
马克思主义	139	56	105	34	43	52	33	11
考古学	76	28	53	23	4	18	37	17
社会学	30	15	30		3	11	16	
按地区分组								
杭州市	245	99	188	57	50	81	86	28

2–38 县级以上政府部门属社会与人文科学研究与开发机构 R&D 人员折合全时工作量情况（2018）

单位：人年

指标名称	R&D 折合全时工作量	研究人员	按活动类型分		
			基础研究人员	应用研究人员	试验发展人员
总计	**213**	**197**	**111**	**98**	**4**
按隶属关系分组					
地方部门属	213	197	111	98	4
省级部门属	183	169	109	71	3
副省级城市属	30	28	2	27	1
按机构所属学科分组					
社会与人文科学领域	213	197	111	98	4
马克思主义	125	119	55	70	
考古学	58	50	54	1	3
社会学	30	28	2	27	1
按地区分组					
杭州市	213	197	111	98	4

2–39 县级以上政府部门属社会与人文科学研究与开发机构 R&D 经费支出情况（2018）

单位：千元

指标名称	R&D 经费内部支出	按活动类型分			按来源分		R&D 经费外部支出
		基础研究	应用研究	试验发展	政府资金	事业单位资金	
总计	**141033**	**100593**	**38081**	**2359**	**109128**	**31905**	**0**
按隶属关系分组							
地方部门属	141033	100593	38081	2359	109128	31905	
省级部门属	123194	100318	20517	2359	91289	31905	
副省级城市属	17839	275	17564		17839		
按机构所属学科领域分组							
社会与人文科学领域	141033	100593	38081	2359	109128	31905	
马克思主义	37750	17260	20490		37750		
考古学	85444	83058	27	2359	53539	31905	
社会学	17839	275	17564		17839		
按地区分组							
杭州市	141033	100593	38081	2359	109128	31905	

2-40　县级以上政府部门属社会与人文科学研究与开发机构 R&D 经费内部支出情况（2018）

单位：千元

指标名称	R&D 经费内部支出	经常费支出			
			人员费用	设备购置费	其他
总计	**141033**	**141033**	**48074**	**9751**	**83208**
按隶属关系分组					
地方部门属	141033	141033	48074	9751	83208
省级部门属	123194	123194	35749	9722	77723
副省级城市属	17839	17839	12325	29	5485
按机构所属学科领域分组					
社会与人文科学领域	141033	141033	48074	9751	83208
马克思主义	37750	37750	23893	1200	12657
考古学	85444	85444	11856	8522	65066
社会学	17839	17839	12325	29	5485
按地区分组					
杭州市	141033	141033	48074	9751	83208

2-41　县级以上政府部门属社会与人文科学研究与开发机构 R&D 经常费支出情况（2018）

单位：千元

指标名称	R&D 经常费支出	按活动类型分			按来源分	
		基础研究	应用研究	试验发展	政府资金	事业单位资金
总计	**141033**	**100592**	**38082**	**2359**	**109128**	**31905**
按隶属关系分组						
地方部门属	141033	100592	38082	2359	109128	31905
省级部门属	123194	100317	20518	2359	91289	31905
副省级城市属	17839	275	17564		17839	
按机构所属学科领域分组						
社会与人文科学领域	141033	100592	38082	2359	109128	31905
马克思主义	37750	17260	20490		37750	
考古学	85444	83057	28	2359	53539	31905
社会学	17839	275	17564		17839	
按地区分组						
杭州市	141033	100592	38082	2359	109128	31905

2–42　县级以上政府部门属科技信息与文献机构概况（2018）

指标名称	机构数（个）	从业人员总数（人）	单位在职科技活动人员	大学本科及以上学历	经费收入总额（千元）	政府资金	科技活动贷款（千元）	经费支出总额（千元）	科技经费支出
总计	**11**	**363**	**348**	**315**	**208189**	**175259**	**0**	**176666**	**169352**
按隶属关系分组									
地方部门属	11	363	348	315	208189	175259		176666	169352
省级部门属	2	146	144	129	90179	64278		64515	61067
副省级城市属	1	60	52	52	49909	44326		47613	45771
地市级部门属	8	157	152	134	68101	66655		64538	62514
按国民经济行业分组									
科学研究和技术服务业	10	346	332	300	189698	157249		158621	152033
研究和试验发展	3	186	183	169	106240	81240		79385	76412
专业技术服务业	1	22	22	17	5594	5584		5594	5584
科技推广和应用服务业	6	138	127	114	77864	70425		73642	70037
卫生和社会工作	1	17	16	15	18491	18010		18045	17319
卫生	1	17	16	15	18491	18010		18045	17319
按机构中从事科技活动人员规模分组									
100 ~ 199 人	1	127	127	116	84006	59006		58420	55965
50 ~ 99 人	1	60	52	52	49909	44326		47613	45771
30 ~ 49 人	1	41	41	38	18307	18307		17235	16815
20 ~ 29 人	2	45	45	35	12580	12570		12644	12198
10 ~ 19 人	6	90	83	74	43387	41050		40754	38603
按地区分组									
杭州市	4	204	201	182	126977	100595		99795	95201
宁波市	1	60	52	52	49909	44326		47613	45771
温州市	1	23	23	18	6986	6986		7050	6614
湖州市	1	22	22	17	5594	5584		5594	5584
绍兴市	1	13	12	12	6062	5107		5063	4885
金华市	1	18	15	15	3927	3927		3730	3632
舟山市	1	12	12	9	2922	2922		2746	2746
丽水市	1	11	11	10	5812	5812		5075	4919

2–43 县级以上政府部门属科技信息与文献机构人员情况（2018）

单位：人

指标名称	从业人员总数	单位在职科技活动人员	女性	外聘的流动学者	非本单位在读研究生	离退休人员
总计	**363**	**348**	**158**	**0**	**0**	**271**
按隶属关系分组						
地方部门属	363	348	158			271
省级部门属	146	144	77			121
副省级城市属	60	52	4			27
地市级部门属	157	152	77			123
按地区分组						
杭州市	204	201	111			167
宁波市	60	52	4			27
温州市	23	23	9			18
湖州市	22	22	7			18
绍兴市	13	12	4			12
金华市	18	15	11			9
舟山市	12	12	6			8
丽水市	11	11	6			12

2–44 县级以上政府部门属科技信息与文献机构人员工作性质情况（2018）

单位：人

指标名称	单位在职科技活动人员	科技管理	课题活动	科技服务	生产经营活动人员	其他人员
总计	**348**	**58**	**108**	**182**	**2**	**13**
按隶属关系分组						
地方部门属	348	58	108	182	2	13
省级部门属	144	20	31	93	2	
副省级城市属	52	5	29	18		8
地市级部门属	152	33	48	71		5
按地区分组						
杭州市	201	39	53	109	2	1
宁波市	52	5	29	18		8
温州市	23	3	3	17		
湖州市	22	5	6	11		
绍兴市	12	1	4	7		1
金华市	15	1		14		3
舟山市	12	2	6	4		
丽水市	11	2	7	2		

2–45 县级以上政府部门属科技信息与文献机构科技活动人员情况（2018）

单位：人

指标名称	单位在职科技活动人员	按学历分					按职称分		
		博士毕业	硕士毕业	本科毕业	大专毕业	其他	高级	中级	其他
总计	**348**	**5**	**134**	**176**	**21**	**12**	**91**	**134**	**123**
按隶属关系分组									
地方部门属	348	5	134	176	21	12	91	134	123
省级部门属	144	4	70	55	8	7	41	51	52
副省级城市属	52		26	26			9	28	15
地市级部门属	152	1	38	95	13	5	41	55	56
按地区分组									
杭州市	201	5	91	86	11	8	64	71	66
宁波市	52		26	26			9	28	15
温州市	23		4	14	5		7	7	9
湖州市	22		4	13	3	2		9	13
绍兴市	12		1	11			3	5	4
金华市	15		3	12			2	5	8
舟山市	12		3	6	1	2	2	5	5
丽水市	11		2	8	1		4	4	3

2–46　县级以上政府部门属科技信息与文献机构经费收入情况（2018）

单位：千元

指标名称	科技活动收入	政府资金	财政拨款	承担政府科研项目收入	其他	非政府资金	技术性收入	生产经营活动收入	其他收入
总计	**203673**	**172662**	**138150**	**32778**	**1734**	**31011**	**31011**	**901**	**3615**
按隶属关系分组									
地方部门属	203673	172662	138150	32778	1734	31011	31011	901	3615
省级部门属	87664	63608	60860	1904	844	24056	24056	901	1614
副省级城市属	49194	43611	14158	28653	800	5583	5583		715
地市级部门属	66815	65443	63132	2221	90	1372	1372		1286
按地区分组									
杭州市	123786	99313	95344	3125	844	24473	24473	901	2290
宁波市	49194	43611	14158	28653	800	5583	5583		715
温州市	6550	6550	6550						436
湖州市	5584	5584	5584						10
绍兴市	6059	5104	4104	1000		955	955		3
金华市	3922	3922	3922						5
舟山市	2922	2922	2832		90				
丽水市	5656	5656	5656						156

2–47 县级以上政府部门属科技信息与文献机构经费支出情况（2018）

单位：千元

指标名称	科技经费内部支出	科技经费日常支出	人员劳务费	设备购置费	其他日常支出	科研基建	生产经营支出	其他支出
总计	**169352**	**169237**	**94622**	**19815**	**54800**	**115**	**823**	**6491**
按隶属关系分组								
地方部门属	169352	169237	94622	19815	54800	115	823	6491
省级部门属	61067	61067	42743	161	18163		823	2625
副省级城市属	45771	45771	14192	12997	18582			1842
地市级部门属	62514	62399	37687	6657	18055	115		2024
按地区分组								
杭州市	95201	95201	59427	6688	29086		823	3771
宁波市	45771	45771	14192	12997	18582			1842
温州市	6614	6499	5022	115	1362	115		436
湖州市	5584	5584	4853		731			10
绍兴市	4885	4885	3595		1290			178
金华市	3632	3632	3193		439			98
舟山市	2746	2746	2316		430			
丽水市	4919	4919	2024	15	2880			156

2-48　县级以上政府部门属科技信息与文献机构基本建设和资产情况（2018）

单位：千元

指标名称	基本建设投资实际完成额			科研基建			年末固定资产原价			
		科研仪器设备	科研土建工程		政府资金	其他资金		科研房屋建筑物	科研仪器设备	
										进口
总计	**115**	**0**	**115**	**115**	**115**	**0**	**327604**	**189046**	**72253**	**0**
按隶属关系分组										
地方部门属	115		115	115	115		327604	189046	72253	
省级部门属							194597	112462	35022	
副省级城市属							103422	76190	26522	
地市级部门属	115		115	115	115		29585	394	10709	
按地区分组										
杭州市							217932	112462	42988	
宁波市							103422	76190	26522	
温州市	115		115	115	115		1708		1708	
湖州市							953		80	
绍兴市							1020		48	
金华市							642		30	
舟山市							1050	394		
丽水市							877		877	

2–49　县级以上政府部门属科技信息与文献机构课题情况（一）（2018）

指标名称	课题数合计（个）	R&D 课题	课题经费内部支出（千元）	政府资金	R&D 课题经费	课题投入人员（人年）	R&D 人员
总计	**81**	**2**	**28509**	**28001**	**850**	**144**	**4**
按课题活动类型分组							
试验发展	2	2	850	850	850	4	4
研究与试验发展成果应用	2		56	56		3	
技术推广与科技服务	77		27603	27095		137	

2–50　县级以上政府部门属科技信息与文献机构课题经费内部支出情况（2018）

单位：千元

指标名称	课题经费支出	基础研究	应用研究	试验发展	R&D 成果应用	科技服务
总计	**28509**	**0**	**850**	**0**	**56**	**27603**
按隶属关系分组						
地方部门属	28509		850		56	27603
省级部门属	3202					3202
副省级城市属	20594				6	20588
地市级部门属	4712		850		50	3812
按地区分组						
杭州市	4886				50	4836
宁波市	20594				6	20588
温州市	508					508
绍兴市	20					20
舟山市	850		850			
丽水市	1650					1650

2–51　县级以上政府部门属科技信息与文献机构课题情况（二）（2018）

指标名称	课题数合计（个）	R&D 课题	课题经费内部支出（千元）	政府资金	R&D 课题经费	课题投入人员（人年）	R&D 人员
总计	**81**	**2**	**28509**	**28001**	**850**	**144**	**4**
按隶属关系分组							
地方部门属	81	2	28509	28001	850	144	4
省级部门属	47		3202	3202		87	
副省级城市属	13		20594	20594		21	
地市级部门属	21	2	4712	4204	850	35	4
按国民经济行业分组							
科学研究和技术服务业	79	2	27315	26807	850	140	4
研究和试验发展	54		3332	3332		95	
科技推广和应用服务业	25	2	23982	23474	850	44	4
卫生和社会工作	2		1194	1194		4	
卫生	2		1194	1194		4	
按课题所属学科分组							
信息科学与系统科学	2		1700	1700		6	
系统评估与可行性分析	1		50	50		2	
信息科学与系统科学其他学科	1		1650	1650		4	
信息科学与系统科学相关工程与技术	2		1194	1194		4	
信息技术系统性应用	2		1194	1194		4	
机械工程	2		180	180		5	
机械设计	1		80	80		2	
机械制造工艺与设备	1		100	100		3	
计算机科学技术	13	1	10919	10919	500	30	2

2-51 续表 1

指标名称	课题数合计（个）	R&D 课题	课题经费内部支出（千元）	政府资金	R&D 课题经费	课题投入人员（人年）	R&D 人员
计算机科学技术基础学科	1		35	35		2	
计算机系统结构	1		105	105		1	
计算机软件	2	1	580	580	500	5	2
计算机应用	4		131	131		13	
计算机科学技术其他学科	5		10069	10069		9	
安全科学技术	1		6	6		1	
安全科学技术其他学科	1		6	6		1	
管理学	36		1241	1241		54	
科学学与科技管理	36		1241	1241		54	
经济学	7		10520	10520		11	
宏观经济学	2		70	70		3	
可持续发展经济学	5		10450	10450		8	
社会学	1		20	20		1	
发展社会学	1		20	20		1	
图书馆、情报与文献学	17	1	2729	2221	350	31	2
情报学	17	1	2729	2221	350	31	2
按课题技术领域分组							
非技术领域	2	1	520	520	500	3	2
信息技术	11		3272	3145		26	
先进制造与自动化技术	3		280	280		9	
其他技术领域	65	1	24437	24056	350	105	2
按课题来源分组							
国家重点研发计划课题	1		217	217		3	
除上述国家计划外由中央政府部门下达的课题	2		70	70		3	
地方自然科学基金课题	1		50	50		2	

2-51　续表 2

指标名称	课题数合计（个）	R&D 课题	课题经费内部支出（千元）	政府资金	R&D 课题经费	课题投入人员（人年）	R&D 人员
除上述地方计划外由地方政府部门下达的课题	67		26454	26454		118	
自选：本机构选定并支付费用的课题	10	2	1718	1210	850	18	4
按课题的社会经济目标分组							
环境保护、生态建设及污染防治	1		4	4		1	
环境一般问题	1		4	4		1	
卫生事业发展	1		605	605		2	
卫生医疗其他研究	1		605	605		2	
基础设施以及城市和农村规划	3		2241	2241		7	
通信	3		2241	2241		7	
基础社会发展和社会服务	63	1	21513	21386	350	112	2
社会发展和社会服务一般问题	11		17668	17541		16	
社会管理	1		50	50		2	
科技发展	51	1	3795	3795	350	94	2
工商业发展	10	1	3764	3764	500	20	2
促进工商业发展的一般问题	8	1	3658	3658	500	16	2
机械制造业（不包括电子设备、仪器仪表及办公机械	1		100	100		3	
建筑业	1		6	6		1	
其他民用目标	3		381			2	
按地区分组							
杭州市	60		4886	4886		111	
宁波市	13		20594	20594		21	
温州市	4		508			2	
绍兴市	1		20	20		1	
舟山市	2	2	850	850	850	4	4
丽水市	1		1650	1650		4	

2–52　县级以上政府部门属科技信息与文献机构课题人员情况（2018）

单位：人年

指标名称	投入人员合计	基础研究	应用研究	试验发展	R&D成果应用	科技服务
总计	**144**	**0**	**4**	**0**	**3**	**137**
按隶属关系分组						
地方部门属	144		4		3	137
省级部门属	87					87
副省级城市属	21				1	20
地市级部门属	35		4		2	29
按地区分组						
杭州市	111				2	109
宁波市	21				1	20
温州市	2					2
绍兴市	1					1
舟山市	4		4			
丽水市	4					4

2–53　县级以上政府部门属科技信息与文献机构论文、著作和专利等产出情况（2018）

指标名称	科技论文（篇）	国外发表	科技著作（种）	形成国家或行业技术标准数（项）	专利申请受理数（件）	发明专利	专利授权数（件）
总计	**69**	**1**	**3**	**9**	**1**	**1**	**1**
按隶属关系分组							
地方部门属	69	1	3	9	1	1	1
省级部门属	39	1	3	9	1	1	1
副省级城市属	15						
地市级部门属	15						
按地区分组							
杭州市	53	1	3	9	1	1	1
宁波市	15						
舟山市	1						

2–54　县级以上政府部门属科技信息与文献机构馆藏资源情况（2018）

指标名称	单位	馆藏累计	当年新增量	当年剔除量
图书、资料	册	241153	15261	100
其中：外文科技报告	册	170		
期刊	种	30206	4453	
其中：外文原版期刊	种	227		
缩微制品	盒（张）	22924		
音像制品	盒（张）	8017	114	
电子期刊	种	10005		

2–55　县级以上政府部门属科技信息与文献机构数据库情况（2018）

指标名称		数据库（个）	数据记录量（万条）	
				当年更新量
引进国外数据库	书目文摘型	18	6846	20
	全文文献型	5	31443	300
	数值型			
	多媒体型			
引进国内数据库	书目文摘型	6	5700	300
	全文文献型	81	222740896	66604689
	数值型	1	430	
	多媒体型	2	388	
自建数据库	书目文摘型	1	18	2
	全文文献型	5	1309	35
	数值型	7	223	11
	多媒体型			

2–56　县级以上政府部门属科技信息与文献机构基础设施情况（2018）

指标名称	单位	累计总量	当年新增量	当年报废量	指标名称	单位	数　量
计算机有关设备	台	691	79	16	自建网络		
其中：大、中型机	台				网络数	个	15
小型机	台	12	1	1	网上用户数	个	572210
微机	台	563	64	13	对外联网网上用户数量		
终端	台	39			DIALOG	个	29
扫描设备	台	38	8	1	STN	个	
复印机	台	32	2		OCLC	个	
摄、录像机	台	34	2		INTERNET	个	94465194
印刷设备	台	9			其他	个	

2–57　县级以上政府部门属科技信息与文献机构信息服务与文献工作情况（2018）

指标名称	单位	数　量	指标名称	单位	数　量
阅览	人次	1679073	文献信息加工		
外借	人次	21	文摘	篇	1314
资料复制	千页	371972	数据库数据加工	条	16476604
读者咨询	人次	3741	声像制作	部	154
缩微制作	张（卷）		翻译		
课题检索	个	11586	中译外	万字	1
查新	项	17708	外译中	万字	
专题咨询服务	次	215	出版印刷		
信息分析研究报告	篇	125	图书、资料	万字	388
			连续出版物	万字	971
			电子版	种	80
			科技报告	种	16

2–58　县级以上政府部门属科技信息与文献机构电子信息利用情况（2018）

指标名称	次数（次）	机时（小时）	信息量（兆字节）
数据库检索	17473445	83794	53264308
网络信息检索	683145	12370701	232820
电子期刊利用	4854231	80486	20128549
从网上获取信息	112390	25835	104480
向网上发布信息	65033	33610	20021918

2–59　县级以上政府部门属科技信息与文献机构对外科技服务活动情况（2018）

单位：人年

指标名称	合计	科技成果的示范性推广工作	为用户提供可行性报告、技术方案、建议及进行技术论证等技术咨询工作	地形、地质和水文考察、天文、气象和地震的日常观察	为社会和公众提供的检验、检疫、测试、标准化、计量、计算、质量控制和专利服务	科技信息文献服务	提供孵化、平台搭建等科技服务活动	其他科技服务活动	科技培训工作
总计	**263**	**12**	**74**	**5**	**29**	**42**	**10**	**70**	**21**
按隶属关系分组									
地方部门属	263	12	74	5	29	42	10	70	21
省级部门属	118		57		3	15	4	36	3
副省级城市属	41	2	7	5	8	6		8	5
地市级部门属	104	10	10		18	21	6	26	13
按地区分组									
杭州市	142		62		8	17	5	39	11
宁波市	41	2	7	5	8	6		8	5
温州市	15					4		11	
湖州市	20	6	3			3	3	2	3
绍兴市	8					4		4	
金华市	18				11	5		2	
舟山市	8	2			2	2		1	1
丽水市	11	2	2			1	2	3	1

2–60 县级以上政府部门属科技信息与文献机构人员流动情况（2018）

单位：人

指标名称	本年新增人员	应届高校毕业生	招聘的其他人员	其他新增人员	本年减少人员	离退休人员	离开本单位的人员	其他减少人员	本年不在岗人员
总计	**51**	**13**	**37**	**1**	**17**	**6**	**11**	**0**	**3**
按隶属关系分组									
地方部门属	51	13	37	1	17	6	11		3
省级部门属	33	5	28		9	2	7		
副省级城市属	10	3	7		1		1		3
地市级部门属	8	5	2	1	7	4	3		
按地区分组									
杭州市	34	6	28		14	6	8		
宁波市	10	3	7		1		1		3
温州市	1		1						
湖州市	3	3			1		1		
金华市	2	1		1	1		1		
舟山市	1		1						

2-61　县级以上部门属科技信息与文献机构招聘人员情况（2018）

单位：人

指标名称	应届高校毕业生	招聘的其他人员	来自研究院所	来自企业	外资或合资企业	来自高等院校	来自国外	来自政府部门
总计	**13**	**37**	**0**	**36**	**0**	**0**	**0**	**1**
按隶属关系分组								
地方部门属	13	37		36				1
省级部门属	5	28		28				
副省级城市属	3	7		7				
地市级部门属	5	2		1				1
按地区分组								
杭州市	6	28		28				
宁波市	3	7		7				
温州市		1		1				
湖州市	3							
金华市	1							
舟山市		1						1

2-62　县级以上政府部门属科技信息与文献机构流出人员情况（2018）

单位：人

指标名称	流出人员	流向政府部门	流向企业	外资或合资企业	出国	流向高等学校	流向研究院所
总计	**11**	**5**	**1**	**0**	**0**	**1**	**4**
按隶属关系分组							
地方部门属	11	5	1			1	4
省级部门属	7	4					3
副省级城市属	1		1				
地市级部门属	3	1				1	1
按地区分组							
杭州市	8	4				1	3
宁波市	1		1				
湖州市	1	1					
金华市	1						1

2–63 县属研究与开发机构概况（2018）

指标名称	机构数（个）	从业人员总数（人）	科技活动人员	大学本科及以上学历	经费收入总额（千元）	政府资金	科技活动贷款（千元）	经费支出总额（千元）	科技经费支出
总计	**37**	**475**	**414**	**313**	**142656**	**121155**	**0**	**143597**	**132505**
按国民经济行业分组									
农、林、牧、渔业	25	243	200	129	82629	74026		77031	69413
制造业	2	87	83	81	20515	16158		27755	26680
信息传输、软件和信息技术服务业	1	7	6	3	1670	1670		1670	1540
科学研究和技术服务业	5	105	99	81	24269	15834		26411	24640
水利、环境和公共设施管理业	2	19	13	9	10519	10484		7685	7347
卫生和社会工作	1	7	7	4	1194	1123		1185	1185
文化、体育和娱乐业	1	7	6	6	1860	1860		1860	1700
按机构中从事科技活动人员规模分组									
50 ~ 99 人	2	130	125	115	28718	21168		42184	40213
20 ~ 29 人	1	20	20	10	5836	5836		5298	5298
10 ~ 19 人	10	167	129	96	55614	43680		48985	42675
0 ~ 9 人	24	158	140	92	52488	50471		47130	44319
按地区分组									
杭州市	2	26	17	12	9345	9345		10216	9181
宁波市	2	77	74	73	19730	19630		30636	29773
温州市	3	84	80	68	19089	11639		21970	20770
嘉兴市	3	45	41	35	12019	6437		8926	8265
湖州市	1	12	6	4	2165	2130		2165	2020
绍兴市	5	46	45	27	13315	13139		12769	12404
金华市	5	29	28	20	6443	6372		6024	5948
衢州市	7	67	53	32	23419	20525		22523	18948
台州市	3	11	8	3	2135	1305		2632	1716
丽水市	6	78	62	39	34996	30633		25736	23480

2–64 县属研究与开发机构人员情况（2018）

单位：人

指标名称	从业人员总数	科技活动人员			生产经营活动人员	其他人员	离退休人员
			大学本科及以上学历人员	女性			
总计	**475**	**414**	**313**	**142**	**17**	**44**	**227**
杭州市	26	17	12	6		9	24
宁波市	77	74	73	30		3	7
温州市	84	80	68	18	1	3	4
嘉兴市	45	41	35	15	1	3	7
湖州市	12	6	4	1		6	3
绍兴市	46	45	27	20		1	25
金华市	29	28	20	10		1	19
衢州市	67	53	32	14	6	8	52
台州市	11	8	3	3	3		47
丽水市	78	62	39	25	6	10	39

2–65 县属研究与开发机构人员工作性质情况（2018）

单位：人

指标名称	科技活动人员				生产经营活动人员	其他人员
		科技管理人员	课题活动人员	科技服务人员		
总计	**414**	**88**	**192**	**134**	**17**	**44**
杭州市	17	4	10	3		9
宁波市	74	6	65	3		3
温州市	80	16	43	21	1	3
嘉兴市	41	7	8	26	1	3
湖州市	6	2	4			6
绍兴市	45	18	16	11		1
金华市	28	2	3	23		1
衢州市	53	11	16	26	6	8
台州市	8	3	2	3	3	
丽水市	62	19	25	18	6	10

2–66　县属研究与开发机构经费收入情况（2018）

单位：千元

指标名称	科技活动收入								生产经营收入	其他收入
		政府资金				非政府资金				
			财政拨款	承担政府科研项目收入	其他		技术性收入	国外资金		
总计	**131769**	**119727**	**110122**	**9253**	**352**	**12042**	**11936**	**0**	**7270**	**3617**
按地区分组										
杭州市	9345	9345	9313	31	1					
宁波市	19671	19571	19571			100	100			59
温州市	19089	11639	9718	1900	21	7450	7450			
嘉兴市	9885	6270	5120	1150		3615	3615		1453	681
湖州市	2130	2130	2130							35
绍兴市	13139	13139	12960	179						176
金华市	6413	6342	5853	459	30	71	71			30
衢州市	20761	19955	15608	4247	100	806	700		1810	848
台州市	1002	1002	1002						830	303
丽水市	30334	30334	28847	1287	200				3177	1485
按国民经济行业分组										
农、林、牧、渔业	73999	72961	69703	3106	152	1038	932		5817	2813
制造业	18656	16158	16128	30		2498	2498		1453	406
信息传输、软件和信息技术服务业	1670	1670	1670							
科学研究和技术服务业	24081	15646	12476	2970	200	8435	8435			188
水利、环境和公共设施管理业	10309	10309	7162	3147						210
卫生和社会工作	1194	1123	1123			71	71			
文化、体育和娱乐业	1860	1860	1860							

2–67　县属研究与开发机构经费支出与固定资产情况（2018）

单位：千元

指标名称	科技经费内部支出	人员费用	资产购建支出		其他日常支出	生产经营支出	年末固定资产原价	科研仪器设备
				购置科研仪器设备				
总计	**132505**	**68980**	**34638**	**22779**	**28887**	**5029**	**258351**	**102298**
按国民经济行业分组								
农、林、牧、渔业	69413	43192	9887	3197	16334	4011	76087	18740
制造业	26680	8038	11753	11731	6889	218	73408	45440
信息传输、软件和信息技术服务业	1540	1540					50	50
科学研究和技术服务业	24640	10918	8816	7816	4906	800	104980	37228
水利、环境和公共设施管理业	7347	3727	3147		473		2736	570
卫生和社会工作	1185	1085			100		855	35
文化、体育和娱乐业	1700	480	1035	35	185		235	235
按地区分组								
杭州市	9181	4355	713	713	4113		7498	4297
宁波市	29773	10400	11731	11731	7642		33592	33313
温州市	20770	10028	6952	5512	3790	850	91563	28563
嘉兴市	8265	4101	1678	1656	2486	218	55632	21592
湖州市	2020	1870			150		1065	540
绍兴市	12404	9922			2482		4815	583
金华市	5948	3445	1891	651	612		5202	917
衢州市	18948	12527	4392	195	2029	2180	11146	2066
台州市	1716	1303			413	799	4832	355
丽水市	23480	11029	7281	2321	5170	982	43006	10072

2-68 县属研究与开发机构课题情况（2018）

指标名称	课题数合计（个）	课题经费支出（千元）	政府资金	课题投入人员（人年）	研究人员
总计	**105**	**42600**	**27344**	**200**	**143**
按国民经济行业分组					
农、林、牧、渔业	75	25795	18762	107	65
制造业	12	8461	1148	54	47
科学研究和技术服务业	14	4497	3587	31	23
水利、环境和公共设施管理业	3	3597	3597	8	7
文化、体育和娱乐业	1	250	250	1	1
按地区分组					
杭州市	11	4050	4050	16	13
宁波市	12	8133	920	40	35
温州市	10	4294	3694	20	10
嘉兴市	16	3600	1070	33	23
湖州市	2	450	450	4	3
绍兴市	14	5186	2635	30	14
金华市	6	1586	1586	6	6
衢州市	7	5257	4967	15	14
丽水市	27	10044	7972	38	26

2–69　县属研究与开发机构课题经费内部支出情况（2018）

单位：千元

指标名称	课题经费支出合计	试验发展	R&D 成果应用	科技服务
总计	**42600**	**22021**	**9299**	**6108**
杭州市	4050	241	1720	2089
宁波市	8133	4165		32
温州市	4294	4294		
嘉兴市	3600	520	2480	150
湖州市	450		450	
绍兴市	5186	1889	237	3060
金华市	1586	1353	233	
衢州市	5257	340	4167	500
丽水市	10044	9219	12	277

2–70　县属研究与开发机构课题人员情况（2018）

单位：人年

指标名称	课题投入人员	试验发展		R&D 成果应用		科技服务	
			研究人员		研究人员		研究人员
总计	**200**	**81**	**57**	**57**	**38**	**38**	**26**
杭州市	16	1	1	7	6	8	6
宁波市	40	18	15			5	5
温州市	20	20	10				
嘉兴市	33	2	2	27	17	1	1
湖州市	4			4	3		
绍兴市	30	6	6	6	1	18	8
金华市	6	5	5	1	1		
衢州市	15	2	2	11	10	1	1
丽水市	38	27	16	2	2	6	6

2–71　县属研究与开发机构论文、著作和专利等产出情况（2018）

指标名称	科技论文（篇）	科技著作（种）	形成国家或行业标准数（项）	软件著作权数（项）	专利申请受理数（件）		专利授权数（件）		有效发明专利数（件）
						发明专利		发明专利	
总计	**84**	**0**	**6**	**1**	**30**	**15**	**7**	**4**	**33**
杭州市	9								1
宁波市	30			1	10	9	2		9
温州市	10		2		7	3	3	3	20
嘉兴市	6		4		3	2	2	1	3
金华市	7								
衢州市	7				10	1			
丽水市	15								

2–72　县属研究与开发机构 R&D 人员情况（2018）

指标名称	R&D 人员（人）								R&D 人员折合全时工作量（人年）
		女性	按工作量分		按学历分				
			R&D 全时人员	R&D 非全时人员	博士毕业	硕士毕业	本科毕业	其他	
总计	**193**	**57**	**90**	**103**	**22**	**42**	**108**	**21**	**119**
按国民经济行业分组									
农、林、牧、渔业	61	14	37	24	1	11	32	17	50
制造业	66	24	35	31	20	17	29		40
科学研究和技术服务业	61	17	17	44	1	14	42	4	27
文化、体育和娱乐业	5	2	1	4			5		2
按地区分组									
杭州市	1	1	1				1		1
宁波市	66	24	35	31	20	17	29		40
温州市	48	9	15	33	1	9	35	3	22
嘉兴市	14	5	4	10	1	3	10		6
绍兴市	6		6			2	4		6
金华市	6	3	6			1	2	3	6
衢州市	9	2	3	6		0	7	2	4
丽水市	43	13	20	23		10	20	13	34

2–73　县属研究与开发机构 R&D 经费支出情况（2018）

单位：千元

指标名称	R&D 经费内部支出						R&D 经费外部支出
		政府资金	企业资金	事业单位资金	国外资金	其他资金	
总计	**55282**	**46772**	**1100**	**6494**	**916**	**0**	**0**
按国民经济行业分组							
农、林、牧、渔业	22504	22174	250	80			
制造业	19013	17247	850		916		
科学研究和技术服务业	13285	6871		6414			
文化、体育和娱乐业	480	480					
按地区分组							
杭州市	241	241					
宁波市	19013	17247	850		916		
温州市	12529	6115		6414			
嘉兴市	2331	2331					
绍兴市	2571	2571					
金华市	1702	1702					
衢州市	1130	800	250	80			
丽水市	15765	15765					

2-74 县属研究与开发机构 R&D 经费内部支出情况（2018）

单位：千元

指标名称	R&D 经费内部支出	经常费支出	劳务费	设备购置费	其他日常支出	基本建设费	仪器设备费	土建费
总计	**55282**	**37756**	**22183**	**4113**	**11460**	**17526**	**12267**	**5259**
按国民经济行业分组								
农、林、牧、渔业	22504	18240	11870	95	6275	4264	214	4050
制造业	19013	10001	7414	719	1868	9012	9012	
科学研究和技术服务业	13285	9244	2659	3279	3306	4041	3041	1000
文化、体育和娱乐业	480	271	240	20	11	209		209
按地区分组								
杭州市	241	241	210		31			
宁波市	19013	10001	7414	719	1868	9012	9012	
温州市	12529	9029	2958	3012	3059	3500	2500	1000
嘉兴市	2331	1890	795	269	826	441	441	
绍兴市	2571	2571	1666		905			
金华市	1702	1688	1359		329	14	14	
衢州市	1130	791	490	80	221	339	80	259
丽水市	15765	11545	7291	33	4221	4220	220	4000

2–75 其他事业单位概况（2018）

指标名称	机构数（个）	从业人员总数（人）	单位在职科技活动人员	大学本科及以上学历	经费收入总额（千元）	政府资金	科技活动贷款（千元）	经费支出总额（千元）	科技经费支出
总计	**99**	**7733**	**6628**	**5960**	**3613418**	**2242168**	**16768**	**3535131**	**3079877**
按隶属关系分组									
地方部门属	94	6981	5944	5370	3368793	2167576	16768	3274592	2855193
省级部门属	6	1107	1066	1028	1049587	940274		561570	526949
副省级城市属	4	167	164	152	89604	84118		88697	87442
地市级部门属	11	640	579	498	306851	213115		242787	186270
中央部门属	5	752	684	590	244625	74592		260539	224684
按国民经济行业分组									
农、林、牧、渔业	7	282	224	190	124066	84051		119551	89249
农业	2	45	20	11	3960	275		5010	2310
林业	2	11	10	9	715	555		635	585
渔业	2	130	110	102	89953	54743		85016	58980
农、林、牧、渔专业及辅助性活动	1	96	84	68	29438	28478		28890	27374
制造业	12	706	565	446	177046	77825		201858	182321
农副食品加工业	1	76	76	72	27062	17082		26078	23756
食品制造业	1	10	8	5	540	200		465	400
纺织服装、服饰业	1	73	64	50	21904	21904		28694	22291
皮革、毛皮、羽毛及其制品和制鞋业	2	191	129	93	45930	297		45464	36255
化学原料和化学制品制造业	2	23	21	16	5120	2277		6783	6521
医药制造业	1	33	30	30	15687	471		6144	5970
专用设备制造业	1	219	166	116	36926	19146		60320	60103
电气机械和器材制造业	1	34	24	24	5001	500		5921	5036
其他制造业	2	47	47	40	18876	15948		21989	21989
批发和零售业	1	82	82	63	27635	27635		27464	27464

2–75 续表 1

指标名称	机构数（个）	从业人员总数（人）	单位在职科技活动人员	大学本科及以上学历	经费收入总额（千元）	政府资金	科技活动贷款（千元）	经费支出总额（千元）	科技经费支出
批发业	1	82	82	63	27635	27635		27464	27464
交通运输、仓储和邮政业	1	200	192	173	84124	23556		75470	74327
道路运输业	1	200	192	173	84124	23556		75470	74327
信息传输、软件和信息技术服务业	6	282	266	260	160639	136955		128294	123991
软件和信息技术服务业	6	282	266	260	160639	136955		128294	123991
租赁和商务服务业	2	96	83	70	34177	15000		29338	16375
商务服务业	2	96	83	70	34177	15000		29338	16375
科学研究和技术服务业	64	5693	4876	4454	2783104	1708292	16768	2728667	2408707
研究和试验发展	23	1823	1740	1663	1302667	1204938	16768	1138812	1110204
专业技术服务业	29	2893	2434	2174	1232304	386623		1370244	1138992
科技推广和应用服务业	12	977	702	617	248133	116731		219611	159511
水利、环境和公共设施管理业	3	331	291	265	208586	168854		209974	145084
生态保护和环境治理业	3	331	291	265	208586	168854		209974	145084
卫生和社会工作	2	60	48	38	13560			14240	12084
卫生	2	60	48	38	13560			14240	12084
公共管理、社会保障和社会组织	1	1	1	1	481			275	275
社会保障	1	1	1	1	481			275	275
按机构所属学科分组									
自然科学领域	22	2045	1699	1587	1353555	1025197		955503	785778
数学	1	57	57	55	17616	17616		19930	19930
信息科学与系统科学	5	835	820	811	866409	843222		428280	425230
化学	6	443	396	359	190450	47323		243904	222640
地球科学	7	610	346	283	243983	100345		248204	104417
生物学	3	100	80	79	35097	16691		15185	13561
农业科学领域	10	347	289	233	139029	96207		141437	107275
农学	4	102	77	51	15817	11931		17802	11242

2–75　续表 2

指标名称	机构数（个）	从业人员总数（人）	单位在职科技活动人员	大学本科及以上学历	经费收入总额（千元）	政府资金	科技活动贷款（千元）	经费支出总额（千元）	科技经费支出
林学	2	11	10	9	715	555		635	585
水产学	4	234	202	173	122497	83721		123000	95448
医学科学领域	7	408	370	343	175991	128478		291307	282212
基础医学	1	11	9	9	4097	3649		4172	3682
临床医学	2	116	84	77	41622	29912		145757	138061
预防医学与公共卫生学	1	16	16	14	12521	12210		12576	12472
药学	1	243	241	231	114661	82087		125102	124617
中医学与中药学	2	22	20	12	3090	620		3700	3380
工程科学与技术领域	56	4797	4142	3680	1827897	913897	16768	2060044	1829390
工程与技术科学基础学科	4	219	215	182	59689	41620		204558	194813
信息与系统科学相关工程与技术	2	704	543	481	166590	74379		160663	120941
自然科学相关工程与技术	3	401	388	367	259492	220653		294042	288312
测绘科学技术	3	289	232	228	166079	58926		170340	135845
材料科学	4	331	256	211	100522	17510		129484	116515
机械工程	9	755	648	598	352531	113058	16768	372323	305554
动力与电气工程	1	8	8	5	1950			1250	1250
电子与通信技术	2	67	67	60	40953	93		40441	40308
计算机科学技术	2	118	114	113	83798	78798		19696	18337
化学工程	2	100	100	76	32373	29912		33637	33511
产品应用相关工程与技术	4	161	143	125	39018	16795		51778	45913
纺织科学技术	4	324	225	185	81255	27530		81027	66376
食品科学技术	6	771	693	594	175394	56309		217049	211207
土木建筑工程	2	36	35	28	13028	11940		12380	11961
交通运输工程	1	200	192	173	84124	23556		75470	74327
环境科学技术及资源科学技术	4	229	217	204	125491	118360		162643	145286
管理学	3	84	66	50	45610	24458		33263	18934

2–75 续表 3

指标名称	机构数（个）	从业人员总数（人）	单位在职科技活动人员	大学本科及以上学历	经费收入总额（千元）	政府资金	科技活动贷款（千元）	经费支出总额（千元）	科技经费支出
社会与人文科学领域	4	136	128	117	116946	78389		86840	75222
经济学	3	101	100	90	79985	56552		55073	54323
社会学	1	35	28	27	36961	21837		31767	20899
按机构中从事科技活动人员规模分组									
500 ~ 999 人	1	661	661	661	804420	800618		352485	352485
300 ~ 499 人	3	1332	1155	1048	427276	242051		467789	426267
200 ~ 299 人	2	582	527	502	293243	83503		279728	267623
100 ~ 199 人	12	1775	1512	1311	741561	326508		721226	613558
50 ~ 99 人	20	1540	1435	1225	619811	366439		788243	678482
30 ~ 49 人	19	832	721	672	368713	249404	16768	464136	414471
20 ~ 29 人	14	473	345	316	164237	109812		205822	186325
10 ~ 19 人	13	415	182	157	171660	54164		226152	114755
0 ~ 9 人	15	123	90	68	22497	9669		29550	25911
地方属机构按地区分组									
杭州市	24	2567	2238	2118	1857490	1446124		1321324	1119212
宁波市	20	1594	1397	1261	639716	215311	16768	781470	731040
温州市	20	939	810	710	324091	200069		514624	493258
嘉兴市	3	666	503	442	135318	41517		123682	83691
湖州市	3	69	58	56	16486	11420		35021	33933
绍兴市	1	114	29	25	6123	2516		6080	3415
金华市	2	104	104	79	29287	28807		32012	32012
衢州市	5	47	44	32	7943	3032		8523	8282
舟山市	6	410	372	317	180855	114140		255601	215770
台州市	2	168	131	117	106691	71387		86604	38526
丽水市	8	303	258	213	64793	33253		109651	96054

2–76 其他事业单位人员情况（2018）

单位：人

指标名称	从业人员总数	单位在职科技活动人员	女性	外聘的流动学者	非本单位在读研究生	离退休人员
总计	**7733**	**6628**	**2046**	**560**	**687**	**1330**
按隶属关系分组						
地方部门属	6981	5944	1814	560	687	958
省级部门属	1107	1066	300	214	377	243
副省级城市属	167	164	61			65
地市级部门属	640	579	181	115	59	11
中央部门属	752	684	232			372
按机构所属学科领域分组						
自然科学领域	2045	1699	447	329	420	696
农业科学领域	347	289	77	12	5	99
医学科学领域	408	370	166	19	46	110
工程科学与技术领域	4797	4142	1298	200	216	379
社会与人文科学领域	136	128	58			46
地方属机构按地区分组						
杭州市	2567	2238	900	260	422	632
宁波市	1594	1397	341	63	97	126
温州市	939	810	199	127	126	8
嘉兴市	666	503	74	6	2	
湖州市	69	58	11	45	5	1
绍兴市	114	29	12			
金华市	104	104	39	6		11
衢州市	47	44	17	1	1	
舟山市	410	372	127	17	24	128
台州市	168	131	30	34	9	1
丽水市	303	258	64	1	1	51

2–77 其他事业单位人员工作性质情况（2018）

单位：人

指标名称	单位在职科技活动人员				生产经营活动人员	其他人员
		科技管理	课题活动	科技服务		
总计	**6628**	**983**	**3782**	**1863**	**611**	**494**
按隶属关系分组						
地方部门属	5944	903	3469	1572	611	426
省级部门属	1066	99	834	133	11	30
副省级城市属	164	38	92	34	1	2
地市级部门属	579	112	328	139	32	29
中央部门属	684	80	313	291		68
按机构所属学科领域分组						
自然科学领域	1699	279	1111	309	204	142
农业科学领域	289	26	203	60	37	21
医学科学领域	370	70	238	62	19	19
工程科学与技术领域	4142	573	2140	1429	346	309
社会与人文科学领域	128	35	90	3	5	3
地方属机构按地区分组						
杭州市	2238	292	1593	353	244	85
宁波市	1397	221	642	534	1	196
温州市	810	150	487	173	91	38
嘉兴市	503	96	261	146	133	30
湖州市	58	16	18	24	10	1
绍兴市	29	7	8	14	73	12
金华市	104	11	17	76		
衢州市	44	11	18	15	3	
舟山市	372	38	236	98	17	21
台州市	131	34	71	26	20	17
丽水市	258	27	118	113	19	26

2-78　其他事业单位科技活动人员情况（2018）

单位：人

指标名称	单位在职科技活动人员	按学历分					按职称分		
		博士毕业	硕士毕业	本科毕业	大专毕业	其他	高级职称	中级职称	其他
总计	**6628**	**1067**	**1794**	**3099**	**552**	**116**	**1590**	**1988**	**3050**
按隶属关系分组									
地方部门属	5944	1014	1634	2722	481	93	1445	1753	2746
省级部门属	1066	297	239	492	34	4	264	227	575
副省级城市属	164	9	49	94	10	2	58	56	50
地市级部门属	579	91	146	261	65	16	79	141	359
中央部门属	684	53	160	377	71	23	145	235	304
地方属机构按地区分组									
杭州市	2238	495	795	828	102	18	561	546	1131
宁波市	1397	142	323	796	116	20	361	435	601
温州市	810	179	162	369	71	29	201	241	368
嘉兴市	503	111	131	200	61		123	169	211
湖州市	58	23	16	17	2		22	22	14
绍兴市	29	2	10	13	4		3	12	14
金华市	104	7	9	63	25		14	17	73
衢州市	44	3	9	20	12		8	18	18
舟山市	372	31	110	176	38	17	94	148	130
台州市	131	19	40	58	11	3	9	31	91
丽水市	258	2	29	182	39	6	49	114	95

2–79 其他事业单位经费收入情况（2018）

单位：千元

指标名称	科技活动收入	政府资金	财政拨款	承担政府科研项目收入	其他	非政府资金	技术性收入	国外资金	生产经营活动收入	其他收入
总计	**3656003**	**2622762**	**2126690**	**443877**	**52195**	**1033241**	**939206**	**1335**	**275994**	**110077**
按隶属关系分组										
地方部门属	3434106	2568873	2082114	435902	50857	865233	771198	1335	275994	77432
省级部门属	1151418	1044108	1008520	33496	2092	107310	75800			6310
副省级城市属	84375	83457	82987	470		918	813		85	5144
地市级部门属	303503	223916	204449	9335	10132	79587	77324		12599	1550
中央部门属	221897	53889	44576	7975	1338	168008	168008			32645
按国民经济行业分组										
农、林、牧、渔业	121483	85280	52390	30912	1978	36203	36203		3100	1893
农业	1500	775	525	250		725	725		2960	
林业	575	555	300	255		20	20		140	
渔业	88578	54080	26203	27877		34498	34498			1375
农、林、牧、渔专业及辅助性活动	30830	29870	25362	2530	1978	960	960			518
制造业	183416	85003	80958	3356	689	98413	53675		788	5074
农副食品加工业	30686	20706	20256	450		9980	9980			
食品制造业	260	200	200			60	60		260	20
纺织服装、服饰业	22604	22604	21915		689					
皮革、毛皮、羽毛及其制品和制鞋业	45402	297	197	100		45105	425		528	
化学原料和化学制品制造业	5350	2507	1717	790		2843	2843			
医药制造业	15687	471		471		15216	15216			
专用设备制造业	35960	18180	17380	800		17780	17780			5054
电气机械和器材制造业	5201	700	200	500		4501	4501			
其他制造业	22266	19338	19093	245		2928	2870			
批发和零售业	28135	28135	27435	700						
批发业	28135	28135	27435	700						
交通运输、仓储和邮政业	83500	23556	16163	5391	2002	59944	29972			624
道路运输业	83500	23556	16163	5391	2002	59944	29972			624
信息传输、软件和信息技术服务业	151264	143880	121365	6103	16412	7384	7279		14469	1906

2-79 续表

单位：千元

指标名称	科技活动收入	政府资金	财政拨款	承担政府科研项目收入	其他	非政府资金	技术性收入	国外资金	生产经营活动收入	其他收入
软件和信息技术服务业	151264	143880	121365	6103	16412	7384	7279		14469	1906
租赁和商务服务业	17625	15000	13550	1450		2625	2625		15821	731
商务服务业	17625	15000	13550	1450		2625	2625		15821	731
科学研究和技术服务业	2865382	2071742	1660358	385637	25747	793640	774820	1335	229583	93099
研究和试验发展	1575061	1516835	1241404	263918	11513	58226	45034		3021	36826
专业技术服务业	1136218	432145	335669	88009	8467	704073	700868		128424	54350
科技推广和应用服务业	154103	122762	83285	33710	5767	31341	28918	1335	98138	1923
水利、环境和公共设施管理业	193177	168612	152917	10328	5367	24565	24565		9479	5930
生态保护和环境治理业	193177	168612	152917	10328	5367	24565	24565		9479	5930
卫生和社会工作	11540	1554	1554			9986	9586		2754	820
卫生	11540	1554	1554			9986	9586		2754	820
公共管理、社会保障和社会组织	481					481	481			
社会保障	481					481	481			
按机构所属学科领域分组										
自然科学领域	1310218	1110880	1069549	13535	27796	199338	197800		122576	45154
农业科学领域	136446	97436	63850	31608	1978	39010	39010		3100	1893
医学科学领域	286101	242610	226389	6221	10000	43491	42986		2839	1790
工程科学与技术领域	1825746	1093447	739741	341285	12421	732299	640307	1335	133010	56255
社会与人文科学领域	97492	78389	27161	51228		19103	19103		14469	4985
地方属机构按地区分组										
杭州市	1754276	1547291	1238386	305122	3783	206985	172821		158214	54558
宁波市	666428	253503	225097	25235	3171	412925	403741	79	1204	16688
温州市	494514	389431	313275	39908	36248	105083	56740		18068	871
嘉兴市	55146	43975	27458	16484	33	11171	9915	1256	82541	89
湖州市	15295	12420	11300	1000	120	2875	2446		2000	191
绍兴市	4695	2516	596	1920		2179	1520		1128	300
金华市	29787	29307	28607	700		480	480			
衢州市	7753	3262	2217	1045		4491	4491		400	20
舟山市	208621	142618	103741	36742	2135	66003	66003			2688
台州市	96749	72184	60637	6180	5367	24565	24565		9479	1260
丽水市	100842	72366	70800	1566		28476	28476		2960	767

2–80　其他事业单位经费支出情况（2018）

单位：千元

指标名称	科技经费内部支出	科技经费日常支出				科研基建	生产经营支出	其他支出
			人员劳务费	设备购置费	其他日常支出			
总计	**3079877**	**2477959**	**971202**	**638612**	**868145**	**601918**	**232332**	**159375**
按隶属关系分组								
地方部门属	2855193	2272628	896681	598434	777513	582565	232332	124329
省级部门属	526949	410394	159095	132013	119286	116555	1810	32811
副省级城市属	87442	87442	40746	18329	28367		73	1182
地市级部门属	186270	166651	72331	45256	49064	19619	48694	3361
中央部门属	224684	205331	74521	40178	90632	19353		35046
按国民经济行业分组								
农、林、牧、渔业	89249	86439	39505	13024	33910	2810	4555	25267
农业	2310	1410	840	290	280	900	2080	140
林业	585	585	330		255		50	
渔业	58980	58980	21485	11410	26085		1810	24226
农、林、牧、渔专业及辅助性活动	27374	25464	16850	1324	7290	1910	615	901
制造业	182321	156675	84873	23863	47939	25646	9051	5941
农副食品加工业	23756	20132	16632	2000	1500	3624		2239
食品制造业	400	400	370		30		65	
纺织服装、服饰业	22291	18531	11045	3700	3786	3760		1941
皮革、毛皮、羽毛及其制品和制鞋业	36255	36255	22891	6253	7111		8810	399
化学原料和化学制品制造业	6521	6291	3856	2278	157	230	176	86
医药制造业	5970	5970	4158		1812			174
专用设备制造业	60103	47661	17930	753	28978	12442		217
电气机械和器材制造业	5036	2836	2322	20	494	2200		885
其他制造业	21989	18599	5669	8859	4071	3390		
批发和零售业	27464	26964	15004	605	11355	500		
批发业	27464	26964	15004	605	11355	500		
交通运输、仓储和邮政业	74327	65913	27425	10113	28375	8414		1143
道路运输业	74327	65913	27425	10113	28375	8414		1143
信息传输、软件和信息技术服务业	123991	95453	48500	31111	15842	28538	1900	2403

2-80 续表 单位：千元

指标名称	科技经费内部支出	科技经费日常支出	人员劳务费	设备购置费	其他日常支出	科研基建	生产经营支出	其他支出
软件和信息技术服务业	123991	95453	48500	31111	15842	28538	1900	2403
租赁和商务服务业	16375	16375	11985	37	4353		12127	836
商务服务业	16375	16375	11985	37	4353		12127	836
科学研究和技术服务业	2408707	1874451	700085	517484	656882	534256	156354	105084
研究和试验发展	1110204	761767	224263	337339	200165	348437	5105	19614
专业技术服务业	1138992	973425	387346	160182	425897	165567	121581	77332
科技推广和应用服务业	159511	139259	88476	19963	30820	20252	29668	8138
水利、环境和公共设施管理业	145084	145084	40479	40668	63937		46509	18381
生态保护和环境治理业	145084	145084	40479	40668	63937		46509	18381
卫生和社会工作	12084	10330	3230	1705	5395	1754	1836	320
卫生	12084	10330	3230	1705	5395	1754	1836	320
公共管理、社会保障和社会组织	275	275	116	2	157			
社会保障	275	275	116	2	157			
按机构所属学科领域分组								
自然科学领域	785778	627922	241857	207165	178900	157856	90264	56330
农业科学领域	107275	96415	46534	14663	35218	10860	4555	25267
医学科学领域	282212	165773	54814	17605	93354	116439	6089	3006
工程科学与技术领域	1829390	1512627	595475	399165	517987	316763	124249	70329
社会与人文科学领域	75222	75222	32522	14	42686		7175	4443
地方属机构按地区分组								
杭州市	1119212	999195	312166	349088	337941	120017	140383	51018
宁波市	731040	613127	240945	121122	251060	117913	73	29136
温州市	493258	286892	138672	76444	71776	206366	17578	3788
嘉兴市	83691	76129	59332	10962	5835	7562	20406	1043
湖州市	33933	16783	2629	9230	4924	17150	500	588
绍兴市	3415	2995	1436	990	569	420	2158	366
金华市	32012	31512	17487	874	13151	500		
衢州市	8282	8052	4759	2278	1015	230	220	21
舟山市	215770	146816	71382	17860	57574	68954	2425	29623
台州市	38526	37729	10585	9206	17938	797	46509	1569
丽水市	96054	53398	37288	380	15730	42656	2080	7177

2-81　其他事业单位资产情况（2018）

单位：千元

指标名称	年末固定资产原价	科研房屋建筑物	科研仪器设备	进口
总计	**4823804**	**1246394**	**2849366**	**869572**
按隶属关系分组				
地方部门属	4295156	1094961	2498228	768050
省级部门属	293271	9620	232005	59466
副省级城市属	212828	38487	111987	7157
地市级部门属	296622	23938	199761	51511
中央部门属	528648	151433	351138	101522
地方属机构按地区分组				
杭州市	1456902	223817	979077	337743
宁波市	1233526	431326	505759	98946
温州市	363898	32515	318871	97192
嘉兴市	511313	240810	265503	145622
湖州市	37822	375	37447	5000
绍兴市	14569		4291	
金华市	58416		46852	500
衢州市	18172	40	15879	5526
舟山市	422886	131278	192542	49274
台州市	41047		33388	
丽水市	136605	34800	98619	28247

2–82　其他事业单位基本建设情况（2018）

单位：千元

指标名称	基本建设投资实际完成额			科研基建				
		科研仪器设备	科研土建工程		政府资金	企业资金	事业单位资金	其他资金
总计	**665465**	**224837**	**377081**	**601918**	**428656**	**58281**	**107477**	**7504**
按隶属关系分组								
地方部门属	645303	209173	373392	582565	418739	58281	98041	7504
省级部门属	116555	48141	68414	116555	108141		8414	
地市级部门属	24081	18167	1452	19619	10801		8818	
中央部门属	20162	15664	3689	19353	9917		9436	
地方属机构按地区分组								
杭州市	130728	51324	68693	120017	109558		10459	
宁波市	139134	98581	19332	117913	44604	31047	38912	3350
温州市	206366	32335	174031	206366	189362	5580	8670	2754
嘉兴市	26104	7562		7562	2458	5104		
湖州市	17150	2380	14770	17150	1000	15150		1000
绍兴市	561	420		420		420		
金华市	500	500		500	500			
衢州市	230	130	100	230	230			
舟山市	76737	6274	62680	68954	30454		38500	
台州市	797	19	778	797	797			
丽水市	46996	9648	33008	42656	39776	980	1500	400

2–83　其他事业单位课题情况（一）（2018）

指标名称	课题数合计（个）		课题经费内部支出（千元）			课题投入人员（人年）	
		R&D 课题		政府资金	R&D 课题经费		R&D 人员
总计	**983**	**775**	**1114928**	**796696**	**945282**	**3324**	**2758**
按课题活动类型分组							
基础研究	19	19	280084	274809	280084	225	225
应用研究	214	214	128493	95001	128493	648	648
试验发展	542	542	536705	304779	536705	1885	1885
研究与试验发展成果应用	103		56943	46785		297	
技术推广与科技服务	105		112703	75322		269	

2-84　其他事业单位课题情况（二）（2018）

指标名称	课题数合计（个）	R&D 课题	课题经费内部支出（千元）	政府资金	R&D 课题经费	课题投入人员（人年）	R&D 人员
总计	**983**	**775**	**1114928**	**796696**	**945282**	**3324**	**2758**
按隶属关系分组							
地方部门属	926	731	1087493	790143	926367	3082	2607
省级部门属	192	129	306380	278633	257133	642	528
副省级城市属	17	8	10483	9834	5119	33	16
地市级部门属	126	120	64880	25510	64336	449	421
中央部门属	57	44	27435	6553	18915	243	151
按国民经济行业分组							
农、林、牧、渔业	136	81	69136	60977	38692	160	104
农业	3	3	1690	370	1690	15	15
林业	1		255	255		3	
渔业	94	49	49936	43097	23197	74	37
农、林、牧、渔专业及辅助性活动	38	29	17255	17255	13805	68	52
制造业	72	67	33110	12041	32745	238	209
农副食品加工业	6	6	4670	4670	4670	21	21
食品制造业	1	1	380	200	380	5	5
纺织服装、服饰业	3		190	30		24	
皮革、毛皮、羽毛及其制品和制鞋业	20	20	4927	100	4927	18	18
化学原料和化学制品制造业	6	6	5817	790	5817	16	16
医药制造业	4	4	3220	107	3220	13	13
专用设备制造业	10	8	4070	30	3895	27	21
电气机械和器材制造业	1	1	2003	2003	2003	8	8
其他制造业	21	21	7833	4111	7833	106	106
批发和零售业	1	1	2305	2305	2305	11	11
批发业	1	1	2305	2305	2305	11	11
交通运输、仓储和邮政业	61	42	40742	27187	17814	143	62
道路运输业	61	42	40742	27187	17814	143	62
信息传输、软件和信息技术服务业	43	40	63020	10750	62575	193	179
软件和信息技术服务业	43	40	63020	10750	62575	193	179
租赁和商务服务业	11	5	1003	130	420	34	18

2-84 续表 1

指标名称	课题数合计（个）	R&D 课题	课题经费内部支出（千元）	政府资金	R&D 课题经费	课题投入人员（人年）	R&D 人员
商务服务业	11	5	1003	130	420	34	18
科学研究和技术服务业	588	473	888569	682454	774461	2393	2031
研究和试验发展	220	192	649326	579895	609648	1137	1092
专业技术服务业	301	220	192482	80405	125803	857	593
科技推广和应用服务业	67	61	46761	22154	39011	399	346
水利、环境和公共设施管理业	62	57	10444	853	9670	114	105
生态保护和环境治理业	62	57	10444	853	9670	114	105
卫生和社会工作	9	9	6600		6600	39	39
卫生	9	9	6600		6600	39	39
按课题所属学科分组							
数学	1	1	342	342	342	5	5
应用统计数学	1	1	342	342	342	5	5
信息科学与系统科学	17	16	20795	7828	15795	91	58
信息科学与系统科学基础学科	11	11	2841	528	2841	35	35
系统工程方法论	1	1	1700	1700	1700	4	4
信息科学与系统科学其他学科	5	4	16254	5600	11254	52	19
力学	1	1	1129	1129	1129	15	15
流体力学	1	1	1129	1129	1129	15	15
物理学	28	24	81558	64461	77252	96	88
声学	1	1	35	35	35	3	3
热学	1	1	41	41	41	1	1
电子物理学	2	2	772	772	772	3	3
应用物理学	1	1	284	284	284	8	8
物理学其他学科	23	19	80426	63329	76120	82	74
化学	67	63	28980	7306	28382	178	170
无机化学	1	1	162	162	162	2	2
有机化学	7	7	5871	998	5871	46	46
分析化学	24	22	6895	769	6473	41	38
物理化学	1	1	50	10	50	1	1
高分子化学	4	4	3819	340	3819	11	11
应用化学	17	15	6277	3	6102	55	50
化学生物学	1	1	357	357	357	2	2
材料化学	12	12	5548	4666	5548	22	22

2-84 续表 2

指标名称	课题数合计（个）	R&D 课题	课题经费内部支出（千元）	政府资金	R&D 课题经费	课题投入人员（人年）	R&D 人员
地球科学	51	39	20935	11059	13590	102	72
大气科学	35	33	13590	5998	12372	66	61
地球化学	2	1	90		50	2	1
地质学	11	5	4695	4601	1168	23	10
海洋科学	3		2560	460		12	
生物学	28	24	93763	84270	92718	136	129
生物化学	2	2	316	316	316	3	3
细胞生物学	4	3	663	663	544	5	4
免疫学	1	1	32		32	1	1
发育生物学	1	1	147	147	147	3	3
遗传学	1	1	1356	1356	1356	3	3
分子生物学	2	2	468	468	468	2	2
生态学	3	1	1148	40	530	6	2
微生物学	2	1	653	220	345	3	1
生物学其他学科	12	12	88980	81060	88980	111	111
农学	18	14	8676	5615	6206	76	61
农艺学	5	4	1660	1376	1610	30	25
农产品贮藏与加工	1	1	380	200	380	5	5
土壤学	3	1	1528	942	942	2	1
植物保护学	2	2	538	232	538	3	3
农学其他学科	7	6	4571	2865	2736	37	27
林学	1		255	255		3	
经济林学	1		255	255		3	
水产学	107	62	57951	48414	31212	109	72
水产学基础学科	2	1	936	936	516	5	3
水产养殖学	95	51	52098	42661	25779	85	50
水产保护学	1	1	700	700	700	2	2
水产品贮藏与加工	9	9	4217	4117	4217	17	17
基础医学	3	3	81223	80673	81223	46	46
医学遗传学	1	1	1000	1000	1000	6	6
基础医学其他学科	2	2	80223	79673	80223	40	40
临床医学	26	26	17871	3435	17871	106	106
临床诊断学	10	10	6850	40	6850	38	38

2-84 续表 3

指标名称	课题数合计（个）	R&D 课题	课题经费内部支出（千元）	政府资金	R&D 课题经费	课题投入人员（人年）	R&D 人员
内科学	2	2	265	265	265	2	2
妇产科学	2	2	1224	1224	1224	4	4
眼科学	8	8	5120	297	5120	48	48
重症医学	1	1	3803	1000	3803	8	8
临床医学其他学科	3	3	609	609	609	6	6
预防医学与公共卫生学	8	4	2820	709	2411	13	8
媒介生物控制学	1	1	300	300	300	2	2
环境医学	1		172	172		1	
卫生检验学	1		53	53			
食品卫生学	1		119	119		1	
卫生管理学	1		65	65		2	
预防医学与公共卫生学其他学科	3	3	2111	0	2111	6	6
药学	21	16	10798	10798	10428	69	67
微生物药物学	2	2	1136	1136	1136	4	4
药剂学	1		79	79		1	
药效学	2	1	132	132	66	1	1
药物管理学	1	1	43	43	43		
药学其他学科	15	12	9408	9408	9183	63	62
中医学与中药学	17	15	7671	7171	6440	54	48
中医学	2	2	45	45	45	2	2
中西医结合医学	1	1	500		500	5	5
中药学	14	12	7126	7126	5895	47	41
工程与技术科学基础学科	12	12	33195	32041	33195	63	63
标准科学技术	1	1	1200	1000	1200	9	9
计量学	5	5	2590	2590	2590	8	8
工业工程学	4	4	3581	3036	3581	18	18
工程与技术科学基础学科其他学科	2	2	25824	25415	25824	29	29
信息与系统科学相关工程与技术	39	30	199276	167286	188644	428	394
控制科学与技术	3	2	6370	6210	6210	20	14
仿真科学技术	1	1	600	300	600	4	4
信息技术系统性应用	29	24	188403	157634	181073	384	366
信息与系统科学相关工程与技术其他学科	6	3	3903	3142	761	19	10
自然科学相关工程与技术	28	28	20168	18953	20168	98	98

2-84 续表 4

指标名称	课题数合计（个）	R&D 课题	课题经费内部支出（千元）	政府资金	R&D 课题经费	课题投入人员（人年）	R&D 人员
物理学相关工程与技术	1	1	420	20	420	2	2
光学工程	1	1	828	13	828	6	6
海洋工程与技术	3	3	4510	4510	4510	5	5
生物工程	23	23	14410	14410	14410	85	85
测绘科学技术	23	10	25200	17606	7612	132	44
摄影测量与遥感技术	5	4	4175	1158	3515	15	11
地图制图技术	1		652			3	
工程测量技术	2		980	260		8	
海洋测绘	2	2	743	600	743	8	8
测绘仪器	1	1	1450	1000	1450	18	18
测绘科学技术其他学科	12	3	17200	14588	1904	80	7
材料科学	31	28	13983	7683	11637	99	61
材料科学基础学科	4	4	1538	521	1538	17	17
材料表面与界面	3	3	210	60	210	4	4
材料失效与保护	1	1	320	20	320	2	2
材料检测与分析技术	5	3	3179	35	1297	42	5
材料实验	2	2	613	25	613	4	4
材料合成与加工工艺	4	4	3467	2600	3467	13	13
金属材料	2	2	180	120	180	2	2
无机非金属材料	2	2	472	372	472	2	2
有机高分子材料	3	3	463	463	463	5	5
复合材料	3	3	557	533	557	4	4
生物材料	1		464	414		1	
材料科学其他学科	1	1	2520	2520	2520	3	3
机械工程	79	77	98911	57592	97802	308	305
机械设计	3	3	1096	850	1096	12	12
机械制造工艺与设备	5	5	22150	1595	22150	22	22
机械制造自动化	54	52	67317	55072	66208	252	250
机械工程其他学科	17	17	8348	75	8348	22	22
动力与电气工程	8	8	4161	3719	4161	19	19
工程热物理	1	1	2789	2789	2789	8	8
动力机械工程	1	1	360	360	360	2	2
电气工程	5	5	612	170	612	8	8

2–84　续表 5

指标名称	课题数合计（个）	R&D 课题	课题经费内部支出（千元）	政府资金	R&D 课题经费	课题投入人员（人年）	R&D 人员
动力与电气工程其他学科	1	1	400	400	400	2	2
能源科学技术	12	12	8377	7077	8377	58	58
能源计算与测量	1	1	324	324	324	1	1
储能技术	3	3	4850	3700	4850	34	34
节能技术	5	5	1753	1753	1753	6	6
能源系统工程	3	3	1450	1300	1450	18	18
电子与通信技术	29	28	8673	2404	8023	116	112
电子技术	5	4	1323	41	673	11	7
光电子学与激光技术	2	2	300		300	7	7
半导体技术	2	2	758	300	758	25	25
信息处理技术	15	15	3983	60	3983	58	58
通信技术	2	2	2084	2003	2084	11	11
电子与通信技术其他学科	3	3	225		225	4	4
计算机科学技术	30	28	93306	43377	93068	183	177
计算机科学技术基础学科	2	1	216		13	6	3
人工智能	7	7	41652	40739	41652	94	94
计算机软件	5	5	8282	900	8282	24	24
计算机工程	1		35			3	
计算机应用	7	7	20121	138	20121	29	29
计算机科学技术其他学科	8	8	23000	1600	23000	27	27
化学工程	6	6	3424	756	3424	41	41
有机化学工程	1	1	400	400	400	2	2
精细化学工程	1	1	356	356	356	1	1
毛皮与制革工程	2	2	413		413	1	1
制药工程	1	1	2000		2000	36	36
化学工程其他学科	1	1	255		255	1	1
产品应用相关工程与技术	53	51	20537	4940	19879	115	111
仪器仪表技术	40	39	13316	1605	12766	64	61
产品应用专用性技术	9	8	5067	2305	4958	42	40
产品应用相关工程与技术其他学科	4	4	2155	1030	2155	10	10
纺织科学技术	23	15	24543	2908	9127	121	88
纺织科学技术基础学科	5	4	6231	1260	6132	76	74
纺织材料	9	8	14605	1087	2028	11	9

2–84 续表 6

指标名称	课题数合计（个）	R&D 课题	课题经费内部支出（千元）	政府资金	R&D 课题经费	课题投入人员（人年）	R&D 人员
纺织技术	1	1	150		150	2	2
纺织机械与设备	2	2	817	480	817	3	3
纺织科学技术其他学科	6		2740	81		29	
食品科学技术	47	34	17917	9517	13219	126	81
食品科学技术基础学科	32	23	11111	4852	8588	69	58
食品加工技术	3	3	352	327	352	5	5
食品机械	2	2	663	663	663	2	2
食品科学技术其他学科	10	6	5791	3675	3616	50	16
土木建筑工程	2	1	196	91	91	2	1
建筑材料	1		105			1	
市政工程	1	1	91	91	91	1	1
水利工程	1	1	400	400	400	2	2
水处理	1	1	400	400	400	2	2
交通运输工程	63	44	46545	33190	23517	148	66
道路工程	2	1	1600	1580	100	7	2
水路运输	2	1	300	300	100	4	2
船舶、舰船工程	8	7	6678	6678	6478	15	13
交通运输系统工程	1		170	170		1	
交通运输安全工程	1	1	245	245	245	2	2
交通运输工程其他学科	49	34	37552	24217	16594	120	48
环境科学技术及资源科学技术	54	42	35340	30769	12266	73	61
环境科学技术基础学科	28	25	8227	6197	7910	40	38
环境学	1	1	720	720	720	3	3
环境工程学	5	4	391	291	291	7	6
环境科学技术及资源科学技术其他学科	20	12	26002	23561	3345	24	13
安全科学技术	2	2	201	201	201	3	3
公共安全	2	2	201	201	201	3	3
管理学	30	9	10130	7044	5332	68	28
区域经济管理	3		130	130		7	
科学学与科技管理	3	2	782	150	732	8	4
公共管理	16	3	4749	4395	2831	21	8
管理学其他学科	8	4	4469	2369	1769	32	16
经济学	16		15538	15538		21	

2-84　续表 7

指标名称	课题数合计（个）	R&D 课题	课题经费内部支出（千元）	政府资金	R&D 课题经费	课题投入人员（人年）	R&D 人员
宏观经济学	16		15538	15538		21	
统计学	1	1	142	142	142	1	1
生物与医学统计学	1	1	142	142	142	1	1
按课题技术领域分组							
非技术领域	30	8	18952	18952	2426	45	14
信息技术	104	81	334730	231134	303642	882	713
生物和现代农业技术	76	74	47107	28497	47042	308	303
新材料技术	84	78	48403	15108	43610	221	210
能源技术	18	18	13670	9868	13670	82	82
激光技术	5	5	2938	1910	2938	31	31
先进制造与自动化技术	101	98	119397	78490	117738	386	381
资源与环境技术	165	98	101643	85974	38251	231	115
其他技术领域	400	315	428088	326763	375964	1137	909
按课题来源分组							
国家重大科技专项	7	4	4350	1328	2051	33	23
国家自然科学基金课题	17	17	5471	2863	5471	45	45
国家 863 计划课题	1	1	32		32	1	1
国家科技支撑（攻关）计划课题	1	1	530	530	530	3	3
国家重点研发计划课题	16	15	6405	2891	6255	35	34
国家公益性行业科研专项	1	1	799	200	799	2	2
国家社会科学基金课题	1		30	30		1	
除上述国家计划外由中央政府部门下达的课题	58	38	47422	24606	38233	309	223
地方自然科学基金课题	56	53	17811	6730	17266	150	135
地方科技支撑（攻关）计划课题	58	53	30721	20305	29755	125	119
星火计划地方级课题	1	1	300		300	6	6
地方社会科学基金课题	6	5	1659	479	1319	19	17
除上述地方计划外由地方政府部门下达的课题	433	306	730235	670191	613298	1431	1126
企业委托：各类生产企业委托课题	144	118	131432	8936	99917	393	322
自选：本机构选定并支付费用的课题	128	122	105559	53105	100166	600	563
国际合作课题	5	4	1508	1150	1448	11	9
其他：不能归入前述各类的课题	50	36	30666	3352	28443	162	132

2–84 续表 8

指标名称	课题数合计（个）	R&D 课题	课题经费内部支出（千元）	政府资金	R&D 课题经费	课题投入人员（人年）	R&D 人员
按课题合作形式分组							
与境外机构合作	7	7	2294	1695	2294	18	18
与国内高校合作	111	102	320520	290515	311090	681	639
与国内独立研究机构合作	50	37	35785	21338	22247	184	135
与境内注册的外商独资企业合作	1	1	375	60	375	3	3
与境内注册的其他企业合作	93	79	70751	39263	41153	333	290
独立研究	697	529	675767	438273	559367	2051	1628
其他	24	20	9436	5552	8756	54	45
按课题的社会经济目标分组							
环境保护、生态建设及污染防治	89	64	56720	41040	27128	174	144
环境一般问题	12	6	2020	986	1254	16	12
环境与资源评估	3	2	3666	3501	3501	3	3
环境监测	30	19	10488	6359	5765	54	44
生态建设	2	1	640	352	552	2	2
环境污染预防	10	9	23517	22918	2146	17	14
环境治理	30	27	14169	6804	13909	72	70
自然灾害的预防、预报	2		2220	120		10	
能源生产、分配和合理利用	34	28	23325	15591	20726	142	132
能源一般问题研究	4	4	1906	2	1906	15	15
能源矿产的勘探技术	1		580	580		2	
能源转换技术	4	4	4960	3860	4960	28	28
能源输送、储存与分配技术	9	9	4844	4405	4844	21	21
可再生能源	3	3	1695	530	1695	30	30
能源设施和设备建造	1	1	500	500	500	2	2
能源安全生产管理和技术	3	1	3428	1011	2210	26	21
节约能源的技术	9	6	5413	4703	4611	19	15
卫生事业发展	116	100	61087	41033	57948	389	346
诊断与治疗	49	49	34445	18838	34445	196	196
预防医学	1	1	140	140	140	2	2
公共卫生	2	1	81	81	16	3	1
营养和食品卫生	11	8	3989	2359	2210	42	11
社会医疗	4	4	269	223	269	5	5
卫生医疗其他研究	49	37	22162	19391	20867	142	132

2-84　续表 9

指标名称	课题数合计（个）	R&D 课题	课题经费内部支出（千元）	政府资金	R&D 课题经费	课题投入人员（人年）	R&D 人员
教育事业发展	8	8	13500	100	13500	33	33
教育一般问题	7	7	11500	100	11500	30	30
其他教育	1	1	2000		2000	3	3
基础设施以及城市和农村规划	75	48	40239	30433	23525	184	94
交通运输	52	37	21173	17958	18084	77	54
通信	2	1	1473	1165	308	12	6
广播与电视	1	1	630		630	13	13
城市规划与市政工程	15	4	16467	11101	4006	71	10
农村发展规划与建设	1	1	260	40	260	4	4
交通运输、通信、城市与农村发展对环境的影响	4	4	237	170	237	7	7
基础社会发展和社会服务	129	96	340541	290624	314195	511	441
社会发展和社会服务一般问题	28	11	40669	32557	18951	83	54
社会保障	2	1	349		146	6	3
公共安全	19	18	10262	3394	10024	65	63
社会管理	14	7	9894	2030	6702	47	24
政府与政治	1		50	50		4	
科技发展	25	20	19706	6593	18813	91	82
其他社会发展和社会服务	40	39	259611	246000	259559	215	214
地球和大气层的探索与利用	40	37	17648	9086	14717	81	71
地壳、地幔，海底的探测和研究	1	1	313	313	313	1	1
水文地理	1	1	26	26	26	4	4
海洋	5	5	2812	1613	2812	9	9
大气	30	30	11566	4203	11566	57	57
地球探测和开发其他研究	3	0	2931	2931		10	
民用空间探测及开发	3	3	1950	1290	1950	25	25
卫星服务	2	2	500	290	500	7	7
空间探测和开发其他研究	1	1	1450	1000	1450	18	18
农林牧渔业发展	107	65	52751	46623	27117	180	131
农林牧渔业发展一般问题	11	7	7641	4605	4946	37	24
农作物种植及培育	7	6	2056	1666	2006	28	23
林业和林产品	1		255	255		3	
畜牧业	1	1	1230	50	1230	13	13
渔业	70	40	35727	34569	15198	75	52

2-84 续表 10

指标名称	课题数合计（个）	R&D 课题	课题经费内部支出（千元）	政府资金	R&D 课题经费	课题投入人员（人年）	R&D 人员
农林牧渔业体系支撑	13	9	4607	4517	3117	21	18
农林牧渔业生产中污染的防治与处理	4	2	1236	962	620	3	2
工商业发展	355	299	489275	313148	426585	1497	1233
促进工商业发展的一般问题	20	13	20222	6840	15786	42	27
产业共性技术	50	48	33147	19562	32767	216	204
食品、饮料和烟草制品业	6	6	1947	1702	1947	7	7
纺织业、服装及皮革制品业	10	9	5977	50	5932	49	42
化学工业	19	19	10126	1888	10126	44	44
非金属与金属制品业	4	4	2064	10	2064	8	8
机械制造业（不包括电子设备、仪器仪表及办公机械	44	43	75769	48721	75489	179	178
电子设备、仪器仪表及办公机械	25	24	102346	94150	97346	211	178
其他制造业	11	11	5885	2045	5885	42	42
信息与通信技术（ICT）服务业	26	25	131929	95104	131829	252	251
技术服务业	138	95	99379	42657	46930	446	252
工商业活动中的环境保护、污染防治与处理	2	2	485	419	485	1	1
非定向研究	9	9	5042	4392	5042	37	37
自然科学领域的非定向研究	1	1	50		50	1	1
工程与技术科学领域的非定向研究	5	5	4268	4050	4268	24	24
农业科学领域的非定向研究	1	1	350		350	6	6
医学科学领域的非定向研究	2	2	374	342	374	6	6
其他民用目标	18	18	12849	3335	12849	72	72
地方属机构按地区分组							
杭州市	266	172	610077	558770	526682	1183	916
宁波市	181	145	158192	57474	126839	442	360
温州市	178	176	169527	63000	162647	631	622
嘉兴市	22	20	22978	10634	17328	288	251
湖州市	3	3	2848	498	2848	45	45
绍兴市	3	3	2394	1680	2394	11	11
金华市	12	12	6853	6171	6853	31	31
衢州市	8	7	6452	1245	6197	24	21
舟山市	167	113	86114	79025	55925	203	150
台州市	63	60	10772	2100	10418	120	116
丽水市	23	20	11287	9547	8237	104	84

2–85　其他事业单位课题经费内部支出情况（2018）

单位：千元

指标名称	经费支出合计	基础研究	应用研究	试验发展	R&D成果应用	科技服务
总计	**1114928**	**280084**	**128493**	**536705**	**56943**	**112703**
按隶属关系分组						
地方部门属	1087493	279902	119383	527083	53001	108126
省级部门属	306380	29832	64522	162779	21703	27544
副省级城市属	10483	799	1489	2831	4435	928
地市级部门属	64880		5935	58402	522	22
中央部门属	27435	182	9110	9623	3943	4578
地方属机构按地区分组						
杭州市	610077	276261	75877	174545	18247	65148
宁波市	158192	2577	6408	117853	2709	28645
温州市	169527	917	24205	137524	4580	2300
嘉兴市	22978		585	16743	5650	
湖州市	2848		848	2000		
绍兴市	2394			2394		
金华市	6853			6853		
衢州市	6452			6197		255
舟山市	86114		8357	47568	21433	8756
台州市	10772	147	510	9761	332	22
丽水市	11287		2592	5645	50	3000

2-86 其他事业单位课题投入人员情况（2018）

单位：人年

指标名称	投入人员合计	基础研究	应用研究	试验发展	R&D成果应用	科技服务
总计	**3324**	**225**	**648**	**1885**	**297**	**269**
按隶属关系分组						
地方部门属	3082	224	571	1812	229	246
省级部门属	642	55	175	298	39	76
副省级城市属	33	2	6	8	12	5
地市级部门属	449		57	364	26	2
中央部门属	243	1	77	74	68	24
地方属机构按地区分组						
杭州市	1183	201	262	453	109	158
宁波市	442	14	33	314	34	48
温州市	631	6	187	429	6	3
嘉兴市	288		8	243	37	
湖州市	45		9	36		
绍兴市	11			11		
金华市	31			31		
衢州市	24			21		3
舟山市	203		36	114	36	16
台州市	120	3	7	106	2	2
丽水市	104		29	55	5	15

2–87 其他事业单位专利情况（2018）

指标名称	专利申请受理数（件）	发明专利	专利授权数（件）	发明专利	国外授权	有效发明专利数（件）	专利所有权转让及许可数（件）	专利所有权转让与许可收入（千元）
总计	**722**	**525**	**357**	**252**	**0**	**1421**	**12**	**926**
按隶属关系分组								
地方部门属	704	517	343	238		1325	12	926
省级部门属	141	119	103	88		290	3	140
副省级城市属	1	1				1		
地市级部门属	187	167	59	46		105		
中央部门属	18	8	14	14		96		
按机构所属学科领域分组								
自然科学领域	93	69	51	30		138	1	1
农业科学领域	152	134	103	98		495	3	140
医学科学领域	16	14	8	6		39	2	
工程科学与技术领域	460	307	194	117		743	6	785
社会与人文科学领域	1	1	1	1		6		
地方属机构按地区分组								
杭州市	36	22	27	9		62		
宁波市	178	92	71	34		122		
温州市	169	145	45	37		89	2	
嘉兴市	17	13	15	11		330	2	15
湖州市	16	10	6	5		6		
绍兴市	6	4	4	3		71		
金华市	3	3	3	2		15	1	1
衢州市	6	6	3	3		6		
舟山市	178	150	121	104		546	7	910
台州市	92	69	47	29		77		
丽水市	3	3	1	1		1		

2–88 其他事业单位论文、著作和其他产出情况（2018）

指标名称	科技论文（篇）	国外发表	科技著作（种）	形成国家或行业标准数（项）	集成电路布图设计登记数（件）	植物新品种权授予数（项）	软件著作权数（件）	新药证书数（件）
总计	**1022**	**313**	**30**	**100**	**2**	**0**	**57**	**0**
按隶属关系分组								
地方部门属	950	303	23	91	2		54	
省级部门属	153	27	2	6			21	
副省级城市属	16	3						
地市级部门属	74	40		1			1	
中央部门属	72	10	7	9			3	
按国民经济行业分组								
农、林、牧、渔业	130	30	2	3			1	
制造业	95	14	1	7				
批发和零售业	5			1				
交通运输、仓储和邮政业	26			2			11	
信息传输、软件和信息技术服务业	13							
租赁和商务服务业	6			6				
科学研究和技术服务业	700	256	27	78	2		44	
水利、环境和公共设施管理业	47	13		3			1	
按机构所属学科领域分组								
自然科学领域	191	69	8	7			12	
农业科学领域	136	30	2	3			1	
医学科学领域	82	25	10	42				
工程科学与技术领域	598	189	9	38	2		44	
社会与人文科学领域	15		1	10				
地方属机构按地区分组								
杭州市	306	113	4	64			33	
宁波市	205	29	3	15			14	
温州市	177	104	10	2			3	
嘉兴市	8				2		2	
湖州市	3							
绍兴市	3							
金华市	11	5		3				
衢州市	3							
舟山市	178	41	3	6			1	
台州市	13	10	1				1	
丽水市	43	1	2	1				

2–89 其他事业单位 R&D 人员情况（2018）

指标名称	R&D 人员（人）	女性	按工作量分		按学历分			
			R&D 全时人员	R&D 非全时人员	博士毕业	硕士毕业	本科毕业	其他
总计	**4424**	**1260**	**1985**	**2439**	**1019**	**1313**	**1787**	**305**
按隶属关系分组								
地方部门属	4013	1062	1864	2149	975	1197	1556	285
省级部门属	895	245	220	675	294	197	394	10
副省级城市属	25	15	10	15	8	12	5	
地市级部门属	548	115	391	157	117	128	260	43
中央部门属	411	198	121	290	44	116	231	20
按机构所属学科领域分组								
自然科学领域	1329	373	469	860	433	296	570	30
农业科学领域	200	44	121	79	25	56	80	39
医学科学领域	396	167	88	308	57	151	134	54
工程科学与技术领域	2480	669	1291	1189	499	803	997	181
社会与人文科学领域	19	7	16	3	5	7	6	1
地方属机构按地区分组								
杭州市	1592	554	422	1170	472	493	568	59
宁波市	598	132	280	318	128	233	227	10
温州市	893	189	546	347	220	207	350	116
嘉兴市	307	14	213	94	68	78	137	24
湖州市	51	11	37	14	22	17	11	1
绍兴市	11	5	11		1	3	5	2
金华市	40	11	32	8	7	9	18	6
衢州市	26	9	21	5	3	9	6	8
舟山市	194	40	139	55	30	80	64	20
台州市	131	30	126	5	22	40	58	11
丽水市	170	67	37	133	2	28	112	28

2–90 其他事业单位 R&D 人员折合全时工作量情况（2018）

单位：人年

指标名称	R&D 折合全时工作量	研究人员	按活动类型分		
			基础研究人员	应用研究人员	试验发展人员
总计	**2921**	**1645**	**230**	**679**	**2012**
按隶属关系分组					
地方部门属	2755	1547	229	593	1933
省级部门属	533	213	55	175	303
副省级城市属	18	10	3	6	9
地市级部门属	444	296		59	385
中央部门属	166	98	1	86	79
按机构所属学科领域分组					
自然科学领域	878	432	69	237	572
农业科学领域	161	114		8	153
医学科学领域	222	91	8	73	141
工程科学与技术领域	1644	999	153	345	1146
社会与人文科学领域	16	9		16	
按国民经济经济行业分组					
农、林、牧、渔业	109	80		8	101
农业	16	9			16
渔业	39	29		1	38
农、林、牧、渔专业及辅助性活动	54	42		7	47
制造业	223	182		44	179
农副食品加工业	22	22		17	5
食品制造业	5	3			5
皮革、毛皮、羽毛及其制品和制鞋业	20	13		12	8
化学原料和化学制品制造业	18	15			18
医药制造业	13	9		1	12
专用设备制造业	25	18		4	21
电气机械和器材制造业	12	5			12
其他制造业	108	97		10	98

2–90 续表

单位：千元

指标名称	R&D 折合全时工作量	研究人员	按活动类型分		
			基础研究人员	应用研究人员	试验发展人员
批发和零售业	11	4			11
批发业	11	4			11
交通运输、仓储和邮政业	62	45		43	19
道路运输业	62	45		43	19
信息传输、软件和信息技术服务业	186	98	9	20	157
软件和信息技术服务业	186	98	9	20	157
租赁和商务服务业	18	15		15	3
商务服务业	18	15		15	3
科学研究和技术服务业	2154	1104	218	537	1399
研究和试验发展	1139	488	211	287	641
专业技术服务业	649	390	3	211	435
科技推广和应用服务业	366	226	4	39	323
水利、环境和公共设施管理业	114	97	3	3	108
生态保护和环境治理业	114	97	3	3	108
卫生和社会工作	44	20		9	35
卫生	44	20		9	35
地方属机构按地区分组					
杭州市	940	342	202	268	470
宁波市	406	263	17	36	353
温州市	659	424	6	196	457
嘉兴市	256	146		9	247
湖州市	45	26		9	36
绍兴市	11	8			11
金华市	33	22			33
衢州市	23	18			23
舟山市	156	120		37	119
台州市	129	108	4	9	116
丽水市	97	70		29	68

2–91 其他事业单位 R&D 经费支出情况（2018）

单位：千元

指标名称	R&D 经费内部支出	按活动类型分			按来源分					R&D 经费外部支出
		基础研究	应用研究	试验发展	政府资金	企业资金	事业单位资金	国外资金	其他资金	
总　计	**1628022**	**315276**	**377016**	**935730**	**1298292**	**185506**	**119187**	**348**	**24689**	**82799**
按隶属关系分组										
地方部门属	1586133	314971	352888	918274	1263725	185483	111888	348	24689	82799
省级部门属	411993	49087	109258	253648	400846	6840	4207		100	71808
副省级城市属	6398	799	2767	2832	6398					150
地市级部门属	101998	4	12111	89883	63733	16057	22208			2200
中央部门属	41889	305	24128	17456	34567	23	7299			
按机构所属学科领域分组										
自然科学领域	503937	49825	114234	339878	436173	29514	24292		13958	67540
农业科学领域	61187	1	3418	57768	45141	8746	7070		230	382
医学科学领域	202618	16622	119401	66595	191255		11363			
工程科学与技术领域	854633	248828	134316	471489	621344	147246	75194	348	10501	14877
社会与人文科学领域	5647		5647		4379		1268			
地方属机构按地区分组										
杭州市	733098	296138	127519	309441	718345	3783	8479		2491	74158
宁波市	208150	2795	12822	192533	83024	60989	55779	348	8010	610
温州市	429717	15809	181574	232334	317188	67826	32745		11958	5600
嘉兴市	42624	1	1350	41273	10292	31559	773			856
湖州市	3848		848	3000	1498	350			2000	1000
绍兴市	2394			2394	2394					
金华市	7353			7353	6874	479				
衢州市	6427			6427	1220	5207				
舟山市	89935	3	22004	67928	70423	6420	13092			575
台州市	11215	223	716	10276	3397	7818				
丽水市	51372	2	6055	45315	49070	1052	1020		230	

2–92 其他事业单位 R&D 经费内部支出情况（2018）

单位：千元

指标名称	R&D 经费内部支出	经常费支出				基本建设费		
		经常费支出	人员费用	设备购置费	其他日常支出	基本建设费	仪器设备费	土建费
总计	**1628022**	**1158302**	**463508**	**423511**	**271283**	**469720**	**165350**	**304370**
按隶属关系分组								
地方部门属	1586133	1122749	436053	420777	265919	463384	160638	302746
省级部门属	411993	299645	121688	105835	72122	112348	48141	64207
副省级城市属	6398	6398	5457	566	375			
地市级部门属	101998	90461	45229	18780	26452	11537	10085	1452
中央部门属	41889	35553	27455	2734	5364	6336	4712	1624
按机构所属学科领域分组								
自然科学领域	503937	370210	170749	124414	75047	133727	61731	71996
农业科学领域	61187	50707	28366	8670	13671	10480	1720	8760
医学科学领域	202618	88248	28668	12419	47161	114370	3600	110770
工程科学与技术领域	854633	643490	233674	278008	131808	211143	98299	112844
社会与人文科学领域	5647	5647	2051		3596			
按国民经济行业分组								
农、林、牧、渔业	46351	43921	23667	7031	13223	2430	1135	1295
农业	1830	1310	820	270	220	520	70	450
渔业	26866	26866	9840	5705	11321			
农、林、牧、渔专业及辅助性活动	17655	15745	13007	1056	1682	1910	1065	845
制造业	56934	45810	24965	13465	7380	11124	7159	3965
农副食品加工业	9544	5920	4800	1120		3624	2289	1335
食品制造业	380	380	350		30			
皮革、毛皮、羽毛及其制品和制鞋业	5976	5976	3555	1103	1318			
化学原料和化学制品制造业	6047	5817	3539	2278		230	130	100
医药制造业	3220	3220	1408		1812			
专用设备制造业	7775	3895	3810	85		3880	1350	2530
电气机械和器材制造业	2003	2003	1834	20	149			

单位：千元

指标名称	R&D经费内部支出	经常费支出	人员费用	设备购置费	其他日常支出	基本建设费	仪器设备费	土建费
其他制造业	21989	18599	5669	8859	4071	3390	3390	
批发和零售业	2805	2305	2251		54	500	500	
批发业	2805	2305	2251		54	500	500	
交通运输、仓储和邮政业	22021	17814	14314	3500		4207		4207
道路运输业	22021	17814	14314	3500		4207		4207
信息传输、软件和信息技术服务业	77417	64029	39860	21077	3092	13388	5513	7875
软件和信息技术服务业	77417	64029	39860	21077	3092	13388	5513	7875
租赁和商务服务业	2353	2353	2040	13	300			
商务服务业	2353	2353	2040	13	300			
科学研究和技术服务业	1400128	962257	344925	375831	241501	437871	150843	287028
研究和试验发展	1010630	671750	189576	317264	164910	338880	107006	231874
专业技术服务业	307037	222777	106374	50245	66158	84260	30414	53846
科技推广和应用服务业	82461	67730	48975	8322	10433	14731	13423	1308
水利、环境和公共设施管理业	9670	9670	8443	889	338			
生态保护和环境治理业	9670	9670	8443	889	338			
卫生和社会工作	10343	10143	3043	1705	5395	200	200	
卫生	10343	10143	3043	1705	5395	200	200	
地方属机构按地区分组								
杭州市	733098	620093	163773	304297	152023	113005	48798	64207
宁波市	208150	131577	75844	23407	32326	76573	66198	10375
温州市	429717	226998	98421	71268	57309	202719	29438	173281
嘉兴市	42624	38759	30228	5603	2928	3865	3865	
湖州市	3848	2848	1451	967	430	1000	500	500
绍兴市	2394	2394	1310	972	112			
金华市	7353	6853	4734	269	1850	500	500	
衢州市	6427	6197	3889	2278	30	230	130	100
舟山市	89935	62784	35647	10166	16971	27151	4274	22877
台州市	11215	10418	8890	1190	338	797	19	778
丽水市	51372	13828	11866	360	1602	37544	6916	30628

2–93　其他事业单位 R&D 经费外部支出情况（2018）

单位：千元

指标名称	R&D 经费外部支出	对国内研究机构支出	对国内高等学习支出	对国内企业支出	对境外机构支出
总计	**82799**	**1246**	**68128**	**9569**	**0**
按隶属关系分组					
地方部门属	82799	1246	68128	9569	
省级部门属	71808	1000	67540	1268	
副省级城市属	150			150	
地市级部门属	2200			2200	
按机构所属学科领域分组					
自然科学领域	67540		66540		
农业科学领域	382	146	105	131	
工程科学与技术领域	14877	1100	1483	9438	
按国民经济行业分组					
农、林、牧、渔业	382	146	105	131	
农、林、牧、渔服务业	382	146	105	131	
制造业	80		80		
农副食品加工业	80		80		
交通运输、仓储和邮政业	5268	1000	1000	1268	
道路运输业	5268	1000	1000	1268	
信息传输、软件和信息技术服务业	2320		120	2200	
软件和信息技术服务业	2320		120	2200	
科学研究和技术服务业	74749	100	66823	5970	
研究和试验发展	73290		66540	5750	
专业技术服务业	603	100	283	220	
科技推广和应用服务业	856				
地方属机构按地区分组					
杭州市	74158	1000	67540	3618	
宁波市	610	100	290	220	
温州市	5600			5600	
嘉兴市	856				
湖州市	1000				
舟山市	575	146	298	131	

2–94　其他事业单位 R&D 经常费支出情况（2018）

单位：千元

指标名称	R&D 经常费支出	按活动类型分			按来源分				
		基础研究	应用研究	试验发展	政府资金	企业资金	事业单位资金	国外资金	其他资金
总计	**1158302**	**285449**	**190615**	**682238**	**917720**	**145058**	**73475**	**198**	**21851**
按隶属关系分组									
地方部门属	1122749	285208	170296	667245	888305	145035	67360	198	21851
省级部门属	299645	33700	80945	185000	292705	6840			100
副省级城市属	6398	799	2767	2832	6398				
地市级部门属	90461		8436	82025	57554	16057	16850		
中央部门属	35553	241	20319	14993	29415	23	6115		
按机构所属学科领域分组									
自然科学领域	370210	34296	86016	249898	313317	24914	19809		12170
农业科学领域	50707		3305	47402	42761	7766			180
医学科学领域	88248	2553	19373	66322	78085		10163		
工程科学与技术领域	643490	248600	76274	318616	479178	112378	42235	198	9501
社会与人文科学领域	5647		5647		4379		1268		
地方属机构按地区分组									
杭州市	620093	280749	99173	240171	609600	3783	4219		2491
宁波市	131577	2577	7886	121114	56904	29942	37523	198	7010
温州市	226998	1735	44211	181052	129387	62616	24825		10170
嘉兴市	38759		1303	37456	9638	28348	773		
湖州市	2848		848	2000	498	350			2000
绍兴市	2394			2394	2394				
金华市	6853			6853	6374	479			
衢州市	6197			6197	990	5207			
舟山市	62784		11772	51012	56364	6420			
台州市	10418	147	510	9761	2600	7818			
丽水市	13828		4593	9235	13556	72	20		180

2–95　其他事业单位对外科技服务活动情况（2018）

单位：人年

指标名称	合计	科技成果的示范性推广工作	为用户提供可行性报告、技术方案、建议及进行技术论证等技术咨询工作	地形、地质和水文观察、天文、气象和地震的日常观察	为社会和公众提供的检验、检疫、测试、标准化、计量、计算、质量控制和专利服务	科技信息文献服务	提供孵化、平台搭建等科技服务活动	其他科技服务活动	科技培训工作
总计	**1897**	**184**	**298**	**13**	**1008**	**13**	**66**	**168**	**147**
按隶属关系分组									
地方部门属	1633	159	227	8	863	11	64	165	136
省级部门属	149	28	37		28			49	7
副省级城市属	10		3		4	1		2	
地市级部门属	163	15	27		85	2	8	15	11
中央部门属	264	25	71	5	145	2	2	3	11
地方属机构按地区分组									
杭州市	390	34	78	1	202	3	1	56	15
宁波市	659	23	54	4	431	2	44	34	67
温州市	228	24	27	1	103	3	10	41	19
嘉兴市	63	16	13		27		3	1	3
湖州市	24	7	4	2			2	6	3
绍兴市	22	14	1					3	4
金华市	6		1		1	2	1	1	
衢州市	15	5	2		2	1		3	2
舟山市	127	21	28		58		1	4	15
台州市	20	5	3		4		2		6
丽水市	79	10	16		35			16	2

三、规模以上工业企业情况

3-1　规模以上工业企业研发活动情况（2016—2018）

项　目	单位	2016	2017	2018
有 R&D 活动的企业数	个	14493	15517	16505
企业有研发机构	个	10137	10893	10141
从业人员年平均人数	万人	676	667	662
研发活动人员	万人	41.47	44.43	51.35
参加项目人员	万人	40.72	43.60	47.91
企业内部的日常研发经费支出	亿元	1188.98	1293.05	1476.95
人工费	亿元	424.56	477.01	559.60
原材料费	亿元	516.29	565.16	666.41
委托外单位开发经费支出	亿元	46.49	47.69	82.17
折合全时 R&D 人员	万人年	32.18	33.36	39.41
R&D 经费支出	亿元	935.79	1030.14	1147.39
新产品开发经费支出	亿元	1004.16	1107.40	1270.04
新产品产值	亿元	23444.86	22167.04	24246.27
新产品销售收入	亿元	21396.83	21150.15	23308.16
出口	亿元	4210.39	4155.25	4531.86
专利申请数	项	78729	85639	100254
发明专利	项	19280	21817	27998
拥有发明专利数	项	38661	49158	62341
技术改造经费支出	亿元	191.90	185.53	227.16
引进境外技术经费支出	亿元	9.33	7.58	9.47
引进境外技术的消化吸收经费支出	亿元	3.53	1.89	1.56
购买境内技术经费支出	亿元	14.41	14.08	20.72

3–2　规模以上工业企业基本情况（2018）

指标名称	企业数（个）	# 有 R&D 活动	# 有研发机构	# 享受研究开发费用加计扣除	从业人员期末人数（人）	从业人员平均人数（人）
总计	**41541**	**16505**	**10141**	**5569**	**6609564**	**6617831**
按企业规模分组						
大型	570	473	372	319	1187784	1188019
中型	3906	2705	2034	1391	2014039	1995122
小型	34534	13078	7649	3816	3379663	3393187
微型	2531	249	86	43	28078	41503
按隶属关系分组						
中央	173	43	24	13	52410	52775
地方	462	200	147	105	154237	154870
其他	40906	16262	9970	5451	6402917	6410186
按登记注册类型分组						
内资企业	37057	14603	8850	4743	5364596	5350210
国有企业	43	9	5	2	13355	13484
集体企业	29	4	2		2487	2503
股份合作企业	289	98	57	16	26122	26221
联营企业	2	1			24	24
集体联营企业	1					
其他联营企业	1	1			24	24
有限责任公司	5336	2278	1488	886	1063295	1063228
国有独资公司	194	32	19	6	49004	49407
其他有限责任公司	5142	2246	1469	880	1014291	1013821
股份有限公司	1241	897	699	550	604772	606497
私营企业	30117	11316	6599	3289	3654541	3638253
私营独资企业	1112	177	61	2	73177	73733
私营合伙企业	239	46	11		15323	15348

注：# 表示其中主要项，后表同。

3-2 续表 1

指标名称	企业数（个）	# 有 R&D 活动	# 有研发机构	# 享受研究开发费用加计扣除	从业人员期末人数（人）	从业人员平均人数（人）
私营有限责任公司	27832	10499	6143	2974	3348134	3330423
私营股份有限公司	934	594	384	313	217907	218749
其他企业						
港、澳、台商投资企业	2176	981	677	416	623224	637594
合资经营企业（港或澳、台资）	1085	541	373	235	313962	319621
合作经营企业（港或澳、台资）	32	12	11	6	8323	8719
港、澳、台商独资经营企业	994	399	273	158	261682	271374
港、澳、台商投资股份有限公司	42	20	13	13	34791	33201
其他港、澳、台投资企业	23	9	7	4	4466	4679
外商投资企业	2308	921	614	410	621744	630027
中外合资经营企业	1084	491	329	229	291561	291696
中外合作经营企业	26	7	5	3	4340	4424
外资企业	1111	381	255	158	298312	306282
外商投资股份有限公司	38	22	15	15	16759	16573
其他外商投资企业	49	20	10	5	10772	11052
按国民经济行业大类分组						
采矿业	127	9	6	2	9954	9944
煤炭开采和洗选业	1		1		15	15
黑色金属矿采选业	4		1		916	950
有色金属矿采选业	11				1797	1801
非金属矿采选业	111	9	4	2	7226	7178
制造业	40741	16420	10103	5542	6496181	6503884
农副食品加工业	669	173	120	24	70320	69746
食品制造业	322	120	70	31	71126	61347
酒、饮料和精制茶制造业	212	58	32	13	36090	37189
烟草制品业	2	2	2		3916	3929
纺织业	4607	1231	650	275	589162	586975

3–2　续表 2

指标名称	企业数（个）	# 有 R&D 活动	# 有研发机构	# 享受研究开发费用加计扣除	从业人员期末人数（人）	从业人员平均人数（人）
纺织服装、服饰业	2428	631	273	58	431849	436309
皮革、毛皮、羽毛及其制品和制鞋业	1612	625	302	43	262889	264061
木材加工和木、竹、藤、棕、草制品业	673	124	62	33	65490	64877
家具制造业	896	255	131	62	184722	183114
造纸和纸制品业	930	237	145	68	116319	116840
印刷和记录媒介复制业	605	204	113	48	71115	69457
文教、工美、体育和娱乐用品制造业	1207	444	236	86	204907	204697
石油、煤炭及其他燃料加工业	63	16	11	7	15215	14066
化学原料和化学制品制造业	1557	780	528	384	216516	215588
医药制造业	430	325	235	207	138365	136927
化学纤维制造业	590	200	93	41	106604	104790
橡胶和塑料制品业	2509	856	541	270	323148	322712
非金属矿物制品业	1733	477	268	130	179203	177149
黑色金属冶炼和压延加工业	563	162	74	38	69804	69090
有色金属冶炼和压延加工业	744	216	118	57	77296	77697
金属制品业	2785	956	570	297	397626	397350
通用设备制造业	4457	2261	1350	902	645831	645707
专用设备制造业	1864	1103	696	487	275680	273902
汽车制造业	2127	1195	752	453	456116	464187
铁路、船舶、航空航天和其他运输设备制造业	534	241	144	69	85572	87440
电气机械和器材制造业	4073	2138	1558	809	757114	766668
计算机、通信和其他电子设备制造业	1446	839	631	399	449302	456295
仪器仪表制造业	585	401	312	229	123366	123630
其他制造业	344	121	70	15	49987	50402
废弃资源综合利用业	135	19	10	7	11647	11996
金属制品、机械和设备修理业	39	10	6		9884	9747

3-2 续表 3

指标名称	企业数（个）	# 有 R&D 活动	# 有研发机构	# 享受研究开发费用加计扣除	从业人员期末人数（人）	从业人员平均人数（人）
电力、热力、燃气及水生产和供应业	673	76	32	25	103429	104003
电力、热力生产和供应业	412	64	25	22	68991	69720
燃气生产和供应业	101	1			9521	9384
水的生产和供应业	160	11	7	3	24917	24899
按经济成分分组						
公有经济	1228	405	260	177	376189	375503
非公有经济	40313	16100	9881	5392	6233375	6242328
按企业控股情况分组						
国有控股	815	231	143	104	269743	269267
集体控股	413	174	117	73	106446	106236
私人控股	36346	14435	8775	4665	5162977	5149937
港澳台商控股	1596	704	487	292	441989	454328
外商控股	1704	644	423	288	475740	484679
其他	667	317	196	147	152669	153384
按地区分组						
杭州市	5430	1784	1384	946	1025016	1030015
宁波市	7600	3612	2601	1178	1475900	1485633
温州市	5061	2863	1979	680	725543	714652
嘉兴市	5821	1859	1418	970	858296	871370
湖州市	3488	1015	724	389	383504	379732
绍兴市	4390	1883	672	361	624262	621404
金华市	3586	1223	460	323	524889	523552
衢州市	897	289	103	131	133866	133577
舟山市	353	139	117	35	67851	67915
台州市	3972	1450	555	458	653355	653350
丽水市	942	388	128	98	136609	136191

3-2 续表 4

指标名称	资产总计（万元）	主营业务收入（万元）	利润总额（万元）	工业总产值（万元）	出口交货值（万元）
总计	**776235041.8**	**695579781.9**	**46492671.0**	**697785774.3**	**118347120.9**
按企业规模分组					
大型	215541411.9	182691948.2	18147199.2	180977714.4	32037319.7
中型	250194753.1	214916962.4	14210949.1	215880954.3	38971600.9
小型	285589604.8	284331967.6	13069183.3	287362525.5	46521274.0
微型	24909272.0	13638903.7	1065339.4	13564580.1	816926.3
按隶属关系分组					
中央	60475472.4	59384309.5	3551005.8	58916897.6	1107763.2
地方	37696337.9	26905715.1	1814641.0	26848639.3	2116506.1
其他	678063231.5	609289757.3	41127024.2	612020237.4	115122851.6
按登记注册类型分组					
内资企业	618210177.0	553912115.7	35197498.6	555705297.7	82607594.3
国有企业	3181683.8	5061575.9	47128.8	5057031.7	14083.3
集体企业	262614.5	247740.2	7590.6	248455.6	
股份合作企业	1390511.8	1619320.5	65988.7	1661665.3	220134.7
联营企业	2736.4	5247.8	99.8	5267.8	
集体联营企业	784.9	2280.7	9.7	2300.8	
其他联营企业	1951.5	2967.1	90.1	2967.0	
有限责任公司	220870941.2	187454710.0	13346873.5	184712557.8	15060025.0
国有独资公司	39988914.2	36954798.2	1388882.2	37030612.8	89579.9
其他有限责任公司	180882027.0	150499911.8	11957991.3	147681945.0	14970445.1
股份有限公司	133632137.1	81109291.7	8550043.3	81211366.7	14809945.5
私营企业	258869552.2	278414229.6	13179773.9	282808952.8	52503405.8
私营独资企业	2874545.4	4229756.3	139212.3	4350298.7	551841.1
私营合伙企业	615035.8	938085.5	38230.4	958849.7	124856.2
私营有限责任公司	229668498.8	253389047.6	11477678.2	257349581.8	47671185.3

3-2 续表 5

指标名称	资产总计（万元）	主营业务收入（万元）	利润总额（万元）	工业总产值（万元）	出口交货值（万元）
私营股份有限公司	25711472.2	19857340.2	1524653.0	20150222.6	4155523.2
其他企业					
港、澳、台商投资企业	82291100.4	70354319.9	5929487.5	71080283.6	15005207.5
合资经营企业（港或澳、台资）	45084895.3	39407659.6	2615648.5	39849818.8	7516462.6
合作经营企业（港或澳、台资）	1057308.5	1392133.5	159457.0	1405773.1	259032.8
港、澳、台商独资经营企业	28074035.3	25914265.3	1952412.8	26232287.8	6627551.0
港、澳、台商投资股份有限公司	7367848.5	3238121.6	1199554.5	3187255.5	532747.7
其他港、澳、台投资企业	707012.8	402139.9	2414.7	405148.4	69413.4
外商投资企业	75733764.4	71313346.3	5365684.9	71000193.0	20734319.1
中外合资经营企业	37656513.5	35000223.7	2812695.5	34976548.3	7144073.7
中外合作经营企业	325029.3	367474.9	29290.9	373857.6	110222.4
外资企业	32204534.2	32179524.2	2142715.3	31843236.8	12634111.8
外商投资股份有限公司	3476464.4	2040203.8	240325.4	2134744.0	562072.2
其他外商投资企业	2071223.0	1725919.7	140657.8	1671806.3	283839.0
按国民经济行业大类分组					
采矿业	2825680.0	1380441.2	198972.8	1391517.8	
煤炭开采和洗选业	2443.8	2046.4	63.4	2265.1	
黑色金属矿采选业	87556.2	26634.8	-8316.6	28124.8	
有色金属矿采选业	277211.0	80664.7	11379.0	77753.5	
非金属矿采选业	2458469.0	1271095.3	195847.0	1283374.4	
制造业	689743054.9	634396301.3	43119247.6	636526066.7	118338946.7
农副食品加工业	8264611.1	8682610.4	317819.4	8296183.6	1419061.4
食品制造业	5819004.9	4952033.7	443990.8	4931238.0	750905.5
酒、饮料和精制茶制造业	5590922.1	4498252.3	483358.6	4212731.2	306964.5
烟草制品业	5716447.5	5127148.6	444043.3	5269856.0	43891.4
纺织业	43449738.0	41874990.5	2037637.0	43200762.9	8105781.8

3-2 续表 6

指标名称	资产总计（万元）	主营业务收入（万元）	利润总额（万元）	工业总产值（万元）	出口交货值（万元）
纺织服装、服饰业	21549133.3	20274904.5	1278294.7	20648916.7	8041475.9
皮革、毛皮、羽毛及其制品和制鞋业	9182801.8	10610325.7	354996.1	11040045.8	4326476.8
木材加工和木、竹、藤、棕、草制品业	3921306.2	4356997.6	269026.2	4392852.9	1249557.3
家具制造业	9516514.2	9546317.7	357264.9	9713332.8	5411632.4
造纸和纸制品业	16319379.6	15593541.3	778181.3	16044239.2	1061703.2
印刷和记录媒介复制业	5060985.6	4389019.7	249478.7	4487385.3	569811.8
文教、工美、体育和娱乐用品制造业	10456955.7	11810177.7	577197.3	12289841.4	4997179.9
石油、煤炭及其他燃料加工业	16351323.0	17131816.9	1354374.4	16760596.3	729873.8
化学原料和化学制品制造业	63738682.2	64017020.3	5399080.6	61547673.5	5520275.1
医药制造业	24429856.0	14025208.8	2258690.6	15054750.7	3013349.6
化学纤维制造业	26953450.4	26776288.5	1369500.4	25582105.8	1872532.1
橡胶和塑料制品业	24710750.7	24855409.4	1175592.3	25343370.2	5346196.6
非金属矿物制品业	27242833.5	26417131.7	2361627.2	26539536.3	1160197.1
黑色金属冶炼和压延加工业	12637411.2	20343168.5	1067138.1	19444237.9	623192.6
有色金属冶炼和压延加工业	13010861.9	24228753.3	488202.1	23988038.1	1412639.7
金属制品业	25397701.4	27440135.6	1157848.6	27763891.1	8098396.5
通用设备制造业	56230549.0	46413371.5	3414287.6	46859462.3	10734544.9
专用设备制造业	24459043.4	18688570.5	1570899.5	18965351.0	4184689.8
汽车制造业	71472211.9	51545921.1	5096935.4	52301840.1	5107973.9
铁路、船舶、航空航天和其他运输设备制造业	12008336.2	6116118.2	-45936.1	6798622.2	2634457.3
电气机械和器材制造业	75581286.7	67388063.0	3780170.8	67032567.1	16545044.8
计算机、通信和其他电子设备制造业	51901650.8	43171612.0	3731226.1	43912598.7	11966035.9
仪器仪表制造业	13467832.7	9051498.3	1107102.2	9043984.7	2006714.1
其他制造业	2047196.1	2230562.7	91160.3	2180996.4	800573.3
废弃资源综合利用业	1870358.8	2339197.5	147084.4	2345693.7	14667.0
金属制品、机械和设备修理业	1383919.0	500133.8	2974.8	533364.8	283150.7

3-2　续表 7

指标名称	资产总计（万元）	主营业务收入（万元）	利润总额（万元）	工业总产值（万元）	出口交货值（万元）
电力、热力、燃气及水生产和供应业	83666306.9	59803039.4	3174450.6	59868189.8	8174.2
电力、热力生产和供应业	66950677.1	51812600.5	2848465.8	51916424.2	8114.6
燃气生产和供应业	5133253.9	6007164.8	197301.7	5930777.2	
水的生产和供应业	11582375.9	1983274.1	128683.1	2020988.4	59.6
按经济成分分组					
公有经济	144977516.8	123475167.5	9022696.2	122448044.3	5604742.1
非公有经济	631257525.0	572104614.4	37469974.8	575337730.0	112742378.8
按企业控股情况分组					
国有控股	131019251.3	110975185.8	8178852.9	110480926.1	4422093.5
集体控股	13958265.5	12499981.7	843843.3	11967118.2	1182648.6
私人控股	485250649.3	448308508.9	27535613.7	451689974.7	81614415.6
港澳台商控股	55640740.5	47912948.9	3417780.7	48137455.0	10592683.2
外商控股	60907653.8	57741276.4	4680369.8	57329110.5	18224122.9
其他	29458481.4	18141880.2	1836210.6	18181189.8	2311157.1
按地区分组					
杭州市	166841671.4	142320638.2	10207298.8	138220851.0	19207912.8
宁波市	157634580.6	163055159.4	12278888.1	164529128.8	31609272.6
温州市	49177297.2	45583464.9	2702345.5	46644067.0	6776239.6
嘉兴市	100389809.4	94327989.9	6051242.1	95343774.9	18165062.1
湖州市	42991967.3	42860170.8	2709032.8	43391863.9	6396641.4
绍兴市	77790212.4	61735072.5	4353865.7	64524933.3	9307110.1
金华市	41734898.0	36873795.0	1965119.9	37695959.2	9735979.8
衢州市	18800018.9	16913073.7	1419546.4	16729325.2	1468769.4
舟山市	23331898.0	7163363.7	83951.0	7318772.9	2138456.1
台州市	64983068.4	48970237.8	3429226.3	49592320.4	12179565.1
丽水市	12340288.1	14426871.7	767998.1	12416685.2	1362111.9

3–3 规模以上工业企业 R&D 人员情况（2018）

指标名称	R&D 人员合计（人）	# 参加项目人员	管理和服务人员	# 女性	# 研究人员	# 全时人员	非全时人员
总计	**513546**	**479078**	**34468**	**117667**	**115638**	**396380**	**117166**
按企业规模分组							
大型	122475	116713	5762	29494	38877	95952	26523
中型	167818	156542	11276	39057	34815	129789	38029
小型	221518	204201	17317	48704	41554	169470	52048
微型	1735	1622	113	412	392	1169	566
按隶属关系分组							
中央	1901	1757	144	354	766	1154	747
地方	12820	11888	932	3170	4090	9953	2867
其他	498825	465433	33392	114143	110782	385273	113552
按登记注册类型分组							
内资企业	418783	389808	28975	94441	88473	321016	97767
国有企业	194	177	17	32	70	111	83
集体企业	20	19	1	4	9	15	5
股份合作企业	1367	1269	98	268	235	1058	309
联营企业	2	2			1		2
其他联营企业	2	2			1		2
有限责任公司	82637	76798	5839	18383	20614	63972	18665
国有独资公司	1560	1420	140	282	588	919	641
其他有限责任公司	81077	75378	5699	18101	20026	63053	18024
股份有限公司	77021	72304	4717	17548	22657	59258	17763
私营企业	257542	239239	18303	58206	44887	196602	60940
私营独资企业	1504	1375	129	407	245	1069	435

3−3 续表 1

指标名称	R&D 人员合计（人）	# 参加项目人员	管理和服务人员	# 女性	# 研究人员	# 全时人员	非全时人员
私营合伙企业	267	244	23	80	55	177	90
私营有限责任公司	230856	214275	16581	53049	39197	176348	54508
私营股份有限公司	24915	23345	1570	4670	5390	19008	5907
港、澳、台商投资企业	55158	52506	2652	13307	16657	43963	11195
合资经营企业（港或澳、台资）	25544	24190	1354	6222	6156	20126	5418
合作经营企业（港或澳、台资）	433	411	22	78	126	313	120
港、澳、台商独资经营企业	20499	19339	1160	5240	5976	15962	4537
港、澳、台商投资股份有限公司	8476	8371	105	1727	4342	7409	1067
其他港、澳、台投资企业	206	195	11	40	57	153	53
外商投资企业	39605	36764	2841	9919	10508	31401	8204
中外合资经营企业	22109	20310	1799	5468	5853	17893	4216
中外合作经营企业	155	149	6	37	26	137	18
外资企业	14962	14032	930	3924	4044	11649	3313
外商投资股份有限公司	1617	1549	68	377	466	1093	524
其他外商投资企业	762	724	38	113	119	629	133
按国民经济行业大类分组							
采矿业	191	168	23	25	34	169	22
非金属矿采选业	191	168	23	25	34	169	22
制造业	511612	477290	34322	117425	115111	395071	116541
农副食品加工业	2603	2340	263	798	566	1711	892
食品制造业	2860	2580	280	1021	718	2100	760
酒、饮料和精制茶制造业	1330	1223	107	383	267	858	472
烟草制品业	142	111	31	53	63	86	56
纺织业	33693	31434	2259	11854	4615	25468	8225
纺织服装、服饰业	14909	13954	955	7591	2303	11653	3256

3–3 续表 2

指标名称	R&D 人员合计（人）	# 参加项目人员	管理和服务人员	# 女性	# 研究人员	# 全时人员	非全时人员
皮革、毛皮、羽毛及其制品和制鞋业	12679	11966	713	4808	1263	9569	3110
木材加工和木、竹、藤、棕、草制品业	3836	3531	305	1028	571	2890	946
家具制造业	10248	9377	871	2601	1511	7626	2622
造纸和纸制品业	7299	6691	608	1395	889	5536	1763
印刷和记录媒介复制业	3954	3700	254	1059	616	2993	961
文教、工美、体育和娱乐用品制造业	11820	11009	811	3651	1890	8720	3100
石油、煤炭及其他燃料加工业	735	590	145	102	252	494	241
化学原料和化学制品制造业	22185	20556	1629	5126	6094	16883	5302
医药制造业	17838	16725	1113	7153	6883	14049	3789
化学纤维制造业	6993	6717	276	1636	1121	5276	1717
橡胶和塑料制品业	19233	17806	1427	4403	3320	14602	4631
非金属矿物制品业	9789	8999	790	1800	1889	6981	2808
黑色金属冶炼和压延加工业	4325	4027	298	513	787	3178	1147
有色金属冶炼和压延加工业	5363	4995	368	766	957	3951	1412
金属制品业	23368	21601	1767	4408	3649	17242	6126
通用设备制造业	61467	57076	4391	10389	12520	46680	14787
专用设备制造业	29521	27732	1789	4343	6837	23436	6085
汽车制造业	46906	43605	3301	7842	10599	37311	9595
铁路、船舶、航空航天和其他运输设备制造业	6708	6253	455	1124	1444	4948	1760
电气机械和器材制造业	72847	67442	5405	15274	15443	57373	15474
计算机、通信和其他电子设备制造业	58723	56104	2619	12480	21988	48215	10508
仪器仪表制造业	17154	16278	876	3098	5673	13309	3845
其他制造业	2397	2221	176	601	271	1450	947
废弃资源综合利用业	400	377	23	104	54	311	89
金属制品、机械和设备修理业	287	270	17	21	58	172	115

3-3 续表 3

指标名称	R&D 人员合计（人）	# 参加项目人员	管理和服务人员	# 女性	# 研究人员	# 全时人员	非全时人员
电力、热力、燃气及水生产和供应业	1743	1620	123	217	493	1140	603
电力、热力生产和供应业	1423	1312	111	152	357	960	463
燃气生产和供应业	62	59	3	1	31	49	13
水的生产和供应业	258	249	9	64	105	131	127
按经济成分分组							
公有经济	32887	31513	1374	7170	13225	25203	7684
非公有经济	480659	447565	33094	110497	102413	371177	109482
按企业控股情况分组							
国有控股	23732	22841	891	5072	11015	18659	5073
集体控股	9155	8672	483	2098	2210	6544	2611
私人控股	403596	375306	28290	91698	81575	310952	92644
港澳台商控股	35744	33791	1953	8984	9592	27930	7814
外商控股	27463	25676	1787	6745	7488	21280	6183
其他	13856	12792	1064	3070	3758	11015	2841
按地区分组							
杭州市	92897	87629	5268	21145	32162	75045	17852
宁波市	112311	105602	6709	24526	24404	88488	23823
温州市	64350	59982	4368	13699	10690	51270	13080
嘉兴市	56637	53560	3077	14614	10337	43170	13467
湖州市	29004	26679	2325	6532	6260	22214	6790
绍兴市	53865	49816	4049	13322	12137	39209	14656
金华市	37700	34396	3304	9639	6972	28365	9335
衢州市	9276	8514	762	2133	1498	6123	3153
舟山市	4220	3927	293	883	1022	2865	1355
台州市	44558	41024	3534	9159	8615	32922	11636
丽水市	8728	7949	779	2015	1541	6709	2019

3-3 续表 4

指标名称	R&D 人员折合全时当量合计（人年）	# 研究人员	按活动类型分组		
			基础研究人员	应用研究人员	试验发展人员
总计	**394147**	**91621**	**83**	**3453**	**390611**
按企业规模分组					
大型	97962	32558		386	97576
中型	129533	27393	49	1543	127941
小型	165507	31404	34	1513	163960
微型	1144	265		11	1133
按隶属关系分组					
中央	1372	547	8	53	1311
地方	9610	3024		159	9451
其他	383165	88050	74	3241	379849
按登记注册类型分组					
内资企业	318382	68896	83	2580	315719
国有企业	152	54			152
集体企业	12	5			12
股份合作企业	958	165			958
联营企业					
其他联营企业					
有限责任公司	63633	16271	66	559	63009
国有独资公司	1026	386	8	32	985
其他有限责任公司	62608	15885	58	527	62024
股份有限公司	59256	18017		243	59012
私营企业	194371	34384	17	1778	192576
私营独资企业	1077	180		2	1075
私营合伙企业	151	31			151
私营有限责任公司	174108	29979	15	1558	172535

指标名称	R&D 人员折合全时当量合计（人年）	# 研究人员	按活动类型分组		
			基础研究人员	应用研究人员	试验发展人员
私营股份有限公司	19036	4194	2	218	18815
港、澳、台商投资企业	45016	14388		650	44366
合资经营企业（港或澳、台资）	19834	4954		529	19306
合作经营企业（港或澳、台资）	360	100			360
港、澳、台商独资经营企业	16906	5258		121	16785
港、澳、台商投资股份有限公司	7756	4027			7756
其他港、澳、台投资企业	160	49			160
外商投资企业	30749	8336		224	30525
中外合资经营企业	17057	4545		69	16988
中外合作经营企业	96	12			96
外资企业	11738	3305		151	11587
外商投资股份有限公司	1331	380		4	1327
其他外商投资企业	528	94			528
按国民经济行业大类分组					
采矿业	147	27			147
非金属矿采选业	147	27			147
制造业	392833	91293	75	3423	389335
农副食品加工业	1930	425	1	86	1843
食品制造业	2012	520		100	1912
酒、饮料和精制茶制造业	909	187		15	893
烟草制品业	87	38			87
纺织业	24595	3457		148	24447
纺织服装、服饰业	11853	1846		62	11791
皮革、毛皮、羽毛及其制品和制鞋业	9234	909		11	9223
木材加工和木、竹、藤、棕、草制品业	2921	444		48	2873

3-3 续表 6

指标名称	R&D 人员折合全时当量合计（人年）	# 研究人员	按活动类型分组		
			基础研究人员	应用研究人员	试验发展人员
家具制造业	7600	1163		68	7532
造纸和纸制品业	5423	717		33	5390
印刷和记录媒介复制业	2976	449		47	2928
文教、工美、体育和娱乐用品制造业	9270	1480		30	9240
石油、煤炭及其他燃料加工业	568	188		42	526
化学原料和化学制品制造业	17119	4771		247	16872
医药制造业	14135	5544	19	332	13785
化学纤维制造业	4969	776		13	4957
橡胶和塑料制品业	14571	2614		165	14406
非金属矿物制品业	7390	1494	5	81	7304
黑色金属冶炼和压延加工业	3091	529		18	3073
有色金属冶炼和压延加工业	3973	687		134	3839
金属制品业	17351	2676		275	17076
通用设备制造业	46755	9557		249	46506
专用设备制造业	22753	5354		494	22260
汽车制造业	35395	8239		198	35197
铁路、船舶、航空航天和其他运输设备制造业	5318	1159	50	59	5210
电气机械和器材制造业	55564	11942		330	55235
计算机、通信和其他电子设备制造业	49378	19434		39	49340
仪器仪表制造业	13463	4415		98	13365
其他制造业	1736	200			1736
废弃资源综合利用业	300	39			300
金属制品、机械和设备修理业	191	38		2	189
电力、热力、燃气及水生产和供应业	1166	300	8	30	1128
电力、热力生产和供应业	989	230	8	30	951

3-3　续表 7

<table>
<tr><th rowspan="2">指标名称</th><th rowspan="2">R&D 人员折合全时当量合计（人年）</th><th rowspan="2"># 研究人员</th><th colspan="3">按活动类型分组</th></tr>
<tr><th>基础研究人员</th><th>应用研究人员</th><th>试验发展人员</th></tr>
<tr><td>燃气生产和供应业</td><td>34</td><td>17</td><td></td><td></td><td>34</td></tr>
<tr><td>水的生产和供应业</td><td>144</td><td>53</td><td></td><td></td><td>144</td></tr>
<tr><td>按经济成分分组</td><td></td><td></td><td></td><td></td><td></td></tr>
<tr><td>公有经济</td><td>26277</td><td>10965</td><td>9</td><td>294</td><td>25974</td></tr>
<tr><td>非公有经济</td><td>367870</td><td>80655</td><td>74</td><td>3159</td><td>364637</td></tr>
<tr><td>按企业控股情况分组</td><td></td><td></td><td></td><td></td><td></td></tr>
<tr><td>国有控股</td><td>19697</td><td>9421</td><td>9</td><td>205</td><td>19483</td></tr>
<tr><td>集体控股</td><td>6580</td><td>1544</td><td></td><td>90</td><td>6491</td></tr>
<tr><td>私人控股</td><td>306832</td><td>63577</td><td>74</td><td>2309</td><td>304449</td></tr>
<tr><td>港澳台商控股</td><td>28904</td><td>8178</td><td></td><td>631</td><td>28273</td></tr>
<tr><td>外商控股</td><td>21462</td><td>6049</td><td></td><td>207</td><td>21255</td></tr>
<tr><td>其他</td><td>10672</td><td>2851</td><td></td><td>12</td><td>10660</td></tr>
<tr><td>按地区分组</td><td></td><td></td><td></td><td></td><td></td></tr>
<tr><td>杭州市</td><td>74664</td><td>26985</td><td>15</td><td>689</td><td>73960</td></tr>
<tr><td>宁波市</td><td>86893</td><td>19177</td><td></td><td>675</td><td>86218</td></tr>
<tr><td>温州市</td><td>50335</td><td>8363</td><td></td><td>130</td><td>50206</td></tr>
<tr><td>嘉兴市</td><td>41900</td><td>7845</td><td></td><td></td><td>41900</td></tr>
<tr><td>湖州市</td><td>22804</td><td>4984</td><td>5</td><td>272</td><td>22527</td></tr>
<tr><td>绍兴市</td><td>42009</td><td>9742</td><td></td><td>530</td><td>41479</td></tr>
<tr><td>金华市</td><td>28433</td><td>5210</td><td>10</td><td>525</td><td>27898</td></tr>
<tr><td>衢州市</td><td>5412</td><td>976</td><td>3</td><td>85</td><td>5324</td></tr>
<tr><td>舟山市</td><td>3110</td><td>787</td><td>42</td><td>130</td><td>2938</td></tr>
<tr><td>台州市</td><td>32324</td><td>6478</td><td></td><td>264</td><td>32059</td></tr>
<tr><td>丽水市</td><td>6261</td><td>1074</td><td>7</td><td>151</td><td>6103</td></tr>
</table>

3–4 规模以上工业企业 R&D 经费情况（2018）

单位：万元

指标名称	R&D 经费内部支出合计	按活动类型分组		
		基础研究支出	应用研究支出	试验发展支出
总计	**11473921.2**	**627.9**	**88303.3**	**11384990.0**
按企业规模分组				
大型	3470540.9		10365.2	3460175.7
中型	3771340.3	342.6	40042.8	3730954.9
小型	4195195.9	285.3	37511.8	4157398.8
微型	36844.1		383.5	36460.6
按隶属关系分组				
中央	49171.4	17.8	177.7	48975.9
地方	332789.4	74.9	6380.4	326334.1
其他	11091960.4	535.2	81745.2	11009680.0
按登记注册类型分组				
内资企业	8903730.6	627.9	69406.6	8833696.1
国有企业	4843.1			4843.1
集体企业	264.9			264.9
股份合作企业	22408.3			22408.3
联营企业	9.5			9.5
其他联营企业	9.5			9.5
有限责任公司	1994772.7	416.5	16547.2	1977809.0
国有独资公司	45285.5	17.8	889.3	44378.4
其他有限责任公司	1949487.2	398.7	15657.9	1933430.6
股份有限公司	2028906.8		7193.8	2021713.0
私营企业	4852525.3	211.4	45665.6	4806648.3
私营独资企业	23560.3		156.2	23404.1
私营合伙企业	3370.6			3370.6

3-4 续表 1 单位：万元

指标名称	R&D 经费内部支出合计	按活动类型分组		
		基础研究支出	应用研究支出	试验发展支出
私营有限责任公司	4287629.0	208.5	37868.8	4249551.7
私营股份有限公司	537965.4	2.9	7640.6	530321.9
港、澳、台商投资企业	1556495.8		14914.2	1541581.6
合资经营企业（港或澳、台资）	672895.3		12173.8	660721.5
合作经营企业（港或澳、台资）	11308.0			11308.0
港、澳、台商独资经营企业	599449.9		2740.4	596709.5
港、澳、台商投资股份有限公司	267149.4			267149.4
其他港、澳、台投资企业	5693.2			5693.2
外商投资企业	1013694.8		3982.5	1009712.3
中外合资经营企业	537771.6		2057.3	535714.3
中外合作经营企业	3105.9			3105.9
外资企业	413616.1		1893.2	411722.9
外商投资股份有限公司	36397.1		32.0	36365.1
其他外商投资企业	22804.1			22804.1
按国民经济行业大类分组				
采矿业	5726.9			5726.9
非金属矿采选业	5726.9			5726.9
制造业	11422523.4	610.1	88014.4	11333898.9
农副食品加工业	56980.4	2.0	2466.5	54511.9
食品制造业	53766.9		1768.0	51998.9
酒、饮料和精制茶制造业	19686.0		768.1	18917.9
烟草制品业	9374.0			9374.0
纺织业	672343.5		3871.2	668472.3
纺织服装、服饰业	231790.9		862.7	230928.2
皮革、毛皮、羽毛及其制品和制鞋业	147183.2		96.7	147086.5

3–4 续表 2

单位：万元

指标名称	R&D 经费内部支出合计	按活动类型分组		
		基础研究支出	应用研究支出	试验发展支出
木材加工和木、竹、藤、棕、草制品业	65120.9		768.3	64352.6
家具制造业	165271.7		1351.9	163919.8
造纸和纸制品业	199371.3		891.6	198479.7
印刷和记录媒介复制业	67013.0		1469.5	65543.5
文教、工美、体育和娱乐用品制造业	178571.8		497.5	178074.3
石油、煤炭及其他燃料加工业	37945.3		172.3	37773.0
化学原料和化学制品制造业	818706.5	74.9	7126.4	811505.2
医药制造业	449216.3	282.7	6283.1	442650.5
化学纤维制造业	277281.7		597.6	276684.1
橡胶和塑料制品业	409795.4		3055.0	406740.4
非金属矿物制品业	225228.8	29.3	2289.8	222909.7
黑色金属冶炼和压延加工业	181679.6		976.7	180702.9
有色金属冶炼和压延加工业	161690.0		7061.0	154629.0
金属制品业	413313.8		9892.9	403420.9
通用设备制造业	1172376.4		8621.9	1163754.5
专用设备制造业	609817.1		11344.7	598472.4
汽车制造业	960393.8		3348.1	957045.7
铁路、船舶、航空航天和其他运输设备制造业	137598.6	221.2	656.5	136720.9
电气机械和器材制造业	1618413.3		8348.7	1610064.6
计算机、通信和其他电子设备制造业	1671916.2		505.3	1671410.9
仪器仪表制造业	362303.4		2710.5	359592.9
其他制造业	31767.1			31767.1
废弃资源综合利用业	11466.0			11466.0
金属制品、机械和设备修理业	5140.5		211.9	4928.6
电力、热力、燃气及水生产和供应业	45670.9	17.8	288.9	45364.2

单位：万元

指标名称	R&D 经费内部支出合计	按活动类型分组		
		基础研究支出	应用研究支出	试验发展支出
电力、热力生产和供应业	41374.5	17.8	288.9	41067.8
燃气生产和供应业	293.6			293.6
水的生产和供应业	4002.8			4002.8
按经济成分分组				
公有经济	1002433.2	94.7	9066.8	993271.7
非公有经济	10471488.0	533.2	79236.5	10391718.3
按企业控股情况分组				
国有控股	792758.6	94.7	5482.8	787181.1
集体控股	209674.6		3584.0	206090.6
私人控股	8405655.9	533.2	61048.0	8344074.7
港澳台商控股	975180.2		14465.4	960714.8
外商控股	721590.3		2807.8	718782.5
其他	369061.6		915.3	368146.3
按地区分组				
杭州市	2682808.9	118.4	22659.0	2660031.5
宁波市	2396157.6		14401.2	2381756.4
温州市	1053437.7		2888.9	1050548.8
嘉兴市	1389344.2			1389344.2
湖州市	745051.8	29.3	7770.2	737252.3
绍兴市	1280969.8		13454.8	1267515.0
金华市	654269.5	74.7	12015.0	642179.8
衢州市	204805.5	77.8	1263.9	203463.8
舟山市	84828.2	169.1	3237.8	81421.3
台州市	801595.4		7118.3	794477.1
丽水市	180652.6	158.6	3494.2	176999.8

单位：万元

指标名称	R&D经费内部支出按支出用途分组				
	经常费支出	#人员劳务费	资产性支出	#土建工程	仪器和设备
总计	**10689623.1**	**4262939.4**	**784298.1**	**9177.5**	**775120.6**
按企业规模分组					
大型	3273231.7	1494485.9	197309.2	1384.8	195924.4
中型	3517013.3	1339971.0	254327.0	4586.3	249740.7
小型	3864737.2	1418516.5	330458.7	3188.2	327270.5
微型	34640.9	9966.0	2203.2	18.2	2185.0
按隶属关系分组					
中央	46118.8	20923.8	3052.6	135.4	2917.2
地方	317922.8	130324.8	14866.6	172.1	14694.5
其他	10325581.5	4111690.8	766378.9	8870.0	757508.9
按登记注册类型分组					
内资企业	8302020.9	3207453.9	601709.7	6669.3	595040.4
国有企业	4695.4	1112.9	147.7		147.7
集体企业	264.9	155.3			
股份合作企业	20751.7	8167.3	1656.6	3.7	1652.9
联营企业	9.5	2.2			
其他联营企业	9.5	2.2			
有限责任公司	1873011.6	740578.3	121761.1	1614.2	120146.9
国有独资公司	42843.3	16314.5	2442.2	68.9	2373.3
其他有限责任公司	1830168.3	724263.8	119318.9	1545.3	117773.6
股份有限公司	1911947.2	803680.9	116959.6	1206.5	115753.1
私营企业	4491340.6	1653757.0	361184.7	3844.9	357339.8
私营独资企业	22274.0	7405.5	1286.3	8.2	1278.1
私营合伙企业	3035.3	1063.7	335.3	1.6	333.7

3-4 续表 5

单位：万元

指标名称	R&D经费内部支出按支出用途分组				
	经常费支出	#人员劳务费	资产性支出	#土建工程	仪器和设备
私营有限责任公司	3961451.2	1444296.3	326177.8	3621.5	322556.3
私营股份有限公司	504580.1	200991.5	33385.3	213.6	33171.7
港、澳、台商投资企业	1455125.3	672979.1	101370.5	784.7	100585.8
合资经营企业（港或澳、台资）	616690.2	216373.9	56205.1	545.1	55660.0
合作经营企业（港或澳、台资）	11023.4	3930.5	284.6	0.4	284.2
港、澳、台商独资经营企业	558310.7	286334.0	41139.2	225.9	40913.3
港、澳、台商投资股份有限公司	263677.0	164528.7	3472.4	13.1	3459.3
其他港、澳、台投资企业	5424.0	1812.0	269.2	0.2	269.0
外商投资企业	932476.9	382506.4	81217.9	1723.5	79494.4
中外合资经营企业	493183.4	198649.9	44588.2	1599.5	42988.7
中外合作经营企业	2921.1	1568.2	184.8		184.8
外资企业	378334.8	161153.6	35281.3	116.4	35164.9
外商投资股份有限公司	35870.9	14899.2	526.2	7.5	518.7
其他外商投资企业	22166.7	6235.5	637.4	0.1	637.3
按国民经济行业大类分组					
采矿业	4525.7	1512.4	1201.2	0.5	1200.7
非金属矿采选业	4525.7	1512.4	1201.2	0.5	1200.7
制造业	10650414.9	4248734.8	772108.5	9129.4	762979.1
农副食品加工业	50976.9	15461.1	6003.5	154.2	5849.3
食品制造业	50292.3	16952.4	3474.6	23.0	3451.6
酒、饮料和精制茶制造业	18816.0	7223.2	870.0	3.2	866.8
烟草制品业	8726.0	5523.5	648.0	0.2	647.8
纺织业	620444.3	205313.0	51899.2	325.7	51573.5
纺织服装、服饰业	220380.7	102387.7	11410.2	163.4	11246.8

3-4 续表 6

单位：万元

指标名称	R&D经费内部支出按支出用途分组				
	经常费支出	#人员劳务费	资产性支出	#土建工程	仪器和设备
皮革、毛皮、羽毛及其制品和制鞋业	143554.8	61803.2	3628.4	29.3	3599.1
木材加工和木、竹、藤、棕、草制品业	61497.3	19096.8	3623.6	35.5	3588.1
家具制造业	157810.8	69076.3	7460.9	177.5	7283.4
造纸和纸制品业	180283.7	42826.8	19087.6	1685.7	17401.9
印刷和记录媒介复制业	61473.0	23983.2	5540.0	52.0	5488.0
文教、工美、体育和娱乐用品制造业	170409.7	67686.7	8162.1	216.4	7945.7
石油、煤炭及其他燃料加工业	37696.3	7482.7	249.0	3.4	245.6
化学原料和化学制品制造业	778015.2	200358.0	40691.3	742.7	39948.6
医药制造业	389686.2	157437.5	59530.1	599.2	58930.9
化学纤维制造业	261867.2	44982.7	15414.5	93.3	15321.2
橡胶和塑料制品业	382022.2	128782.3	27773.2	202.0	27571.2
非金属矿物制品业	212310.0	63115.3	12918.8	152.5	12766.3
黑色金属冶炼和压延加工业	175638.9	31447.8	6040.7	71.8	5968.9
有色金属冶炼和压延加工业	153424.6	33457.6	8265.4	82.4	8183.0
金属制品业	385673.5	147798.8	27640.3	281.4	27358.9
通用设备制造业	1090716.6	451684.5	81659.8	655.1	81004.7
专用设备制造业	553064.7	244876.1	56752.4	547.1	56205.3
汽车制造业	871505.6	377588.5	88888.2	1131.5	87756.7
铁路、船舶、航空航天和其他运输设备制造业	126057.3	47181.5	11541.3	111.4	11429.9
电气机械和器材制造业	1518571.7	562847.2	99841.6	886.9	98954.7
计算机、通信和其他电子设备制造业	1590138.6	916016.2	81777.6	416.6	81361.0
仪器仪表制造业	334330.4	178103.2	27973.0	123.7	27849.3
其他制造业	31166.2	13465.7	600.9	40.0	560.9
废弃资源综合利用业	9488.8	3101.5	1977.2	32.6	1944.6
金属制品、机械和设备修理业	4375.4	1673.8	765.1	89.7	675.4
电力、热力、燃气及水生产和供应业	34682.5	12692.2	10988.4	47.6	10940.8

3-4 续表 7 单位：万元

指标名称	R&D经费内部支出按支出用途分组				
	经常费支出	#人员劳务费	资产性支出	#土建工程	仪器和设备
电力、热力生产和供应业	30887.3	10360.5	10487.2	44.5	10442.7
燃气生产和供应业	293.6	277.3			
水的生产和供应业	3501.6	2054.4	501.2	3.1	498.1
按经济成分分组					
公有经济	970166.8	475657.2	32266.4	579.0	31687.4
非公有经济	9719456.3	3787282.2	752031.7	8598.5	743433.2
按企业控股情况分组					
国有控股	769252.9	402215.3	23505.7	484.3	23021.4
集体控股	200913.9	73441.9	8760.7	94.7	8666.0
私人控股	7812426.0	2964799.7	593229.9	6176.0	587053.9
港澳台商控股	903295.6	408766.7	71884.6	598.4	71286.2
外商控股	665294.7	281702.9	56295.6	1454.0	54841.6
其他	338440.0	132012.9	30621.6	370.1	30251.5
按地区分组					
杭州市	2528800.4	1305463.7	154008.5	1942.8	152065.7
宁波市	2247471.7	936005.9	148685.9	1279.2	147406.7
温州市	987605.1	398815.5	65832.6	851.0	64981.6
嘉兴市	1316175.9	421310.3	73168.3	381.0	72787.3
湖州市	672767.2	192420.6	72284.6	862.0	71422.6
绍兴市	1177639.2	362785.8	103330.6	1055.6	102275.0
金华市	597456.4	210429.7	56813.1	718.8	56094.3
衢州市	182218.7	42875.0	22586.8	1325.2	21261.6
舟山市	72833.6	28956.2	11994.6	263.8	11730.8
台州市	738673.6	312883.9	62921.8	410.1	62511.7
丽水市	167981.3	50992.8	12671.3	88	12583.3

单位：万元

指标名称	R&D 经费内部支出按资金来源分组			
	政府资金	企业资金	境外资金	其他资金
总计	**153008.0**	**11276837.7**	**16793.8**	**27281.7**
按企业规模分组				
大型	64476.3	3399156.6	4765.1	2142.9
中型	43524.1	3712363.4	5226.7	10226.1
小型	44449.9	4129263.1	6693.8	14789.1
微型	557.7	36054.6	108.2	123.6
按隶属关系分组				
中央	9940.7	39230.7		
地方	10049.3	322620.5	31.1	88.5
其他	133018.0	10914986.5	16762.7	27193.2
按登记注册类型分组				
内资企业	115328.1	8752682.2	12353.2	23367.1
国有企业	2.6	4840.5		
集体企业		264.9		
股份合作企业	133.9	22274.4		
联营企业		9.5		
其他联营企业		9.5		
有限责任公司	28215.3	1963555.6	968.0	2033.8
国有独资公司	8145.5	37140.0		
其他有限责任公司	20069.8	1926415.6	968.0	2033.8
股份有限公司	46143.2	1974858.0	4632.8	3272.8
私营企业	40833.1	4786879.3	6752.4	18060.5
私营独资企业	41.1	23263.4	51.3	204.5
私营合伙企业	4.0	3366.6		
私营有限责任公司	33964.1	4233934.0	5456.9	14274.0

3-4　续表 9　　单位：万元

指标名称	R&D 经费内部支出按资金来源分组			
	政府资金	企业资金	境外资金	其他资金
私营股份有限公司	6823.9	526315.3	1244.2	3582.0
港、澳、台商投资企业	21966.7	1531896.5	1060.4	1572.2
合资经营企业（港或澳、台资）	4608.1	666740.1	901.3	645.8
合作经营企业（港或澳、台资）		11308.0		
港、澳、台商独资经营企业	16493.6	581886.2	143.7	926.4
港、澳、台商投资股份有限公司	790.0	266344.0	15.4	
其他港、澳、台投资企业	75.0	5618.2		
外商投资企业	15713.2	992259.0	3380.2	2342.4
中外合资经营企业	13858.8	521630.7	1077.4	1204.7
中外合作经营企业		3104.5	1.4	
外资企业	1850.4	408346.9	2281.1	1137.7
外商投资股份有限公司		36397.1		
其他外商投资企业	4.0	22779.8	20.3	
按国民经济行业大类分组				
采矿业		5591.9		135.0
非金属矿采选业		5591.9		135.0
制造业	152565.7	11226022.0	16789.0	27146.7
农副食品加工业	659.8	55787.2	34.8	498.6
食品制造业	1598.0	52089.6	56.3	23.0
酒、饮料和精制茶制造业	156.6	19307.3	188.7	33.4
烟草制品业	7867.3	1506.7		
纺织业	1586.4	664720.3	2525.2	3511.6
纺织服装、服饰业	1816.0	227861.0	569.8	1544.1
皮革、毛皮、羽毛及其制品和制鞋业	350.6	146151.2	213.3	468.1
木材加工和木、竹、藤、棕、草制品业	2084.5	62710.8	29.8	295.8

3-4 续表 10

单位：万元

指标名称	R&D 经费内部支出按资金来源分组			
	政府资金	企业资金	境外资金	其他资金
家具制造业	357.7	164566.4	126.7	220.9
造纸和纸制品业	491.0	198702.3	128.1	49.9
印刷和记录媒介复制业	373.2	66479.6	44.5	115.7
文教、工美、体育和娱乐用品制造业	2439.3	175175.1	220.5	736.9
石油、煤炭及其他燃料加工业	66.2	37879.1		
化学原料和化学制品制造业	7761.0	807849.9	1309.4	1786.2
医药制造业	16147.9	429344.4	2861.3	862.7
化学纤维制造业	1988.2	274094.9	337.9	860.7
橡胶和塑料制品业	2228.7	406968.3	181.4	417.0
非金属矿物制品业	1117.6	222826.5	112.0	1172.7
黑色金属冶炼和压延加工业	604.2	181002.3	21.7	51.4
有色金属冶炼和压延加工业	2140.2	158983.9	438.0	127.9
金属制品业	4109.7	405570.7	427.2	3206.2
通用设备制造业	18124.8	1152194.3	793.0	1264.3
专用设备制造业	13274.6	593425.3	546.2	2571.0
汽车制造业	7523.3	950363.9	1291.6	1215.0
铁路、船舶、航空航天和其他运输设备制造业	6862.0	130654.0	71.2	11.4
电气机械和器材制造业	12658.3	1601478.5	2530.5	1746.0
计算机、通信和其他电子设备制造业	25992.9	1643236.2	1043.5	1643.6
仪器仪表制造业	12001.9	347253.2	660.7	2387.6
其他制造业	24.8	31494.1	25.7	222.5
废弃资源综合利用业	5.7	11446.9		13.4
金属制品、机械和设备修理业	153.3	4898.1		89.1
电力、热力、燃气及水生产和供应业	442.3	45223.8	4.8	
电力、热力生产和供应业	406.3	40963.4	4.8	

单位：万元

指标名称	R&D 经费内部支出按资金来源分组			
	政府资金	企业资金	境外资金	其他资金
燃气生产和供应业		293.6		
水的生产和供应业	36.0	3966.8		
按经济成分分组				
公有经济	24125.6	977839.0	341.0	127.6
非公有经济	128882.4	10298998.7	16452.8	27154.1
按企业控股情况分组				
国有控股	20105.5	772445.7	109.9	97.5
集体控股	4020.1	205393.3	231.1	30.1
私人控股	99250.6	8269972.6	12747.1	23685.6
港澳台商控股	19370.0	952987.4	1152.5	1670.3
外商控股	4292.0	713165.2	2537.7	1595.4
其他	5969.8	362873.5	15.5	202.8
按地区分组				
杭州市	63123.9	2613462.6	4143.5	2078.9
宁波市	11223.7	2379372.0	2488.5	3073.4
温州市	8838.0	1041068.6	533.9	2997.2
嘉兴市	7338.5	1375851.7	119.3	6034.7
湖州市	6578.6	736646.0	485.9	1341.3
绍兴市	19200.0	1248670.3	7410.0	5689.5
金华市	14304.3	636499.9	661.6	2803.7
衢州市	4392.4	199512.5	213.1	687.5
舟山市	1303.3	83383.2	52.6	89.1
台州市	14955.5	783761.5	594.5	2283.9
丽水市	1749.8	178609.4	90.9	202.5

指标名称	R&D 经费外部支出合计	对境内研究机构支出	对境内高等学校支出	对境内企业支出	对境外支出
总计	**606885.8**	**166293.3**	**36790.7**	**367486.4**	**36315.4**
按企业规模分组					
大型	415261.9	132532.1	10989.8	252635.2	19104.8
中型	129348.3	22209.5	10568.5	82774.2	13796.1
小型	59030.5	9266.1	14970.2	31483.3	3310.9
微型	3245.1	2285.6	262.2	593.7	103.6
按隶属关系分组					
中央	8905.6	5632.1	1245.1	1843.6	184.8
地方	43435.7	20685.7	2447.3	16761.5	3541.2
其他	554544.5	139975.5	33098.3	348881.3	32589.4
按登记注册类型分组					
内资企业	271884.1	72508.4	30736.3	152832.4	15807.0
国有企业	21.4	21.4			
集体企业					
股份合作企业	180.9	10.0	8.0	162.9	
联营企业					
其他联营企业					
有限责任公司	108978.4	29663.8	7876.4	69009.0	2429.2
国有独资公司	1204.7	623.3	325.1	256.3	
其他有限责任公司	107773.7	29040.5	7551.3	68752.7	2429.2
股份有限公司	95604.7	33658.2	9383.1	43021.2	9542.2
私营企业	67098.7	9155.0	13468.8	40639.3	3835.6
私营独资企业	159.2	80.0		79.2	
私营合伙企业	73.3	3.0	37.5	32.8	
私营有限责任公司	51534.7	6096.5	10469.9	33068.1	1900.2

3-4 续表 13

单位：万元

指标名称	R&D 经费外部支出合计	对境内研究机构支出	对境内高等学校支出	对境内企业支出	对境外支出
私营股份有限公司	15331.5	2975.5	2961.4	7459.2	1935.4
港、澳、台商投资企业	177272.2	43224.9	3286.8	127798.7	2961.8
合资经营企业（港或澳、台资）	49123.7	34366.8	2848.4	10538.2	1370.3
合作经营企业（港或澳、台资）	134.8		19.1	115.7	
港、澳、台商独资经营企业	40390.5	1523.5	300.9	36974.6	1591.5
港、澳、台商投资股份有限公司	87544.1	7334.6	39.3	80170.2	
其他港、澳、台投资企业	79.1		79.1		
外商投资企业	157729.5	50560.0	2767.6	86855.3	17546.6
中外合资经营企业	106245.5	23227.6	1677.7	80505.2	835.0
中外合作经营企业	916.5			916.5	
外资企业	49910.0	26892.8	978.1	5327.5	16711.6
外商投资股份有限公司	225.0	37.1	81.8	106.1	
其他外商投资企业	432.5	402.5	30.0		
按国民经济行业大类分组					
采矿业	24.0		24.0		
非金属矿采选业	24.0		24.0		
制造业	602748.6	163746.0	36383.3	366303.9	36315.4
农副食品加工业	1025.4	236.1	409.8	99.8	279.7
食品制造业	2198.5	396.4	986.6	755.8	59.7
酒、饮料和精制茶制造业	675.2	27.6	241.7	405.9	
烟草制品业	727.3	224.6	283.8	218.9	
纺织业	8911.1	7326.9	587.5	775.2	221.5
纺织服装、服饰业	3433.7	1259.1	159.4	1237.6	777.6
皮革、毛皮、羽毛及其制品和制鞋业	160.8	16.8	143.6	0.4	
木材加工和木、竹、藤、棕、草制品业	100.5		45.0	55.5	

3-4 续表 14

单位：万元

指标名称	R&D 经费外部支出合计	对境内研究机构支出	对境内高等学校支出	对境内企业支出	对境外支出
家具制造业	3672.6	413.4	722.2	2113.2	423.8
造纸和纸制品业	768.2	252.5	113.9	401.8	
印刷和记录媒介复制业	1361.2	30.0	57.4	120.0	1153.8
文教、工美、体育和娱乐用品制造业	2755.4	1308.2	169.9	728.0	549.3
石油、煤炭及其他燃料加工业	3503.5	2657.4	846.1		
化学原料和化学制品制造业	20584.3	2843.3	4173.8	13229.0	338.2
医药制造业	127336.5	39002.2	7125.6	75887.9	5320.8
化学纤维制造业	1046.9	214.3	263.8	530.0	38.8
橡胶和塑料制品业	1927.0	315.8	848.0	728.8	34.4
非金属矿物制品业	1362.8	169.8	774.6	418.4	
黑色金属冶炼和压延加工业	817.4	60.2	86.8	656.6	13.8
有色金属冶炼和压延加工业	1593.4	154.7	709.8	728.9	
金属制品业	3270.0	831.9	841.2	1455.4	141.5
通用设备制造业	18899.6	5297.5	3332.7	9128.9	1140.5
专用设备制造业	7483.1	862.1	2198.7	3089.7	1332.6
汽车制造业	179697.6	92880.3	1619.8	70393.1	14804.4
铁路、船舶、航空航天和其他运输设备制造业	6734.9	1397.9	92.6	4304.1	940.3
电气机械和器材制造业	32393.2	3694.7	3919.9	21790.0	2988.6
计算机、通信和其他电子设备制造业	157232.2	1273.8	3659.9	149845.1	2453.4
仪器仪表制造业	12526.6	473.2	1651.3	7099.4	3302.7
其他制造业	379.2	125.3	253.9		
废弃资源综合利用业	170.5		64.0	106.5	
金属制品、机械和设备修理业					
电力、热力、燃气及水生产和供应业	4113.2	2547.3	383.4	1182.5	
电力、热力生产和供应业	3769.8	2538.2	383.4	848.2	

3-4 续表 15

单位：万元

指标名称	R&D经费外部支出合计	对境内研究机构支出	对境内高等学校支出	对境内企业支出	对境外支出
燃气生产和供应业	261.9			261.9	
水的生产和供应业	81.5	9.1		72.4	
按经济成分分组					
公有经济	149688.5	27701.4	5262.9	113006.1	3718.1
非公有经济	457197.3	138591.9	31527.8	254480.3	32597.3
按企业控股情况分组					
国有控股	143616.7	27251.5	4526.9	108141.8	3696.5
集体控股	6071.8	449.9	736.0	4864.3	21.6
私人控股	196890.3	33595.5	26712.6	126234.2	10348.0
港澳台商控股	91826.2	42938.0	1499.4	42922.6	4466.2
外商控股	140043.0	61316.0	1978.4	59482.3	17266.3
其他	28437.8	742.4	1337.4	25841.2	516.8
按地区分组					
杭州市	211818.2	16397.5	8935.8	183206.3	3278.6
宁波市	145681.5	84230.2	7503.1	32050.2	21898.0
温州市	22694.9	1226.3	2020.1	18093.1	1355.4
嘉兴市	28082.8	4752.5	2139.1	18867.4	2323.8
湖州市	10276.4	1152.8	2394.2	6025.1	704.3
绍兴市	25929.2	4491.3	3783.5	16288.0	1366.4
金华市	16082.1	2100.9	2671.1	11204.4	105.7
衢州市	3341.6	1110.0	553.0	1644.5	34.1
舟山市	1536.9	842.6	372.2	137.3	184.8
台州市	138490.0	49736.6	6059.5	77629.6	5064.3
丽水市	2952.2	252.6	359.1	2340.5	

3-5 规模以上工业企业全部 R&D 项目情况（2018）

指标名称	项目数（项）	参加项目人员（人）	项目人员折合全时当量（人年）	项目经费内部支出（万元）	
					政府资金
总计	**77940**	**479078**	**368357**	**11174133.7**	**93458.5**
按企业规模分组					
大型	7460	116713	93596	3374719.2	39050.6
中型	19901	156542	120922	3680139.5	25827.3
小型	50096	204201	152774	4083646.4	28277.2
微型	483	1622	1064	35628.6	303.4
按登记注册类型分组					
内资企业	67143	389808	296676	8667430.6	64939.6
国有企业	22	177	138	4614.0	1.0
集体企业	4	19	11	264.9	
股份合作企业	330	1269	904	21873.1	44.5
联营企业	1	2		9.5	
集体联营企业					
其他联营企业	1	2		9.5	
有限责任公司	11877	76798	59240	1930777.7	15636.4
国有独资公司	168	1420	938	40152.2	4722.9
其他有限责任公司	11709	75378	58302	1890625.5	10913.5
股份有限公司	8101	72304	55696	1973204.6	25065.5
私营企业	46808	239239	180688	4736686.8	24192.2
私营独资企业	272	1375	984	22662.3	41.1
私营合伙企业	65	244	138	3336.1	4.0

3-5　续表 1

指标名称	项目数（项）	参加项目人员（人）	项目人员折合全时当量（人年）	项目经费内部支出（万元）	
					政府资金
私营有限责任公司	42583	214275	161751	4183749.9	19374.8
私营股份有限公司	3888	23345	17816	526938.5	4772.3
港、澳、台商投资企业	5542	52506	43073	1522121.3	17895.6
合资经营企业（港或澳、台资）	3182	24190	18811	658303.3	2251.3
合作经营企业（港或澳、台资）	62	411	342	10465.5	
港、澳、台商独资经营企业	2097	19339	16104	581207.2	15115.9
港、澳、台商投资股份有限公司	162	8371	7665	266471.9	453.4
其他港、澳、台投资企业	39	195	151	5673.4	75.0
外商投资企业	5255	36764	28608	984581.8	10623.3
中外合资经营企业	2854	20310	15716	525563.7	9560.6
中外合作经营企业	20	149	93	2483.5	
外资企业	2059	14032	11020	401993.4	1058.7
外商投资股份有限公司	210	1549	1278	32782.7	
其他外商投资企业	112	724	500	21758.5	4.0
按国民经济行业大类分组					
采矿业	25	168	131	5689.8	
非金属矿采选业	25	168	131	5689.8	
制造业	77644	477290	367140	11123910.2	93425.6
农副食品加工业	493	2340	1726	53719.6	490.8
食品制造业	568	2580	1815	51620.1	748.9
酒、饮料和精制茶制造业	178	1223	842	18941.6	58.0
烟草制品业	40	111	69	4959.0	4468.5

3–5　续表 2

指标名称	项目数（项）	参加项目人员（人）	项目人员折合全时当量（人年）	项目经费内部支出（万元）	
					政府资金
纺织业	4432	31434	22956	657019.2	1018.2
纺织服装、服饰业	1604	13954	11090	227088.0	1240.0
皮革、毛皮、羽毛及其制品和制鞋业	1296	11966	8678	144679.1	154.0
木材加工和木、竹、藤、棕、草制品业	457	3531	2676	63769.9	410.2
家具制造业	1275	9377	6978	159719.3	331.7
造纸和纸制品业	960	6691	4975	195140.8	214.6
印刷和记录媒介复制业	704	3700	2780	65692.4	284.1
文教、工美、体育和娱乐用品制造业	1730	11009	8646	172101.9	1289.0
石油加工、炼焦和核燃料加工业	119	590	446	37915.0	25.0
化学原料和化学制品制造业	4242	20556	15900	791290.4	4455.9
医药制造业	3009	16725	13259	432059.4	10564.3
化学纤维制造业	837	6717	4768	272046.4	1849.5
橡胶和塑料制品业	3484	17806	13516	400232.9	1638.3
非金属矿物制品业	1800	8999	6816	218432.4	647.7
黑色金属冶炼和压延加工业	707	4027	2888	174497.3	20.0
有色金属冶炼和压延加工业	904	4995	3691	158975.2	1865.8
金属制品业	3899	21601	16052	404822.4	2281.8
通用设备制造业	11562	57076	43415	1147364.0	8893.8
专用设备制造业	5908	27732	21455	593412.6	7646.1
汽车制造业	7052	43605	32931	938645.9	5420.7
铁路、船舶、航空航天和其他运输设备制造业	1114	6253	4976	134799.1	2169.9
电气机械和器材制造业	11438	67442	51637	1572269.9	6484.8

3-5 续表 3

指标名称	项目数（项）	参加项目人员（人）	项目人员折合全时当量（人年）	项目经费内部支出（万元）	
					政府资金
计算机、通信和其他电子设备制造业	5029	56104	47327	1630833.0	22622.2
仪器仪表制造业	2373	16278	12751	355238.9	5928.0
其他制造业	329	2221	1619	30901.4	51.3
废弃资源综合利用业	75	377	281	10672.3	5.7
金属制品、机械和设备修理业	26	270	180	5050.8	146.8
电力、热力、燃气及水生产和供应业	271	1620	1086	44533.7	32.9
电力、热力生产和供应业	226	1312	915	40244.6	32.9
燃气生产和供应业	8	59	32	293.6	
水的生产和供应业	37	249	139	3995.5	
按地区分组					
杭州市	10102	87629	70662	2623270.1	40309.1
宁波市	19139	105602	81866	2331946.5	7021.3
温州市	11134	59982	46983	1035768.3	4737.3
嘉兴市	9120	53560	39645	1317709.4	3923.6
湖州市	5567	26679	21020	736151.6	3495.1
绍兴市	6619	49816	38933	1249558.2	11718.7
金华市	5413	34396	25921	641720.6	10592.3
衢州市	1336	8514	4910	198839.3	1364.7
舟山市	517	3927	2896	82597.8	1121.3
台州市	7415	41024	29816	783044.3	8076.0
丽水市	1578	7949	5705	173527.6	1099.1

3–6　规模以上工业企业办研发机构情况（2018）

指标名称	机构数（个）	企业在境外设立的研发机构数（个）	机构人员合计（人）	#博士	硕士	机构经费支出（万元）	科技机构仪器和设备原价（万元）	#进口
总计	**10769**	**362**	**380545**	**2709**	**25578**	**9954664.3**	**7703702.6**	**724723.1**
按企业规模分组								
大型	529	47	112109	930	14889	3789537.2	2030818.6	286026.7
中型	2321	76	127900	897	6630	3285799.4	3008399.3	284210.5
小型	7827	235	139678	873	4035	2866122.1	2613911.6	153843.3
微型	92	4	858	9	24	13205.6	50573.1	642.6
按隶属关系分组								
中央	28	1	1603	29	242	49264.9	67559.4	29796.8
地方	186	4	10183	154	1481	339924.7	271482.7	52536.9
其他	10555	357	368759	2526	23855	9565474.7	7364660.5	642389.4
按登记注册类型分组								
内资企业	9384	302	295086	2108	14844	7212801.5	6125099.1	492236.1
国有企业	5		229	2	11	5997.2	2681.2	
集体企业	2		8	1		36.0	66.0	
股份合作企业	58	3	842	3	17	15888.6	18296.7	27.8
有限责任公司	1605	49	61353	468	4209	1712086.1	2049707.4	176993.0
国有独资公司	20		726	18	136	28822.9	57216.5	28709.3
其他有限责任公司	1585	49	60627	450	4073	1683263.2	1992490.9	148283.7
股份有限公司	889	58	68337	811	6912	2101912.1	1396107.8	172583.3
私营企业	6825	192	164317	823	3695	3376881.5	2658240.0	142632.0
私营独资企业	61	4	477	2	5	7828.3	4410.9	67.0
私营合伙企业	11		75			1053.8	489.9	
私营有限责任公司	6299	176	146767	657	2877	2931322.9	2295194.0	114306.4

3-6　续表 1

指标名称	机构数（个）	企业在境外设立的研发机构数（个）	机构人员合计（人）	# 博士	硕士	机构经费支出（万元）	科技机构仪器和设备原价（万元）	# 进口
私营股份有限公司	454	12	16998	164	813	436676.5	358145.2	28258.6
港、澳、台商投资企业	722	33	51529	261	7950	1691369.3	848932.0	131930.4
合资经营企业（港或澳、台资）	398	17	22443	125	1115	722907.3	478961.3	88798.9
合作经营企业（港或澳、台资）	11		530	1	19	14493.1	4603.8	834.8
港、澳、台商独资经营企业	292	16	17413	44	2706	585511.3	308478.8	41468.8
港、澳、台商投资股份有限公司	13		10893	91	4095	362389.9	51032.4	827.9
其他港、澳、台投资企业	8		250		15	6067.7	5855.7	
外商投资企业	663	27	33930	340	2784	1050493.5	729671.5	100556.6
中外合资经营企业	354	16	20094	246	1668	613585.2	334549.4	47635.0
中外合作经营企业	5		126		3	2081.9	989.8	52.5
外资企业	278	9	12742	85	1081	407188.2	369950.6	51104.3
外商投资股份有限公司	15	2	675	7	27	11437.1	20438.6	1646.0
其他外商投资企业	11		293	2	5	16201.1	3743.1	118.8
按国民经济行业大类分组								
采矿业	6		97	1	5	4074.5	2082.7	
煤炭开采和洗选业	1		9			64.0	2.0	
黑色金属矿采选业	1		15			35.4	15.0	
非金属矿采选业	4		73	1	5	3975.1	2065.7	
制造业	10726	361	379516	2693	25516	9920832.4	7615009.4	724038.2
农副食品加工业	126	3	2204	40	157	48835.0	48763.6	6041.7
食品制造业	84	1	2037	46	141	45173.7	43568.5	3585.0
酒、饮料和精制茶制造业	38		662	7	63	15106.3	11899.7	2005.9
烟草制品业	2		161	9	60	8090.2	37039.2	27836.0
纺织业	687	17	18192	59	259	398364.0	355143.0	65912.5
纺织服装、服饰业	288	7	8972	15	138	164098.2	109314.1	10048.1

3-6　续表 2

指标名称	机构数（个）	企业在境外设立的研发机构数（个）	机构人员合计（人）	# 博士	硕士	机构经费支出（万元）	科技机构仪器和设备原价（万元）	# 进口
皮革、毛皮、羽毛及其制品和制鞋业	303	1	7217	15	26	102328.4	45111.3	2791.6
木材加工和木、竹、藤、棕、草制品业	69	1	2210	20	45	36847.9	23727.9	2919.1
家具制造业	143	1	6060	7	68	101408.7	38638.8	1331.1
造纸和纸制品业	150	5	4907	14	69	178881.3	228411.7	23887.9
印刷和记录媒介复制业	114	2	2884	14	29	53716.9	65206.9	6928.5
文教、工美、体育和娱乐用品制造业	248	9	7634	32	109	121637.0	81423.1	3692.2
石油、煤炭及其他燃料加工业	11		649	4	15	79628.6	254884.1	70.1
化学原料和化学制品制造业	584	19	17275	315	1755	742848.9	1027223.9	78095.2
医药制造业	287	25	14791	400	2350	474412.5	424353.0	72082.2
化学纤维制造业	108	3	4287	77	114	190709.4	195957.3	25060.5
橡胶和塑料制品业	553	17	14854	70	374	379677.9	310351.7	37524.7
非金属矿物制品业	297	10	5927	65	302	153312.0	104290.1	11002.5
黑色金属冶炼和压延加工业	74		2381	15	54	140528.8	63847.2	1994.9
有色金属冶炼和压延加工业	122	5	3319	31	166	97944.3	176421.2	17001.7
金属制品业	588	16	14650	45	228	268737.8	238061.6	19511.3
通用设备制造业	1413	43	42392	234	1559	924717.7	772140.3	60434.8
专用设备制造业	728	35	22346	137	1153	497885.2	351801.0	31874.9
汽车制造业	772	31	34588	156	1480	932112.4	593741.6	61315.2
铁路、船舶、航空航天和其他运输设备制造业	151	5	4534	10	111	110468.3	85491.6	2505.4
电气机械和器材制造业	1673	62	59724	370	2477	1457973.4	902745.5	78838.3
计算机、通信和其他电子设备制造业	686	29	56727	374	10664	1798485.4	709658.8	60582.6
仪器仪表制造业	337	14	16374	110	1532	370724.1	269870.3	3205.1
其他制造业	71		1111		10	15823.1	11879.5	1338.6
废弃资源综合利用业	13		239	2	8	4743.1	27148.3	
金属制品、机械和设备修理业	6		208			5611.9	6894.6	4620.6

3-6 续表 3

指标名称	机构数（个）	企业在境外设立的研发机构数（个）	机构人员合计(人)	#博士	硕士	机构经费支出（万元）	科技机构仪器和设备原价（万元）	#进口
电力、热力、燃气及水生产和供应业	37	1	932	15	57	29757.4	86610.5	684.9
电力、热力生产和供应业	29	1	785	9	36	26829.6	84285.2	594.9
水的生产和供应业	8		147	6	21	2927.8	2325.3	90.0
按经济成分分组								
公有经济	328	11	30913	380	6678	1133613.6	1093041.3	164879.2
非公有经济	10441	351	349632	2329	18900	8821050.7	6610661.3	559843.9
按企业控股情况分组								
国有控股	184	5	24688	287	6327	930126.3	405287.2	93698.3
集体控股	144	6	6225	93	351	203487.3	687754.1	71180.9
私人控股	9253	297	285055	1898	12929	6750535.8	5060264.4	367327.0
港澳台商控股	520	27	30245	110	3124	989734.4	718264.4	80143.7
外商控股	452	16	24561	196	2074	752996.2	570631.2	77313.9
其他	216	11	9771	125	773	327784.3	261501.3	35059.3
按地区分组								
杭州市	1567	45	88243	723	14420	2780143.4	1560115.2	206773.5
宁波市	2637	124	93135	445	3962	2259424.6	2286985.4	189459.2
温州市	2009	54	49024	173	859	930114.1	712789.0	18125.8
嘉兴市	1471	18	50086	295	1749	1415971.6	1149087.6	140286.3
湖州市	821	21	18947	224	734	512587.6	371163.0	19553.2
绍兴市	737	36	25490	263	1525	729455.4	530892.2	50462.2
金华市	500	16	15462	157	574	355450.5	316585.9	26956.6
衢州市	144	12	3871	77	263	135761.5	146215.3	18680.5
舟山市	122	3	3665	17	81	78513.1	74667.8	8038.3
台州市	628	31	29320	302	1321	680448.0	507429.7	45282.0
丽水市	133	2	3302	33	90	76794.5	47771.5	1105.5

3–7 规模以上工业企业自主知识产权保护情况（2018）

指标名称	专利申请数（件）			有效发明专利数（件）		
		发明专利	PCT 专利		已被实施	境外授权
总计	**100254**	**27998**	**2631**	**62341**	**40436**	**2605**
按企业规模分组						
大型	23966	8752	591	16156	10895	1101
中型	26166	7573	800	19060	12186	1053
小型	49545	11508	1234	26211	17113	437
微型	577	165	6	914	242	14
按隶属关系分组						
中央	1628	764	39	2002	424	1
地方	1564	644	32	1710	1064	189
其他	97062	26590	2560	58629	38948	2415
按登记注册类型分组						
内资企业	83594	22070	1955	47525	30622	1550
国有企业	17	8		18	17	
股份合作企业	213	53	2	123	109	1
有限责任公司	19411	6505	294	11852	6554	422
国有独资公司	1341	695	7	1767	283	1
其他有限责任公司	18070	5810	287	10085	6271	421
股份有限公司	13941	4521	331	11384	8329	624
私营企业	50012	10983	1328	24148	15613	503
私营独资企业	112	17		73	39	
私营合伙企业	18	6		10	7	
私营有限责任公司	45353	9688	1166	20205	12805	391
私营股份有限公司	4529	1272	162	3860	2762	112

3-7 续表 1

指标名称	专利申请数（件）	发明专利	PCT 专利	有效发明专利数（件）	已被实施	境外授权
港、澳、台商投资企业	9774	3944	454	8799	6290	290
合资经营企业（港或澳、台资）	4130	1247	208	2614	1829	121
合作经营企业（港或澳、台资）	73	15	6	38	35	
港、澳、台商独资经营企业	3741	1634	240	5429	3777	148
港、澳、台商投资股份有限公司	1816	1043		709	641	21
其他港、澳、台投资企业	14	5		9	8	
外商投资企业	6886	1984	222	6017	3524	765
中外合资经营企业	3870	1236	83	3329	1771	366
中外合作经营企业	15			30	7	1
外资企业	2353	688	138	2364	1549	396
外商投资股份有限公司	542	34	1	248	173	2
其他外商投资企业	106	26		46	24	
按国民经济行业大类分组						
采矿业	21	3		14	14	
有色金属矿采选业	8			8	8	
非金属矿采选业	13	3		6	6	
制造业	98704	27341	2595	60812	40334	2604
农副食品加工业	336	131	17	249	177	6
食品制造业	325	154	19	294	219	1
酒、饮料和精制茶制造业	209	42		175	111	
烟草制品业	91	56		340	171	
纺织业	5147	996	72	1864	1290	16
纺织服装、服饰业	1304	202	45	420	263	15
皮革、毛皮、羽毛及其制品和制鞋业	853	149	27	264	145	1
木材加工和木、竹、藤、棕、草制品业	670	217	5	433	313	15

3-7　续表 2

指标名称	专利申请数（件）	发明专利	PCT 专利	有效发明专利数（件）	已被实施	境外授权
家具制造业	2890	452	48	806	534	17
造纸和纸制品业	1118	291	7	413	276	2
印刷和记录媒介复制业	518	143	4	313	172	3
文教、工美、体育和娱乐用品制造业	2733	408	37	940	683	35
石油、煤炭及其他燃料加工业	74	18		130	112	
化学原料和化学制品制造业	2951	1450	56	4672	3510	152
医药制造业	1442	701	80	3288	2150	458
化学纤维制造业	588	175	20	440	297	2
橡胶和塑料制品业	3697	871	90	1748	1291	19
非金属矿物制品业	2243	739	50	1220	810	33
黑色金属冶炼和压延加工业	584	137	4	387	275	1
有色金属冶炼和压延加工业	748	180	8	526	446	10
金属制品业	4567	845	95	2316	1451	59
通用设备制造业	13069	3246	335	7519	4913	266
专用设备制造业	7658	2145	277	5084	3349	97
汽车制造业	6986	1730	180	3423	2106	79
铁路、船舶、航空航天和其他运输设备制造业	1382	297	42	615	431	27
电气机械和器材制造业	20446	4971	393	8688	5192	345
计算机、通信和其他电子设备制造业	11756	5192	468	11298	7567	768
仪器仪表制造业	3701	1295	203	2707	1873	166
其他制造业	541	98	13	209	184	11
废弃资源综合利用业	76	10		27	23	
金属制品、机械和设备修理业	1			4		
电力、热力、燃气及水生产和供应业	1529	654	36	1515	88	1
电力、热力生产和供应业	1500	644	32	1502	78	1

3-7　续表 3

指标名称	专利申请数（件）	发明专利	PCT 专利	有效发明专利数（件）	已被实施	境外授权
水的生产和供应业	29	10	4	13	10	
按经济成分分组						
公有经济	7818	3444	155	6198	3877	384
非公有经济	92436	24554	2476	56143	36559	2221
按企业控股情况分组						
国有控股	5418	2770	85	4827	2754	288
集体控股	2400	674	70	1371	1123	96
私人控股	79013	20235	1989	42728	27908	1520
港澳台商控股	5977	2192	259	7053	4968	186
外商控股	4777	1280	158	3998	2660	471
其他	2669	847	70	2364	1023	44
按地区分组						
杭州市	20267	7098	464	18048	12422	870
宁波市	21468	6355	1087	12818	9129	564
温州市	9230	1612	185	4030	2260	103
嘉兴市	13286	3316	54	5404	3171	246
湖州市	7081	2528	199	6263	3942	87
绍兴市	9991	2303	149	4560	3038	209
金华市	7058	1608	219	3267	2226	162
衢州市	1649	493	41	831	627	7
舟山市	439	111	20	269	219	5
台州市	6945	1723	189	4658	2736	348
丽水市	1847	340	19	954	666	3

3-7 续表 4

指标名称	拥有注册商标（件）	#境外注册	发表科技论文（篇）	形成国家或行业标准（项）	软件著作权（项）
总计	**78510**	**10768**	**3608**	**3584**	**10962**
按企业规模分组					
大型	22916	5066	1345	763	2087
中型	25913	3368	1499	1427	3277
小型	29286	2311	763	1382	5563
微型	395	23	1	12	35
按隶属关系分组					
中央	535	62	642	32	112
地方	1861	313	465	183	378
其他	76114	10393	2501	3369	10472
按登记注册类型分组					
内资企业	66555	8384	3059	3228	9776
国有企业	31	2	1	1	6
股份合作企业	34	2	8	5	7
有限责任公司	9945	1111	1231	605	2456
国有独资公司	242	37	486	30	75
其他有限责任公司	9703	1074	745	575	2381
股份有限公司	18838	3021	1227	1107	2869
私营企业	37707	4248	592	1510	4438
私营独资企业	93	14			
私营合伙企业	10				
私营有限责任公司	32313	3699	392	1340	3390
私营股份有限公司	5291	535	200	170	1048
港、澳、台商投资企业	5775	938	234	227	749

3-7 续表 5

指标名称	拥有注册商标（件）	# 境外注册	发表科技论文（篇）	形成国家或行业标准（项）	软件著作权（项）
合资经营企业（港或澳、台资）	3480	650	183	159	179
合作经营企业（港或澳、台资）	25	6		6	1
港、澳、台商独资经营企业	1892	194	41	38	123
港、澳、台商投资股份有限公司	363	88	9	24	445
其他港、澳、台投资企业	15		1		1
外商投资企业	6180	1446	315	129	437
中外合资经营企业	2292	740	269	101	261
中外合作经营企业	2				
外资企业	2618	388	45	13	171
外商投资股份有限公司	912	289	1	9	5
其他外商投资企业	356	29		6	
按国民经济行业大类分组					
采矿业	1		10	1	
有色金属矿采选业					
非金属矿采选业	1		10	1	
制造业	78399	10766	3059	3567	10891
农副食品加工业	1251	120	21	19	15
食品制造业	2230	28	40	20	24
酒、饮料和精制茶制造业	856	91	21	11	
烟草制品业	170	24	52	6	10
纺织业	2469	235	54	139	102
纺织服装、服饰业	4179	239	11	65	54
皮革、毛皮、羽毛及其制品和制鞋业	3018	211		77	8
木材加工和木、竹、藤、棕、草制品业	1253	111	123	104	36

3-7 续表 6

指标名称	拥有注册商标（件）	#境外注册	发表科技论文（篇）	形成国家或行业标准（项）	软件著作权（项）
家具制造业	3064	381	18	20	111
造纸和纸制品业	650	47	20	23	141
印刷和记录媒介复制业	384	32	7	17	41
文教、工美、体育和娱乐用品制造业	4275	789	13	49	68
石油、煤炭及其他燃料加工业	29		96		
化学原料和化学制品制造业	6943	596	250	320	116
医药制造业	5726	321	395	108	95
化学纤维制造业	245	45	31	30	16
橡胶和塑料制品业	2877	612	70	166	75
非金属矿物制品业	1067	323	34	59	44
黑色金属冶炼和压延加工业	99	17	66	16	8
有色金属冶炼和压延加工业	633	48	33	57	22
金属制品业	3308	477	51	163	183
通用设备制造业	8022	1722	558	657	1040
专用设备制造业	3594	621	189	253	805
汽车制造业	2235	342	99	213	232
铁路、船舶、航空航天和其他运输设备制造业	813	217	56	31	47
电气机械和器材制造业	10507	1650	376	445	1447
计算机、通信和其他电子设备制造业	5506	956	141	227	3829
仪器仪表制造业	2299	416	222	237	2302
其他制造业	692	95	12	28	17
废弃资源综合利用业	5			7	3
金属制品、机械和设备修理业					
电力、热力、燃气及水生产和供应业	110	2	539	16	71

3-7 续表 7

指标名称	拥有注册商标（件）	#境外注册	发表科技论文（篇）	形成国家或行业标准（项）	软件著作权（项）
电力、热力生产和供应业	105	2	528	16	63
水的生产和供应业	5		11		8
按经济成分分组					
公有经济	3762	814	1309	290	1475
非公有经济	74748	9954	2299	3294	9487
按企业控股情况分组					
国有控股	2635	674	1199	113	1313
集体控股	1127	140	110	177	162
私人控股	64273	8506	2016	3052	8377
港澳台商控股	4216	431	101	113	293
外商控股	4689	873	135	70	218
其他	1570	144	47	59	599
按地区分组					
杭州市	15917	2680	1233	878	6465
宁波市	12973	1750	466	356	931
温州市	10030	1349	186	392	1481
嘉兴市	7379	852	148	238	269
湖州市	5197	500	338	305	392
绍兴市	6360	650	306	365	405
金华市	8029	756	178	381	366
衢州市	826	56	77	107	125
舟山市	244	3	84	6	38
台州市	9057	1989	219	515	340
丽水市	2498	183	19	26	110

3-8 规模以上工业企业新产品开发、生产及销售情况（2018）

指标名称	新产品开发项目数（项）	新产品开发经费支出（万元）	新产品产值（万元）	新产品销售收入（万元）	
					#出口
总计	**87445**	**12700402.1**	**242462681.0**	**233081590.9**	**45318590.7**
按企业规模分组					
大型	8436	3981809.0	94237133.9	90694482.1	17667668.1
中型	21872	4087127.6	77400678.8	74667877.4	15841237.6
小型	56546	4586786.6	69929572.3	66877058.0	11728310.7
微型	591	44678.9	895296.0	842173.4	81374.3
按隶属关系分组					
中央	272	58322.8	1192797.8	1153671.7	129553.7
地方	1831	375437.8	6491663.5	6167225.9	826350.6
其他	85342	12266641.5	234778219.7	225760693.3	44362686.4
按登记注册类型分组					
内资企业	74971	9830635.2	190930088.7	183474625.4	32496525.6
国有企业	40	6572.8	138129.5	135818.3	1994.3
集体企业	4	264.9	2298.7	2098.7	
股份合作企业	342	20591.2	299929.5	285378.9	39529.6
有限责任公司	13466	2297274.7	57998029.3	55032235.0	6598693.4
国有独资公司	159	37039.6	458527.6	442395.0	7696.9
其他有限责任公司	13307	2260235.1	57539501.7	54589840.0	6590996.5
股份有限公司	9100	2209475.7	40435874.4	39959106.8	8198137.6
私营企业	52019	5296455.9	92055827.3	88059987.7	17658170.7
私营独资企业	284	23207.4	351515.1	316130.8	82008.7
私营合伙企业	82	3766.8	80091.1	73581.9	18769.6
私营有限责任公司	47340	4680238.1	81582173.7	78026902.3	15404073.4
私营股份有限公司	4313	589243.6	10042047.4	9643372.7	2153319.0

3-8 续表 1

指标名称	新产品开发项目数（项）	新产品开发经费支出（万元）	新产品产值（万元）	新产品销售收入（万元）	
					# 出口
港、澳、台商投资企业	6325	1745482.6	27948735.3	26931561.9	6784964.6
合资经营企业（港或澳、台资）	3519	758896.8	15329021.3	14717991.4	3287375.7
合作经营企业（港或澳、台资）	73	15218.9	267042.5	266372.3	144931.1
港、澳、台商独资经营企业	2493	677196.4	10075188.1	9556542.5	3008034.8
港、澳、台商投资股份有限公司	202	285152.3	2173338.0	2263372.3	300888.5
其他港、澳、台投资企业	38	9018.2	104145.4	127283.4	43734.5
外商投资企业	6149	1124284.3	23583857.0	22675403.6	6037100.5
中外合资经营企业	3275	610937.4	13445603.2	12874443.5	2709025.8
中外合作经营企业	32	4030.6	35880.0	35429.6	7213.2
外资企业	2457	439628.9	8381010.2	8155679.9	3008230.3
外商投资股份有限公司	261	44667.7	1019974.3	925515.4	189206.4
其他外商投资企业	124	25019.7	701389.3	684335.2	123424.8
按国民经济行业大类分组					
采矿业	11	1641.7	124178.3	119999.4	
黑色金属矿采选业	1	62.0			
有色金属矿采选业			2431.7	2431.7	
非金属矿采选业	10	1579.7	121746.6	117567.7	
制造业	87236	12672324.7	241445047.0	232099208.4	45313722.8
农副食品加工业	583	67341.8	1118181.2	1061506.8	120995.9
食品制造业	625	58412.6	1069939.3	1048633.8	192242.2
酒、饮料和精制茶制造业	209	22946.0	785209.5	731499.1	60477.0
烟草制品业	46	10515.9	94650.6	78714.8	373.5
纺织业	4750	670755.9	13598388.3	12741316.9	2596156.2
纺织服装、服饰业	1732	256412.1	6313033.9	6060455.6	2688969.1
皮革、毛皮、羽毛及其制品和制鞋业	1451	163192.4	3457051.0	3341975.4	1275747.3
木材加工和木、竹、藤、棕、草制品业	497	66257.3	1415657.7	1364423.0	414836.3

3-8 续表 2

指标名称	新产品开发项目数（项）	新产品开发经费支出（万元）	新产品产值（万元）	新产品销售收入（万元）	
					# 出口
家具制造业	1421	185303.3	3826836.9	3740564.4	2282980.0
造纸和纸制品业	1071	206925.9	5257796.8	5017605.5	492174.7
印刷和记录媒介复制业	744	70504.6	1141697.0	1165153.1	219843.7
文教、工美、体育和娱乐用品制造业	1935	192895.4	4229335.7	4035803.5	1604457.3
石油、煤炭及其他燃料加工业	87	34272.5	1902862.8	1904818.3	7081.5
化学原料和化学制品制造业	4576	888098.7	20572895.0	20109161.7	1699581.6
医药制造业	3177	444649.7	6490537.8	6096383.6	1513874.7
化学纤维制造业	1024	366514.7	10729352.4	10053214.5	646082.5
橡胶和塑料制品业	4251	509323.6	7100558.5	6864924.8	1552242.9
非金属矿物制品业	1936	232143.4	5272096.8	4970114.6	571055.3
黑色金属冶炼和压延加工业	799	233812.1	5210415.2	4978296.9	360214.6
有色金属冶炼和压延加工业	954	190365.1	6028312.4	5903296.5	562665.0
金属制品业	4337	427119.0	7755687.2	7295606.7	2250685.7
通用设备制造业	12864	1309484.0	19561220.3	19132836.8	4155044.2
专用设备制造业	6640	656155.7	8878748.5	8329830.2	1725543.1
汽车制造业	8042	1109031.0	30566076.6	28804175.8	2229095.0
铁路、船舶、航空航天和其他运输设备制造业	1194	146621.1	2887936.0	2496622.5	855883.0
电气机械和器材制造业	12935	1834615.5	33799534.4	33308624.9	8492706.9
计算机、通信和其他电子设备制造业	6033	1828704.5	26944770.9	26184702.9	5701731.0
仪器仪表制造业	2871	444784.8	4538616.3	4425921.1	849426.0
其他制造业	375	34003.5	526986.7	505230.5	177246.2
废弃资源综合利用业	55	6983.5	316454.6	302586.7	7354.9
金属制品、机械和设备修理业	22	4179.1	54206.7	45207.5	6955.5
电力、热力、燃气及水生产和供应业	198	26435.7	893455.7	862383.1	4867.9
电力、热力生产和供应业	157	17202.3	849464.1	818058.4	4867.9
燃气生产和供应业	14	846.2	7627.5	8449.7	

3-8　续表 3

指标名称	新产品开发项目数（项）	新产品开发经费支出（万元）	新产品产值（万元）	新产品销售收入（万元）	
					# 出口
水的生产和供应业	27	8387.2	36364.1	35875.0	
按经济成分分组					
公有经济	3207	1143704.2	22912655.2	22386179.3	2661419.6
非公有经济	84238	11556697.9	219550025.8	210695411.6	42657171.1
按企业控股情况分组					
国有控股	2128	915036.8	17998617.8	17673749.5	2245411.2
集体控股	1079	228667.4	4914037.4	4712429.8	416008.4
私人控股	73192	9283506.9	173537244.8	167131828.8	31687873.0
港澳台商控股	4585	1075720.0	18435630.9	18031500.4	4786918.0
外商控股	4156	807696.6	19309711.8	17543343.9	5165550.0
其他	2305	389774.4	8267438.3	7988738.5	1016830.1
按地区分组					
杭州市	13195	3202802.6	50792550.6	49864528.1	7370757.7
宁波市	21485	2690290.7	54702409.8	51604367.2	11107740.1
温州市	11368	1074446.6	15248259.9	14899724.2	2411079.8
嘉兴市	11273	1644481.8	39379108.5	38377216.9	8198788.1
湖州市	6008	813087.8	16160105.3	15529303.6	2825953.6
绍兴市	6540	1283912.0	25134429.4	23325615.3	3865641.9
金华市	5759	669188.8	12771146.9	12232462.0	3333281.4
衢州市	1564	212940.7	4959667.2	4692102.0	538800.8
舟山市	539	83146.3	1572182.6	1203599.8	278489.9
台州市	8016	829449.7	17391569.3	17134567.2	4726178.6
丽水市	1698	196655.1	4351251.5	4218104.6	661878.8

3–9　规模以上工业企业政府相关政策落实情况（2018）

单位：万元

指标名称	使用来自政府部门的研发资金	研究开发费用加计扣除减免税	高新技术企业减免税
总计	**140164.3**	**721992.3**	**1377922.9**
按企业规模分组			
大型	59506.2	241115.3	585167.9
中型	40753.3	245937.5	523144.4
小型	39396.8	232626.8	267626.6
微型	508.0	2312.7	1984.0
按隶属关系分组			
中央	5361.3	2063.8	2626.2
地方	10255.2	29078.0	50611.4
其他	124547.8	690850.5	1324685.3
按登记注册类型分组			
内资企业	102352.7	562861.3	1008191.3
国有企业		68.4	13.0
股份合作企业	127.9	1190.7	1993.5
有限责任公司	20927.6	144028.8	265715.0
国有独资公司	226.8	1438.5	3541.3
其他有限责任公司	20700.8	142590.3	262173.7
股份有限公司	44098.4	160703.5	385643.7
私营企业	37198.8	256869.9	354826.1
私营独资企业	34.5	20.7	
私营合伙企业	15.0		
私营有限责任公司	30530.3	216864.0	284150.9

3–9　续表 1　　　　单位：万元

指标名称	使用来自政府部门的研发资金	研究开发费用加计扣除减免税	高新技术企业减免税
私营股份有限公司	6619.0	39985.2	70675.2
港、澳、台商投资企业	21895.1	90563.5	171127.4
合资经营企业（港或澳、台资）	4464.4	42620.0	84951.1
合作经营企业（港或澳、台资）		469.1	3116.0
港、澳、台商独资经营企业	16565.7	32794.2	75913.8
港、澳、台商投资股份有限公司	790.0	12375.9	5773.1
其他港、澳、台投资企业	75.0	2304.3	1373.4
外商投资企业	15916.5	68567.5	198604.2
中外合资经营企业	14168.4	38551.9	124869.6
中外合作经营企业		385.0	283.5
外资企业	1739.1	26676.1	52559.0
外商投资股份有限公司		2275.1	11220.6
其他外商投资企业	9.0	679.4	9671.5
按国民经济行业大类分组			
采矿业		244.7	2376.9
非金属矿采选业		244.7	2376.9
制造业	136297.4	718971.4	1369544.1
农副食品加工业	1152.0	1349.0	6414.2
食品制造业	1536.0	2969.0	10125.4
酒、饮料和精制茶制造业	3.2	979.3	1272.0
纺织业	1318.6	26643.8	44327.6
纺织服装、服饰业	1671.2	9440.8	9090.0
皮革、毛皮、羽毛及其制品和制鞋业	141.0	6460.8	6185.1
木材加工和木、竹、藤、棕、草制品业	1971.6	3855.5	9248.9

3–9　续表 2

单位：万元

指标名称	使用来自政府部门的研发资金	研究开发费用加计扣除减免税	高新技术企业减免税
家具制造业	346.0	12434.0	8988.4
造纸和纸制品业	465.9	11916.7	31641.8
印刷和记录媒介复制业	307.6	3300.5	7815.3
文教、工美、体育和娱乐用品制造业	2218.0	8186.9	7318.4
石油、煤炭及其他燃料加工业	41.2	412.6	13078.5
化学原料和化学制品制造业	7541.2	74812.9	138202.0
医药制造业	15697.4	44577.6	120459.4
化学纤维制造业	1771.3	9044.2	25750.0
橡胶和塑料制品业	1226.3	25923.3	35688.4
非金属矿物制品业	1110.8	9992.2	43637.6
黑色金属冶炼和压延加工业	619.3	8738.8	7335.3
有色金属冶炼和压延加工业	1957.0	6431.5	6101.2
金属制品业	3929.3	23185.0	34584.2
通用设备制造业	16747.8	82668.0	143697.7
专用设备制造业	12449.7	41772.2	78933.3
汽车制造业	7369.1	57283.1	160529.2
铁路、船舶、航空航天和其他运输设备制造业	6617.0	6587.4	7586.9
电气机械和器材制造业	9956.6	105092.1	200092.8
计算机、通信和其他电子设备制造业	25807.1	104984.1	150878.8
仪器仪表制造业	12274.2	28349.7	59013.6
其他制造业	22.0	1060.5	778.5
废弃资源综合利用业	5.7	519.9	727.8
金属制品、机械和设备修理业	23.3		41.8
电力、热力、燃气及水生产和供应业	3866.9	2776.2	6001.9

3-9 续表 3

单位：万元

指标名称	使用来自政府部门的研发资金	研究开发费用加计扣除减免税	高新技术企业减免税
电力、热力生产和供应业	3830.9	2670.0	5366.0
水的生产和供应业	36.0	106.2	635.9
按经济成分分组			
公有经济	19650.2	78316.1	87650.1
非公有经济	120514.1	643676.2	1290272.8
按企业控股情况分组			
国有控股	15708.5	61646.7	55858.0
集体控股	3941.7	16669.4	31792.1
私人控股	93743.7	502822.9	969619.1
港澳台商控股	18815.0	56731.0	135362.4
外商控股	4210.6	51894.5	133305.8
其他	3744.8	32227.8	51985.5
按地区分组			
杭州市	55917.2	197311.4	303583.9
宁波市	10728.6	133481.8	307560.7
温州市	7937.4	69883.3	104401.3
嘉兴市	6511.1	101518.3	203725.6
湖州市	6146.3	49036.4	93831.6
绍兴市	15197.8	52476.8	128492.2
金华市	13452.0	34758.2	63341.4
衢州市	3901.1	11082.3	20965.6
舟山市	1690.2	3290.2	9369.2
台州市	17257.0	61273.9	129303.1
丽水市	1425.6	7879.7	13348.3

3–10 规模以上工业企业技术获取和技术改造情况（2018）

单位：万元

指标名称	引进境外技术经费支出	引进境外技术的消化吸收经费支出	购买境内技术经费支出	技术改造经费支出
总计	**2271586.5**	**207200.2**	**94677.2**	**15559.2**
按企业规模分组				
大型	1265031.7	88453.1	52307.1	10540.3
中型	667412.5	67427.5	29977.3	2988.2
小型	337933.7	51298.2	12286.3	2030.5
微型	1208.6	21.4	106.5	0.2
按隶属关系分组				
中央	160752.0	30334.0	178.2	
地方	191057.1	10872.6	4917.4	7166.0
其他	1919777.4	165993.6	89581.6	8393.2
按登记注册类型分组				
内资企业	1874813.0	188580.6	55009.8	12814.0
国有企业	1150.9			
股份合作企业	3157.0	46.5		
有限责任公司	620491.0	50732.3	5852.7	523.5
国有独资公司	14873.8	29810.0	178.2	
其他有限责任公司	605617.2	20922.3	5674.5	523.5
股份有限公司	670670.5	57896.4	30929.5	10934.7
私营企业	579343.6	79905.4	18227.6	1355.8
私营独资企业	3001.1	635.8		
私营合伙企业		48.0		
私营有限责任公司	479014.3	59577.4	17205.1	787.6

3-10 续表 1

单位：万元

指标名称	引进境外技术经费支出	引进境外技术的消化吸收经费支出	购买境内技术经费支出	技术改造经费支出
私营股份有限公司	97328.2	19644.2	1022.5	568.2
港、澳、台商投资企业	192326.7	5458.6	3399.8	1347.7
合资经营企业（港或澳、台资）	106284.5	5301.3	3399.8	1347.7
合作经营企业（港或澳、台资）	7.0			
港、澳、台商独资经营企业	85597.3	157.3		
港、澳、台商投资股份有限公司	437.9			
外商投资企业	204446.8	13161.0	36267.6	1397.5
中外合资经营企业	86439.8	12334.0	3831.6	71.4
中外合作经营企业	75.0			
外资企业	97206.2	827.0	32245.3	1326.1
外商投资股份有限公司	682.8		190.7	
其他外商投资企业	20043.0			
按国民经济行业大类分组				
采矿业	24.0			
黑色金属矿采选业	24.0			
制造业	2218439.4	200134.2	94677.2	15559.2
农副食品加工业	5538.0	839.0		
食品制造业	17080.5	11708.4	2957.9	
酒、饮料和精制茶制造业	1562.2	1479.1		
烟草制品业	5993.4	22632.1	178.2	
纺织业	37522.1	1597.4	565.0	
纺织服装、服饰业	6864.8	2858.8	2314.1	0.1
皮革、毛皮、羽毛及其制品和制鞋业	2790.0	758.4	76.8	0.2
木材加工和木、竹、藤、棕、草制品业	1759.3	384.3	68.1	

3-10 续表 2 单位：万元

指标名称	引进境外技术经费支出	引进境外技术的消化吸收经费支出	购买境内技术经费支出	技术改造经费支出
家具制造业	7919.1	2695.3		
造纸和纸制品业	19154.5	1642.4		
印刷和记录媒介复制业	13810.6	2167.4	1486.8	
文教、工美、体育和娱乐用品制造业	19807.2	2987.8	381.0	1332.7
石油、煤炭及其他燃料加工业	133199.5	333.4		
化学原料和化学制品制造业	177086.2	6357.9	2309.3	1392.1
医药制造业	108766.7	24735.4	3996.0	7127.5
化学纤维制造业	37067.2	2398.1	7606.3	60.5
橡胶和塑料制品业	67520.6	9530.0	654.6	394.7
非金属矿物制品业	323568.2	1807.2	3108.2	
黑色金属冶炼和压延加工业	90723.9	1565.5		
有色金属冶炼和压延加工业	22373.7	9018.2	288.3	
金属制品业	50267.4	9293.9	10498.6	1864.0
通用设备制造业	262557.1	14350.5	5822.8	143.7
专用设备制造业	126811.3	6906.3	1310.5	280.1
汽车制造业	272122.2	32520.7	18754.5	286.3
铁路、船舶、航空航天和其他运输设备制造业	4461.1	205.2	23.5	23.5
电气机械和器材制造业	182763.4	10883.3	30765.1	292.8
计算机、通信和其他电子设备制造业	195310.3	13964.4	1511.6	2361.0
仪器仪表制造业	21657.8	4365.7		
其他制造业	169.9	12.0		
废弃资源综合利用业	2085.1	10.0		
金属制品、机械和设备修理业	126.1	126.1		
电力、热力、燃气及水生产和供应业	53123.1	7066.0		

3-10　续表 3　单位：万元

指标名称	引进境外技术经费支出	引进境外技术的消化吸收经费支出	购买境内技术经费支出	技术改造经费支出
电力、热力生产和供应业	53123.1	7066.0		
按经济成分分组				
公有经济	396144.9	49365.0	6507.1	7155.4
非公有经济	1875441.6	157835.2	88170.1	8403.8
按企业控股情况分组				
国有控股	345329.8	47869.3	4325.9	7140.4
集体控股	50815.1	1495.7	2181.2	15.0
私人控股	1583279.6	148775.8	51155.4	7006.3
港澳台商控股	125387.4	2742.9	831.9	
外商控股	128405.1	6144.3	36061.3	1397.5
其他	38369.5	172.2	121.5	
按地区分组				
杭州市	330285.0	35330.4	7092.5	434.7
宁波市	664322.6	72960.0	23433.6	1088.0
温州市	162145.4	11133.6	2150.2	25.8
嘉兴市	489268.2	4332.3	51270.3	3185.0
湖州市	45102.4	4129.4	561.2	1458.8
绍兴市	98996.0	3916.8	1468.3	
金华市	93015.1	11627.3	304.3	9.6
衢州市	116354.3	24211.5	4739.0	570.8
舟山市	18806.5	1178.7		
台州市	244493.1	34622.9	3657.8	8783.0
丽水市	8797.9	3757.3		3.5

四、大中型工业企业情况

4-1 大中型工业企业研发活动情况（2016—2018）

项　目	单位	2016	2017	2018
企业数	个	4745	4740	4476
有 R&D 活动企业数	个	3051	3289	3178
企业有研发机构	个	3016	3174	2850
从业人员年平均人数	万人	335.11	326.69	318.31
R&D 活动人员	万人	24.24	25.83	29.03
参加项目人员	万人	23.81	25.26	27.33
企业内部的日常研发经费支出	亿元	767.82	832.29	933.57
人工费	亿元	278.94	312.09	363.52
原材料费	亿元	324.87	352.30	407.39
委托外单位开发经费支出	亿元	37.90	38.53	70.22
折合全时 R&D 人员	万人年	19.37	20.04	22.75
R&D 经费支出	亿元	599.36	668.15	724.19
新产品开发经费支出	亿元	653.06	720.15	806.89
新产品产值	亿元	16264.20	15753.32	17163.78
新产品销售收入	亿元	15121.47	15161.90	16536.24
出口	亿元	3066.27	3100.06	3350.89
专利申请数	项	39073	44391	50132
发明专利	项	10564	12840	16325
拥有发明专利数	项	22693	28657	35216
技术改造经费支出	亿元	155.79	161.55	193.24
引进境外技术经费支出	亿元	8.14	6.72	8.23
引进境外技术的消化吸收经费支出	亿元	3.28	1.69	1.35
购买境内技术经费支出	亿元	9.80	10.76	15.59

4–2 大中型工业企业基本情况（2018）

指标名称	单位数（个）	# 有 R&D 活动	# 有研发机构	# 享受研究开发费用加计扣除	从业人员期末人数（人）	从业人员平均人数（人）
总计	**4476**	**3178**	**2406**	**1710**	**3201823**	**3183141**
按企业规模分组						
大型	570	473	372	319	1187784	1188019
中型	3906	2705	2034	1391	2014039	1995122
按隶属关系分组						
中央	53	18	12	6	39660	39669
地方	131	89	67	48	114635	114746
其他	4292	3071	2327	1656	3047528	3028726
按登记注册类型分组						
内资企业	3473	2542	1896	1339	2364394	2334722
国有企业	16	5	3		10012	10098
集体企业	2				919	901
股份合作企业	9	7	5	4	4088	3960
有限责任公司	855	567	430	294	595112	589624
国有独资公司	53	16	10	2	32955	33217
其他有限责任公司	802	551	420	292	562157	556407
股份有限公司	476	430	366	314	506583	505530
私营企业	2115	1533	1092	727	1247680	1224609
私营独资企业	11	3	1		4884	4755
私营合伙企业	2	1	1		632	594
私营有限责任公司	1913	1358	967	618	1109405	1086894
私营股份有限公司	189	171	123	109	132759	132366
港、澳、台商投资企业	498	339	278	197	424527	432406
合资经营企业（港或澳、台资）	267	198	163	119	215498	218837

4-2 续表 1

指标名称	单位数（个）	# 有 R&D 活动	# 有研发机构	# 享受研究开发费用加计扣除	从业人员期末人数（人）	从业人员平均人数（人）
合作经营企业（港或澳、台资）	7	4	5	3	5188	5437
港、澳、台商独资经营企业	200	121	96	63	168829	174605
港、澳、台商投资股份有限公司	18	14	11	10	32186	30539
其他港、澳、台投资企业	6	2	3	2	2826	2988
外商投资企业	505	297	232	174	412902	416013
中外合资经营企业	238	162	132	97	194300	191530
中外合作经营企业	3	1	1		1793	1744
外资企业	241	118	88	67	196564	202577
外商投资股份有限公司	13	10	8	7	13669	13449
其他外商投资企业	10	6	3	3	6576	6713
按国民经济行业大类分组						
采矿业	4		1		2007	2060
黑色金属矿采选业	1		1		812	847
有色金属矿采选业	1				465	479
非金属矿采选业	2				730	734
制造业	4381	3158	2398	1706	3146447	3127216
农副食品加工业	32	20	27	5	21723	21218
食品制造业	67	32	19	8	46308	36222
酒、饮料和精制茶制造业	25	9	5	1	19693	20230
烟草制品业	1	1	1		3636	3651
纺织业	447	278	185	97	275181	270894
纺织服装、服饰业	274	125	75	28	209689	211204
皮革、毛皮、羽毛及其制品和制鞋业	163	97	66	24	105854	106204
木材加工和木、竹、藤、棕、草制品业	27	24	15	11	25200	23898
家具制造业	147	98	67	35	110837	109416

4–2 续表 2

指标名称	单位数（个）	# 有 R&D 活动	# 有研发机构	# 享受研究开发费用加计扣除	从业人员期末人数（人）	从业人员平均人数（人）
造纸和纸制品业	62	45	33	27	38675	38672
印刷和记录媒介复制业	44	27	21	12	19417	18699
文教、工美、体育和娱乐用品制造业	132	81	57	36	94322	92590
石油、煤炭及其他燃料加工业	4	3	1	1	12557	11441
化学原料和化学制品制造业	159	128	108	84	105242	104505
医药制造业	123	114	94	96	98849	97603
化学纤维制造业	70	46	30	20	72819	70406
橡胶和塑料制品业	170	120	92	58	114267	112835
非金属矿物制品业	74	47	32	30	45084	43736
黑色金属冶炼和压延加工业	39	28	16	11	33109	32614
有色金属冶炼和压延加工业	42	34	20	15	31868	31700
金属制品业	276	174	124	88	161918	161572
通用设备制造业	425	354	288	243	261126	259901
专用设备制造业	174	149	128	97	103844	101607
汽车制造业	335	264	199	170	257822	261420
铁路、船舶、航空航天和其他运输设备制造业	58	44	29	20	39076	39668
电气机械和器材制造业	552	461	377	261	416307	419472
计算机、通信和其他电子设备制造业	310	242	200	159	322702	326039
仪器仪表制造业	97	87	72	63	68383	68703
其他制造业	35	18	12	4	22002	22411
废弃资源综合利用业	7	4	2	2	3005	2887
金属制品、机械和设备修理业	10	4	3		5932	5798
电力、热力、燃气及水生产和供应业	91	20	7	4	53369	53865
电力、热力生产和供应业	67	19	6	4	39928	40488

4-2 续表 3

指标名称	单位数（个）	# 有 R&D 活动	# 有研发机构	# 享受研究开发费用加计扣除	从业人员期末人数（人）	从业人员平均人数（人）
燃气生产和供应业	5				2556	2566
水的生产和供应业	19	1	1		10885	10811
按经济成分分组						
公有经济	294	166	122	86	278692	276453
非公有经济	4182	3012	2284	1624	2923131	2906688
按企业控股情况分组						
国有控股	219	111	78	53	206429	204923
集体控股	75	55	44	33	72263	71530
私人控股	3313	2475	1858	1306	2208746	2181194
港澳台商控股	363	242	197	139	298724	305327
外商控股	389	211	160	130	321726	327245
其他	117	84	69	49	93935	92922
按地区分组						
杭州市	736	454	386	281	591446	589044
宁波市	1022	747	625	381	759366	754809
温州市	429	370	302	183	290809	285261
嘉兴市	594	365	345	274	414013	421869
湖州市	233	179	121	91	155065	152836
绍兴市	467	359	207	128	317462	311506
金华市	319	230	122	106	215423	214281
衢州市	107	67	39	38	67628	67392
舟山市	48	29	28	7	35704	35067
台州市	439	319	208	195	298744	294711
丽水市	81	59	23	26	55690	55925

4-2　续表 4

指标名称	资产总计（万元）	主营业务收入（万元）	利润总额（万元）	工业总产值（万元）	出口交货值（万元）
总计	**465736165.0**	**397608910.6**	**32358148.3**	**396858668.7**	**71008920.6**
按企业规模分组					
大型	215541411.9	182691948.2	18147199.2	180977714.4	32037319.7
中型	250194753.1	214916962.4	14210949.1	215880954.3	38971600.9
按隶属关系分组					
中央	46777568.5	50726770.5	2527790.3	50843715.6	1085515.9
地方	27187097.0	17184342.0	1298336.5	17152797.7	1704504.1
其他	391771499.5	329697798.1	28532021.5	328862155.4	68218900.6
按登记注册类型分组					
内资企业	356807948.6	297496251.4	23387318.0	296063706.5	45328743.2
国有企业	2467873.6	4247939.4	34608.5	4231741.2	
集体企业	108691.0	119835.2	-1338.7	119835.2	
股份合作企业	383897.5	337800.3	20898.6	352048.3	59112.8
有限责任公司	145149044.5	127085881.9	9337081.0	125159775.4	10095420.5
国有独资公司	32551915.1	32983323.3	1220757.4	33102460.5	83549.7
其他有限责任公司	112597129.4	94102558.6	8116323.6	92057314.9	10011870.8
股份有限公司	113245616.6	67458791.1	7731980.6	67312048.6	13429505.8
私营企业	95452825.4	98246003.5	6264088.0	98888257.8	21744704.1
私营独资企业	136004.9	197743.4	8381.2	203949.2	33454.5
私营合伙企业	14652.4	22277.1	171.1	22518.2	
私营有限责任公司	79503697.9	85566896.6	5156638.6	86038862.5	18898105.3
私营股份有限公司	15798470.2	12459086.4	1098897.1	12622927.9	2813144.3
港、澳、台商投资企业	57504684.9	51404306.9	4962786.5	52208717.1	10982426.1
合资经营企业（港或澳、台资）	31244649.4	29826341.5	2165318.3	30209996.2	5591496.7

4-2 续表 5

指标名称	资产总计（万元）	主营业务收入（万元）	利润总额（万元）	工业总产值（万元）	出口交货值（万元）
合作经营企业（港或澳、台资）	394932.7	343335.6	10942.2	344653.1	172827.6
港、澳、台商独资经营企业	18334126.3	18101143.8	1619432.6	18530868.2	4708342.3
港、澳、台商投资股份有限公司	6980573.7	2949558.8	1172249.6	2939651.1	472382.7
其他港、澳、台投资企业	550402.8	183927.2	-5156.2	183548.5	37376.8
外商投资企业	51423531.5	48708352.3	4008043.8	48586245.1	14697751.3
中外合资经营企业	26793331.7	25193643.4	2244128.5	25105665.3	4856112.7
中外合作经营企业	55978.0	73027.1	8645.1	74502.1	18838.2
外资企业	20005756.8	20338010.8	1393317.5	20319967.8	9173514.9
外商投资股份有限公司	3024940.1	1738870.9	232576.9	1773598.3	476394.5
其他外商投资企业	1543524.9	1364800.1	129375.8	1312511.6	172891.0
按国民经济行业大类分组					
采矿业	142961.4	73508.7	1073.4	74567.3	
黑色金属矿采选业	62250.8	21191.1	-8356.7	22519.2	
有色金属矿采选业	23657.0	11165.8	944.4	10896.3	
非金属矿采选业	57053.6	41151.8	8485.7	41151.8	
制造业	417296279.0	356275996.6	31047355.7	355495452.6	71000806.0
农副食品加工业	1727608.2	1633581.2	103546.5	1600075.3	465357.9
食品制造业	3323858.6	2939844.7	349141.9	2922412.9	467934.0
酒、饮料和精制茶制造业	2978445.9	2605131.9	324921.9	2247266.8	14603.8
烟草制品业	5685483.3	5098489.8	435237.5	5240588.5	43259.5
纺织业	19020316.9	16053605.0	1246695.4	16692997.8	3364726.3
纺织服装、服饰业	12128414.6	10193839.8	999735.1	10382618.6	3884027.6
皮革、毛皮、羽毛及其制品和制鞋业	3937156.1	3972162.2	190890.9	4180872.6	2023584.8
木材加工和木、竹、藤、棕、草制品业	1577251.8	1483629.2	159704.0	1471306.9	693182.3

4-2 续表 6

指标名称	资产总计（万元）	主营业务收入（万元）	利润总额（万元）	工业总产值（万元）	出口交货值（万元）
家具制造业	6320746.3	5841422.1	274460.0	5945015.7	3644008.5
造纸和纸制品业	8961658.9	6592467.3	541945.6	6934073.4	706503.1
印刷和记录媒介复制业	1833994.5	1328154.3	138064.7	1345343.4	357152.0
文教、工美、体育和娱乐用品制造业	5265903.4	6342038.9	398701.8	6648384.0	2358134.9
石油、煤炭及其他燃料加工业	15529433.7	15398503.2	1304289.2	15590152.0	726469.0
化学原料和化学制品制造业	42099228.7	40022581.2	3576746.2	37758473.8	3076466.1
医药制造业	19929937.9	11039642.8	1880142.2	11982989.3	2562621.6
化学纤维制造业	19122849.0	19798831.9	1119750.6	18325799.6	1570338.9
橡胶和塑料制品业	10317091.0	9652854.1	661603.6	9803844.9	2482406.0
非金属矿物制品业	8134249.6	5419821.5	908064.2	5432212.3	690412.3
黑色金属冶炼和压延加工业	8330588.3	13032948.2	909575.0	12155461.3	445549.1
有色金属冶炼和压延加工业	6994204.6	11886601.5	292293.4	11921765.0	1086047.5
金属制品业	12141811.2	11339483.2	722572.5	11556267.2	4441568.0
通用设备制造业	29358773.9	21862270.7	2099223.4	21745853.9	5394292.3
专用设备制造业	11072607.1	8064528.0	910680.4	8153978.4	2106342.2
汽车制造业	54418641.0	38394273.6	4446521.4	39007858.2	3268028.3
铁路、船舶、航空航天和其他运输设备制造业	6651791.6	2966469.5	-94947.3	3327337.1	1669595.3
电气机械和器材制造业	47671694.1	41573866.4	2885197.7	40818173.7	11410928.8
计算机、通信和其他电子设备制造业	41518397.0	34364961.1	3320810.8	35011390.1	10176502.2
仪器仪表制造业	8855126.5	5427935.0	813142.4	5405581.0	1315504.6
其他制造业	1007479.1	989961.5	55678.3	922377.8	339423.6
废弃资源综合利用业	642554.3	638175.3	60836.4	642746.0	14667.0
金属制品、机械和设备修理业	738981.9	317921.5	12130.0	322235.1	201168.5
电力、热力、燃气及水生产和供应业	48296924.6	41259405.3	1309719.2	41288648.8	8114.6

4-2 续表 7

指标名称	资产总计（万元）	主营业务收入（万元）	利润总额（万元）	工业总产值（万元）	出口交货值（万元）
电力、热力生产和供应业	42434827.3	39610150.9	1219926.5	39673254.4	8114.6
燃气生产和供应业	949791.4	830415.5	37587.9	790046.0	
水的生产和供应业	4912305.9	818838.9	52204.8	825348.4	
按经济成分分组					
公有经济	104801740.1	94851987.3	6738672.1	94760725.9	5098723.9
非公有经济	360934424.9	302756923.3	25619476.2	302097942.8	65910196.7
按企业控股情况分组					
国有控股	95786817.1	86739495.3	6156211.5	86959586.7	4189032.0
集体控股	9014923.0	8112492.0	582460.6	7801139.2	909691.9
私人控股	259656602.4	216162957.4	17861783.6	215311463.0	43488045.9
港澳台商控股	38918375.5	35034153.3	2849134.5	35372161.5	7731593.6
外商控股	41921135.4	40018072.5	3546148.9	39806079.9	13252723.0
其他	20438311.6	11541740.1	1362409.2	11608238.4	1437834.2
按地区分组					
杭州市	112325226.7	90399460.8	7724072.4	87133659.3	13131760.8
宁波市	102300229.1	107491954.1	9658971.4	108628380.9	20675171.0
温州市	24809275.8	19240041.6	1641625.3	19877568.5	3224023.7
嘉兴市	50412708.7	47873119.8	3653620.9	48545826.8	11268429.9
湖州市	19766180.3	18572617.5	1350444.0	18776393.3	3521784.8
绍兴市	41994209.3	29576881.0	2846505.1	30798433.7	5245280.3
金华市	21351455.7	16724126.4	1225742.9	17085068.1	4288170.8
衢州市	10491696.6	9496185.8	936905.2	9365709.2	773801.1
舟山市	15075006.5	3360802.8	—14544.9	3638186.7	1089202.0
台州市	41176920.4	25740522.7	2363152.2	26012705.4	7131364.9
丽水市	5813923.8	7783253.8	447497.5	5618644.3	659931.3

4–3 大中型工业企业 R&D 人员情况（2018）

指标名称	R&D 人员合计（人）	# 参加项目人员	管理和服务人员	# 女性	# 研究人员	# 全时人员	非全时人员
总计	**290293**	**273255**	**17038**	**68551**	**73692**	**225741**	**64552**
按企业规模分组							
大型	122475	116713	5762	29494	38877	95952	26523
中型	167818	156542	11276	39057	34815	129789	38029
按隶属关系分组							
中央	1310	1208	102	250	545	781	529
地方	10303	9597	706	2624	3421	7988	2315
其他	278680	262450	16230	65677	69726	216972	61708
按登记注册类型分组							
内资企业	219882	206439	13443	51419	51636	169271	50611
国有企业	174	160	14	27	61	92	82
股份合作企业	357	342	15	41	68	291	66
有限责任公司	50109	46944	3165	11882	13738	38700	11409
国有独资公司	1073	973	100	209	414	518	555
其他有限责任公司	49036	45971	3065	11673	13324	38182	10854
股份有限公司	65544	61777	3767	15194	19928	50093	15451
私营企业	103698	97216	6482	24275	17841	80095	23603
私营独资企业	116	106	10	40	13	103	13
私营合伙企业	26	25	1	19	9	23	3
私营有限责任公司	88938	83230	5708	21566	14649	69064	19874
私营股份有限公司	14618	13855	763	2650	3170	10905	3713
港、澳、台商投资企业	43181	41455	1726	10405	14347	34716	8465

4–3 续表 1

指标名称	R&D 人员合计（人）	# 参加项目人员	管理和服务人员	# 女性	# 研究人员	# 全时人员	非全时人员
合资经营企业（港或澳、台资）	19072	18259	813	4596	4875	15139	3933
合作经营企业（港或澳、台资）	263	250	13	46	84	176	87
港、澳、台商独资经营企业	15409	14612	797	4049	5038	12031	3378
港、澳、台商投资股份有限公司	8343	8244	99	1703	4311	7310	1033
其他港、澳、台投资企业	94	90	4	11	39	60	34
外商投资企业	27230	25361	1869	6727	7709	21754	5476
中外合资经营企业	15333	14117	1216	3661	4400	12646	2687
中外合作经营企业	54	52	2	10	2	49	5
外资企业	9934	9360	574	2652	2825	7715	2219
外商投资股份有限公司	1348	1293	55	326	402	883	465
其他外商投资企业	561	539	22	78	80	461	100
按国民经济行业大类分组							
制造业	289607	272617	16990	68445	73424	225370	64237
农副食品加工业	694	647	47	213	109	434	260
食品制造业	1379	1265	114	481	318	978	401
酒、饮料和精制茶制造业	547	533	14	105	87	269	278
烟草制品业	127	98	29	48	58	77	50
纺织业	20436	19134	1302	7011	2646	15984	4452
纺织服装、服饰业	8638	8160	478	4799	1271	6925	1713
皮革、毛皮、羽毛及其制品和制鞋业	7482	7198	284	3149	542	5494	1988
木材加工和木、竹、藤、棕、草制品业	2310	2163	147	639	317	1829	481
家具制造业	7585	6954	631	2000	1105	5672	1913
造纸和纸制品业	3806	3464	342	717	455	2908	898

4-3 续表 2

指标名称	R&D 人员合计（人）	# 参加项目人员	管理和服务人员	# 女性	# 研究人员	# 全时人员	非全时人员
印刷和记录媒介复制业	1353	1297	56	406	232	1122	231
文教、工美、体育和娱乐用品制造业	6426	6087	339	2073	1043	4728	1698
石油、煤炭及其他燃料加工业	542	409	133	50	187	333	209
化学原料和化学制品制造业	9736	9069	667	2213	2977	7384	2352
医药制造业	13441	12693	748	5508	5580	10666	2775
化学纤维制造业	4836	4664	172	1057	733	3770	1066
橡胶和塑料制品业	8061	7556	505	1917	1547	6057	2004
非金属矿物制品业	3365	3153	212	513	769	2177	1188
黑色金属冶炼和压延加工业	2256	2123	133	205	454	1577	679
有色金属冶炼和压延加工业	2593	2436	157	305	542	1844	749
金属制品业	11278	10519	759	2066	1800	8086	3192
通用设备制造业	27799	26051	1748	4917	6335	20939	6860
专用设备制造业	11783	11238	545	1797	3096	9507	2276
汽车制造业	29120	27296	1824	4852	7633	23359	5761
铁路、船舶、航空航天和其他运输设备制造业	3495	3311	184	577	777	2445	1050
电气机械和器材制造业	43080	39892	3188	9045	10182	34253	8827
计算机、通信和其他电子设备制造业	45585	43864	1721	9492	18783	37891	7694
仪器仪表制造业	10297	9885	412	1950	3670	7785	2512
其他制造业	1270	1183	87	306	120	688	582
废弃资源综合利用业	127	124	3	26	16	107	20
金属制品、机械和设备修理业	160	151	9	8	40	82	78
电力、热力、燃气及水生产和供应业	686	638	48	106	268	371	315
电力、热力生产和供应业	581	533	48	78	213	371	210

4–3 续表 3

指标名称	R&D 人员合计（人）	# 参加项目人员	管理和服务人员	# 女性	# 研究人员	# 全时人员	非全时人员
水的生产和供应业	105	105		28	55		105
按经济成分分组							
公有经济	27710	26744	966	6187	11730	21260	6450
非公有经济	262583	246511	16072	62364	61962	204481	58102
按企业控股情况分组							
国有控股	20774	20133	641	4500	10038	16465	4309
集体控股	6936	6611	325	1687	1692	4795	2141
私人控股	206862	193944	12918	48657	45747	160821	46041
港澳台商控股	27283	25958	1325	6989	7954	21343	5940
外商控股	19021	17885	1136	4626	5566	14747	4274
其他	9417	8724	693	2092	2695	7570	1847
按地区分组							
杭州市	64751	61795	2956	14984	24931	52721	12030
宁波市	63258	59891	3367	13938	15773	50126	13132
温州市	30166	28392	1774	7136	5066	24211	5955
嘉兴市	29507	27951	1556	7481	5843	23115	6392
湖州市	13983	12956	1027	3216	3164	10702	3281
绍兴市	30440	28399	2041	7886	7031	22435	8005
金华市	19896	18326	1570	5429	3814	14833	5063
衢州市	5700	5274	426	1348	891	3698	2002
舟山市	2367	2204	163	459	575	1542	825
台州市	26598	24731	1867	5750	5897	19481	7117
丽水市	3627	3336	291	924	707	2877	750

指标名称	R&D 人员折合全时当量合计（人年）	# 研究人员	按活动类型分组		
			基础研究人员	应用研究人员	试验发展人员
总计	**227496**	**59951**	**49**	**1930**	**225517**
按企业规模分组					
大型	97962	32558		386	97576
中型	129533	27393	49	1543	127941
按隶属关系分组					
中央	981	384		42	939
地方	7667	2512		152	7515
其他	218848	57055	49	1736	217064
按登记注册类型分组					
内资企业	169924	41110	49	1188	168687
国有企业	133	45			133
股份合作企业	284	56			284
有限责任公司	39438	11182	49	344	39045
国有独资公司	651	254		19	632
其他有限责任公司	38787	10927	49	325	38414
股份有限公司	50444	15904		202	50241
私营企业	79625	13923		641	78984
私营独资企业	70	9			70
私营合伙企业	9	3			9
私营有限责任公司	68353	11440		591	67762
私营股份有限公司	11194	2471		50	11143
港、澳、台商投资企业	36139	12630		546	35593
合资经营企业（港或澳、台资）	14998	3967		461	14537

4-3 续表 5

指标名称	R&D 人员折合全时当量合计（人年）	# 研究人员	按活动类型分组		
			基础研究人员	应用研究人员	试验发展人员
合作经营企业（港或澳、台资）	214	67			214
港、澳、台商独资经营企业	13165	4556		85	13080
港、澳、台商投资股份有限公司	7675	4004			7675
其他港、澳、台投资企业	87	36			87
外商投资企业	21433	6211		196	21237
中外合资经营企业	11968	3441		48	11920
中外合作经营企业	49	2			49
外资企业	7911	2377		148	7763
外商投资股份有限公司	1142	331			1142
其他外商投资企业	363	60			363
按国民经济行业大类分组					
制造业	227097	59817	49	1930	225119
农副食品加工业	511	74		5	506
食品制造业	985	244		90	896
酒、饮料和精制茶制造业	388	58			388
烟草制品业	73	33			73
纺织业	14947	2012		53	14894
纺织服装、服饰业	6907	1047		31	6876
皮革、毛皮、羽毛及其制品和制鞋业	5241	364			5241
木材加工和木、竹、藤、棕、草制品业	1816	254			1816
家具制造业	5660	862		23	5637
造纸和纸制品业	2983	390		7	2976
印刷和记录媒介复制业	1089	186		8	1081

4-3 续表 6

指标名称	R&D 人员折合全时当量合计（人年）	# 研究人员	按活动类型分组		
			基础研究人员	应用研究人员	试验发展人员
文教、工美、体育和娱乐用品制造业	5250	849			5250
石油、煤炭及其他燃料加工业	419	138		42	377
化学原料和化学制品制造业	7799	2386		184	7615
医药制造业	10791	4560	7	193	10591
化学纤维制造业	3356	499		7	3349
橡胶和塑料制品业	6316	1257		73	6243
非金属矿物制品业	2648	645		21	2627
黑色金属冶炼和压延加工业	1590	279		18	1572
有色金属冶炼和压延加工业	1978	399		45	1933
金属制品业	8549	1325		163	8386
通用设备制造业	21238	4821		114	21124
专用设备制造业	9499	2537		446	9053
汽车制造业	22283	6022		124	22159
铁路、船舶、航空航天和其他运输设备制造业	2908	663	42	51	2816
电气机械和器材制造业	33141	7935		207	32934
计算机、通信和其他电子设备制造业	39369	16951			39369
仪器仪表制造业	8208	2898		24	8184
其他制造业	937	92			937
废弃资源综合利用业	107	10			107
金属制品、机械和设备修理业	110	27		2	108
电力、热力、燃气及水生产和供应业	399	134			399
电力、热力生产和供应业	362	115			362
水的生产和供应业	37	19			37

4-3　续表 7

指标名称	R&D 人员折合全时当量合计（人年）	# 研究人员	按活动类型分组		
			基础研究人员	应用研究人员	试验发展人员
按经济成分分组					
公有经济	22497	9858		256	22240
非公有经济	204999	50093	49	1673	203277
按企业控股情况分组					
国有控股	17568	8695		175	17393
集体控股	4929	1163		81	4847
私人控股	159732	36467	49	936	158747
港澳台商控股	22727	6948		553	22174
外商控股	15106	4596		185	14922
其他	7434	2081			7434
按地区分组					
杭州市	53629	21509	7	468	53153
宁波市	50553	12673		523	50031
温州市	24204	4115			24204
嘉兴市	22361	4568			22361
湖州市	11008	2525		107	10901
绍兴市	23413	5670		301	23113
金华市	15198	2857		224	14975
衢州市	3185	569		22	3162
舟山市	1830	469	42	73	1715
台州市	19693	4558		168	19525
丽水市	2422	438		45	2378

4–4 大中型工业企业R&D经费情况（2018）

单位：万元

指标名称	R&D经费内部支出合计	按活动类型分组		
		基础研究支出	应用研究支出	试验发展支出
总计	**7241881.2**	**342.6**	**50408.0**	**7191130.6**
按企业规模分组				
大型	3470540.9		10365.2	3460175.7
中型	3771340.3	342.6	40042.8	3730954.9
按隶属关系分组				
中央	37437.7		172.3	37265.4
地方	273934.1	74.9	6314.3	267544.9
其他	6930509.4	267.7	43921.4	6886320.3
按登记注册类型分组				
内资企业	5184113.5	342.6	35983.3	5147787.6
国有企业	4553.5			4553.5
股份合作企业	8664.8			8664.8
有限责任公司	1323519.1	342.6	10531.1	1312645.4
国有独资公司	36961.7		804.4	36157.3
其他有限责任公司	1286557.4	342.6	9726.7	1276488.1
股份有限公司	1771204.5		6156.0	1765048.5
私营企业	2076171.6		19296.2	2056875.4
私营独资企业	1736.1			1736.1
私营合伙企业	317.4			317.4
私营有限责任公司	1741511.6		17674.8	1723836.8
私营股份有限公司	332606.5		1621.4	330985.1
港、澳、台商投资企业	1315758.0		11155.8	1304602.2

4-4 续表 1

单位：万元

指标名称	R&D 经费内部支出合计	按活动类型分组		
		基础研究支出	应用研究支出	试验发展支出
合资经营企业（港或澳、台资）	537443.3		9875.5	527567.8
合作经营企业（港或澳、台资）	7839.3			7839.3
港、澳、台商独资经营企业	504838.4		1280.3	503558.1
港、澳、台商投资股份有限公司	263368.1			263368.1
其他港、澳、台投资企业	2268.9			2268.9
外商投资企业	742009.7		3268.9	738740.8
中外合资经营企业	395101.4		1606.4	393495.0
中外合作经营企业	676.2			676.2
外资企业	297022.5		1662.5	295360.0
外商投资股份有限公司	30979.9			30979.9
其他外商投资企业	18229.7			18229.7
按国民经济行业大类分组				
制造业	7225296.9	342.6	50408.0	7174546.3
农副食品加工业	17487.5		880.4	16607.1
食品制造业	29476.5		1595.5	27881.0
酒、饮料和精制茶制造业	6553.6			6553.6
烟草制品业	8883.5			8883.5
纺织业	385742.7		1428.6	384314.1
纺织服装、服饰业	139012.2		283.3	138728.9
皮革、毛皮、羽毛及其制品和制鞋业	83695.7			83695.7
木材加工和木、竹、藤、棕、草制品业	40121.2			40121.2
家具制造业	124966.1		579.6	124386.5
造纸和纸制品业	134029.2		171.6	133857.6

4-4 续表 2

单位：万元

指标名称	R&D 经费内部支出合计	按活动类型分组		
		基础研究支出	应用研究支出	试验发展支出
印刷和记录媒介复制业	25098.7		914.6	24184.1
文教、工美、体育和娱乐用品制造业	100682.8			100682.8
石油、煤炭及其他燃料加工业	32648.6		172.3	32476.3
化学原料和化学制品制造业	472420.2	74.9	5878.2	466467.1
医药制造业	364743.7	100.6	3938.8	360704.3
化学纤维制造业	207423.6		177.4	207246.2
橡胶和塑料制品业	200542.4		885.4	199657.0
非金属矿物制品业	84285.0		419.6	83865.4
黑色金属冶炼和压延加工业	117853.0		976.7	116876.3
有色金属冶炼和压延加工业	84919.5		1592.6	83326.9
金属制品业	215469.1		6877.2	208591.9
通用设备制造业	598409.5		5915.9	592493.6
专用设备制造业	284083.8		9770.4	274313.4
汽车制造业	658107.6		2307.7	655799.9
铁路、船舶、航空航天和其他运输设备制造业	82370.6	167.1	485.3	81718.2
电气机械和器材制造业	1033967.1		4551.4	1029415.7
计算机、通信和其他电子设备制造业	1429054.3			1429054.3
仪器仪表制造业	237610.8		393.6	237217.2
其他制造业	18220.8			18220.8
废弃资源综合利用业	4668.6			4668.6
金属制品、机械和设备修理业	2749.0		211.9	2537.1
电力、热力、燃气及水生产和供应业	16584.3			16584.3
电力、热力生产和供应业	15180.0			15180.0

4-4　续表 3

单位：万元

指标名称	R&D 经费内部支出合计	按活动类型分组		
		基础研究支出	应用研究支出	试验发展支出
水的生产和供应业	1404.3			1404.3
按经济成分分组				
公有经济	862463.2	74.9	7771.8	854616.5
非公有经济	6379418.0	267.7	42636.2	6336514.1
按企业控股情况分组				
国有控股	706732.4	74.9	4331.8	702325.7
集体控股	155730.8		3440.0	152290.8
私人控股	4773343.8	267.7	29134.8	4743941.3
港澳台商控股	804191.1		11333.2	792857.9
外商控股	532726.6		2168.2	530558.4
其他	269156.5			269156.5
按地区分组				
杭州市	2045551.8	100.6	15811.4	2029639.8
宁波市	1532450.3		10234.7	1522215.6
温州市	518234.8			518234.8
嘉兴市	834843.5			834843.5
湖州市	417569.7		3877.2	413692.5
绍兴市	727648.2		7000.8	720647.4
金华市	378047.8		5318.4	372729.4
衢州市	128539.3	74.9	424.8	128039.6
舟山市	47707.7	167.1	1707.2	45833.4
台州市	523115.9		4846.2	518269.7
丽水市	88172.2		1187.3	86984.9

4-4　续表 4　　单位：万元

指标名称	R&D 经费内部支出按支出用途分组				
	经常费支出	# 人员劳务费	资产性支出	# 土建工程	仪器和设备
总计	**6790245.0**	**2834456.9**	**451636.2**	**5971.1**	**445665.1**
按企业规模分组					
大型	3273231.7	1494485.9	197309.2	1384.8	195924.4
中型	3517013.3	1339971.0	254327.0	4586.3	249740.7
按隶属关系分组					
中央	35614.8	16167.4	1822.9	132.7	1690.2
地方	262215.5	109403.8	11718.6	154.6	11564.0
其他	6492414.7	2708885.7	438094.7	5683.8	432410.9
按登记注册类型分组					
内资企业	4867582.8	1966692.2	316530.7	3746.6	312784.1
国有企业	4405.8	1024.9	147.7		147.7
股份合作企业	8311.7	3185.6	353.1		353.1
有限责任公司	1248554.7	516031.6	74964.4	1142.7	73821.7
国有独资公司	35197.6	12968.7	1764.1	68.6	1695.5
其他有限责任公司	1213357.1	503062.9	73200.3	1074.1	72126.2
股份有限公司	1673223.1	715418.1	97981.4	931.0	97050.4
私营企业	1933087.5	731032.0	143084.1	1672.9	141411.2
私营独资企业	1710.1	732.7	26.0		26.0
私营合伙企业	317.4	83.2			
私营有限责任公司	1619095.9	600997.1	122415.7	1573.8	120841.9
私营股份有限公司	311964.1	129219.0	20642.4	99.1	20543.3
港、澳、台商投资企业	1231667.3	588701.5	84090.7	615.2	83475.5
合资经营企业（港或澳、台资）	490114.4	171167.3	47328.9	426.1	46902.8

4-4 续表 5

单位：万元

指标名称	R&D 经费内部支出按支出用途分组				
	经常费支出	#人员劳务费	资产性支出	#土建工程	仪器和设备
合作经营企业（港或澳、台资）	7669.9	2521.2	169.4	0.4	169.0
港、澳、台商独资经营企业	471626.0	250876.3	33212.4	178.3	33034.1
港、澳、台商投资股份有限公司	260141.9	163198.8	3226.2	10.4	3215.8
其他港、澳、台投资企业	2115.1	937.9	153.8		153.8
外商投资企业	690994.9	279063.2	51014.8	1609.3	49405.5
中外合资经营企业	368114.4	146929.1	26987.0	1552.3	25434.7
中外合作经营企业	676.2	503.8			
外资企业	274086.7	114505.2	22935.8	49.5	22886.3
外商投资股份有限公司	30515.5	12744.2	464.4	7.5	456.9
其他外商投资企业	17602.1	4380.9	627.6		627.6
按国民经济行业大类分组					
制造业	6775240.8	2829304.3	450056.1	5960.4	444095.7
农副食品加工业	14054.7	4723.5	3432.8	137.5	3295.3
食品制造业	27844.9	7981.9	1631.6	3.6	1628.0
酒、饮料和精制茶制造业	6402.2	3034.0	151.4		151.4
烟草制品业	8236.1	5063.1	647.4	0.2	647.2
纺织业	356263.8	128878.5	29478.9	179.8	29299.1
纺织服装、服饰业	130530.6	67004.7	8481.6	137.2	8344.4
皮革、毛皮、羽毛及其制品和制鞋业	82244.8	37894.4	1450.9	0.4	1450.5
木材加工和木、竹、藤、棕、草制品业	37674.6	12182.8	2446.6	23.0	2423.6
家具制造业	119799.3	54132.7	5166.8	121.6	5045.2
造纸和纸制品业	120209.2	25988.7	13820.0	1629.8	12190.2
印刷和记录媒介复制业	24046.5	10138.1	1052.2	5.7	1046.5

4–4　续表 6　　单位：万元

指标名称	R&D 经费内部支出按支出用途分组				
	经常费支出	# 人员劳务费	资产性支出	# 土建工程	仪器和设备
文教、工美、体育和娱乐用品制造业	97475.9	40431.0	3206.9	83.5	3123.4
石油、煤炭及其他燃料加工业	32648.6	5169.8			
化学原料和化学制品制造业	453960.5	103279.6	18459.7	535.1	17924.6
医药制造业	319188.5	126924.9	45555.2	545.5	45009.7
化学纤维制造业	196888.3	30263.8	10535.3	84.4	10450.9
橡胶和塑料制品业	186441.5	63093.6	14100.9	37.5	14063.4
非金属矿物制品业	81562.6	26494.0	2722.4	33.6	2688.8
黑色金属冶炼和压延加工业	115787.4	19093.7	2065.6		2065.6
有色金属冶炼和压延加工业	82300.6	18248.7	2618.9	11.8	2607.1
金属制品业	201994.7	78510.4	13474.4	100.4	13374.0
通用设备制造业	563606.1	233809.0	34803.4	180.0	34623.4
专用设备制造业	257394.3	121592.6	26689.5	287.3	26402.2
汽车制造业	600675.0	264108.9	57432.6	854.7	56577.9
铁路、船舶、航空航天和其他运输设备制造业	74911.0	26627.1	7459.6	29.9	7429.7
电气机械和器材制造业	978935.4	370735.3	55031.7	452.1	54579.6
计算机、通信和其他电子设备制造业	1361567.1	813645.9	67487.2	290.6	67196.6
仪器仪表制造业	217936.5	120268.9	19674.3	71.5	19602.8
其他制造业	18124.3	7863.4	96.5	20.4	76.1
废弃资源综合利用业	3992.0	937.1	676.6	13.6	663.0
金属制品、机械和设备修理业	2543.8	1184.2	205.2	89.7	115.5
电力、热力、燃气及水生产和供应业	15004.2	5152.6	1580.1	10.7	1569.4
电力、热力生产和供应业	13698.7	4525.5	1481.3	10.7	1470.6
水的生产和供应业	1305.5	627.1	98.8		98.8

4-4 续表 7

单位：万元

指标名称	R&D经费内部支出按支出用途分组				
	经常费支出	# 人员劳务费	资产性支出	# 土建工程	仪器和设备
按经济成分分组					
公有经济	837562.6	429374.5	24900.6	473.7	24426.9
非公有经济	5952682.4	2405082.4	426735.6	5497.4	421238.2
按企业控股情况分组					
国有控股	688934.7	374495.1	17797.7	434.8	17362.9
集体控股	148627.9	54879.4	7102.9	38.9	7064.0
私人控股	4464727.4	1749394.4	308616.4	3349.6	305266.8
港澳台商控股	745249.6	348449.7	58941.5	476.8	58464.7
外商控股	496862.6	209231.1	35864.0	1367.1	34496.9
其他	245842.8	98007.2	23313.7	303.9	23009.8
按地区分组					
杭州市	1948436.5	1070826.7	97115.3	1370.8	95744.5
宁波市	1439528.1	585134.0	92922.2	799.6	92122.6
温州市	493341.8	220562.1	24893.0	339.7	24553.3
嘉兴市	790099.9	244038.8	44743.6	193.0	44550.6
湖州市	381283.3	102733.8	36286.4	386.3	35900.1
绍兴市	671948.0	213271.9	55700.2	526.2	55174.0
金华市	344748.3	117988.5	33299.5	581.7	32717.8
衢州市	114083.8	26440.1	14455.5	1278.6	13176.9
舟山市	42582.8	17166.4	5124.9	235.1	4889.8
台州市	479601.5	209789.7	43514.4	242.3	43272.1
丽水市	84591	26504.9	3581.2	17.8	3563.4

4-4　续表 8

单位：万元

指标名称	R&D 经费内部支出按资金来源分组			
	政府资金	企业资金	境外资金	其他资金
总计	**108000.4**	**7111520.0**	**9991.8**	**12369.0**
按企业规模分组				
大型	64476.3	3399156.6	4765.1	2142.9
中型	43524.1	3712363.4	5226.7	10226.1
按隶属关系分组				
中央	9250.4	28187.3		
地方	8089.8	265770.9		73.4
其他	90660.2	6817561.8	9991.8	12295.6
按登记注册类型分组				
内资企业	78225.8	5089147.5	6617.9	10122.3
国有企业		4553.5		
股份合作企业	37.9	8626.9		
有限责任公司	18667.2	1303956.7	462.5	432.7
国有独资公司	7906.8	29054.9		
其他有限责任公司	10760.4	1274901.8	462.5	432.7
股份有限公司	40022.0	1725035.8	3611.8	2534.9
私营企业	19498.7	2046974.6	2543.6	7154.7
私营独资企业		1736.1		
私营合伙企业		317.4		
私营有限责任公司	14872.6	1720290.8	1425.6	4922.6
私营股份有限公司	4626.1	324630.3	1118.0	2232.1
港、澳、台商投资企业	20284.8	1293750.8	714.5	1007.9
合资经营企业（港或澳、台资）	3942.4	532642.3	602.2	256.4

4-4 续表 9

单位：万元

指标名称	R&D经费内部支出按资金来源分组			
	政府资金	企业资金	境外资金	其他资金
合作经营企业（港或澳、台资）		7839.3		
港、澳、台商独资经营企业	16016.0	487958.6	112.3	751.5
港、澳、台商投资股份有限公司	251.4	263116.7		
其他港、澳、台投资企业	75.0	2193.9		
外商投资企业	9489.8	728621.7	2659.4	1238.8
中外合资经营企业	8916.6	384980.5	861.5	342.8
中外合作经营企业		676.2		
外资企业	573.2	293775.7	1777.6	896.0
外商投资股份有限公司		30979.9		
其他外商投资企业		18209.4	20.3	
按国民经济行业大类分组				
制造业	107594.1	7095342.0	9991.8	12369.0
农副食品加工业	183.4	17302.9	1.2	
食品制造业	358.9	29110.4		7.2
酒、饮料和精制茶制造业	101.4	6263.5	188.7	
烟草制品业	7867.3	1016.2		
纺织业	974.5	381694.4	1190.0	1883.8
纺织服装、服饰业	1243.2	136656.3	75.6	1037.1
皮革、毛皮、羽毛及其制品和制鞋业	297.4	82989.1	81.3	327.9
木材加工和木、竹、藤、棕、草制品业	1999.0	37804.2	22.2	295.8
家具制造业	284.3	124616.7	65.1	
造纸和纸制品业	300.6	133728.6		
印刷和记录媒介复制业	132.6	24966.1		

单位：万元

指标名称	R&D 经费内部支出按资金来源分组			
	政府资金	企业资金	境外资金	其他资金
文教、工美、体育和娱乐用品制造业	1866.0	98810.6		6.2
石油、煤炭及其他燃料加工业	41.2	32607.4		
化学原料和化学制品制造业	5318.2	466336.1		765.9
医药制造业	12847.8	348807.5	2700.0	388.4
化学纤维制造业	1836.2	205054.0	137.2	396.2
橡胶和塑料制品业	732.8	199497.3	91.2	221.1
非金属矿物制品业	395.5	83889.5		
黑色金属冶炼和压延加工业	576.0	117277.0		
有色金属冶炼和压延加工业	2083.3	82535.1	301.1	
金属制品业	1699.6	211379.3	228.9	2161.3
通用设备制造业	12802.0	585083.0	353.5	171.0
专用设备制造业	5166.5	277401.5	241.1	1274.7
汽车制造业	3196.7	653640.7	841.6	428.6
铁路、船舶、航空航天和其他运输设备制造业	6246.3	76124.3		
电气机械和器材制造业	5925.3	1025705.3	2134.1	202.4
计算机、通信和其他电子设备制造业	22495.1	1404927.3	880.4	751.5
仪器仪表制造业	10592.9	224533.9	434.1	2049.9
其他制造业	6.8	18189.5	24.5	
废弃资源综合利用业		4668.6		
金属制品、机械和设备修理业	23.3	2725.7		
电力、热力、燃气及水生产和供应业	406.3	16178.0		
电力、热力生产和供应业	406.3	14773.7		
水的生产和供应业		1404.3		

4-4 续表 11

单位：万元

指标名称	R&D 经费内部支出按资金来源分组			
	政府资金	企业资金	境外资金	其他资金
按经济成分分组				
公有经济	20826.1	841269.2	294.5	73.4
非公有经济	87174.3	6270250.8	9697.3	12295.6
按企业控股情况分组				
国有控股	17579.2	688995.7	84.1	73.4
集体控股	3246.9	152273.5	210.4	
私人控股	64082.8	4692180.3	6851.8	10228.9
港澳台商控股	18088.3	783938.5	1000.8	1163.5
外商控股	2802.0	527176.7	1844.7	903.2
其他	2201.2	266955.3		
按地区分组				
杭州市	50004.0	1991136.5	3440.1	971.2
宁波市	6966.7	1522389.2	1807.6	1286.8
温州市	6030.1	509999.0	239.9	1965.8
嘉兴市	4762.9	828096.2		1984.4
湖州市	4931.2	412190.7	274.5	173.3
绍兴市	11597.2	709877.9	3421.2	2751.9
金华市	6341.5	369773.7	392.0	1540.6
衢州市	3170.4	125362.3	6.6	
舟山市	246.3	47461.4		
台州市	13181.2	508032.2	409.9	1492.6
丽水市	768.9	87200.9		202.4

4-4　续表 12　　　　单位：万元

指标名称	R&D 经费外部支出合计	对境内研究机构支出	对境内高等学校支出	对境内企业支出	对境外支出
总计	**544610.2**	**154741.6**	**21558.3**	**335409.4**	**32900.9**
按企业规模分组					
大型	415261.9	132532.1	10989.8	252635.2	19104.8
中型	129348.3	22209.5	10568.5	82774.2	13796.1
按隶属关系分组					
中央	6275.9	3328.6	1175.1	1587.4	184.8
地方	40936.2	20613.1	2161.4	14620.5	3541.2
其他	497398.1	130799.9	18221.8	319201.5	29174.9
按登记注册类型分组					
内资企业	217993.1	61754.8	16719.7	125952.3	13566.3
国有企业	21.4	21.4			
股份合作企业	125.7		8.0	117.7	
有限责任公司	91397.3	25529.8	4356.4	60074.1	1437.0
国有独资公司	1144.2	623.3	283.8	237.1	
其他有限责任公司	90253.1	24906.5	4072.6	59837.0	1437.0
股份有限公司	89511.4	31748.3	8301.0	40108.4	9353.7
私营企业	36937.3	4455.3	4054.3	25652.1	2775.6
私营独资企业	34.5			34.5	
私营合伙企业					
私营有限责任公司	27013.3	2471.3	3074.1	20619.2	848.7
私营股份有限公司	9889.5	1984.0	980.2	4998.4	1926.9
港、澳、台商投资企业	173787.3	42721.5	2683.4	125519.9	2862.5
合资经营企业（港或澳、台资）	47366.6	34070.0	2379.9	9637.4	1279.3

单位：万元

指标名称	R&D 经费外部支出合计	对境内研究机构支出	对境内高等学校支出	对境内企业支出	对境外支出
合作经营企业（港或澳、台资）	134.8		19.1	115.7	
港、澳、台商独资经营企业	38702.0	1316.9	205.3	35596.6	1583.2
港、澳、台商投资股份有限公司	87504.8	7334.6		80170.2	
其他港、澳、台投资企业	79.1		79.1		
外商投资企业	152829.8	50265.3	2155.2	83937.2	16472.1
中外合资经营企业	104089.6	23029.5	1289.7	79287.1	483.3
中外合作经营企业					
外资企业	48271.9	26796.2	836.8	4650.1	15988.8
外商投资股份有限公司	65.8	37.1	28.7		
其他外商投资企业	402.5	402.5			
按国民经济行业大类分组					
制造业	543246.9	154473.3	21176.2	334696.5	32900.9
农副食品加工业	587.5		307.8		279.7
食品制造业	1078.5	3.7	714.8	300.3	59.7
酒、饮料和精制茶制造业	65.7	10.0	13.0	42.7	
烟草制品业	727.3	224.6	283.8	218.9	
纺织业	7761.6	6992.7	275.1	472.2	21.6
纺织服装、服饰业	3150.0	1214.5	89.5	1068.4	777.6
皮革、毛皮、羽毛及其制品和制鞋业	122.0		122.0		
木材加工和木、竹、藤、棕、草制品业	36.9		36.9		
家具制造业	3512.5	375.6	701.3	2011.8	423.8
造纸和纸制品业	554.7	162.5	44.4	347.8	
印刷和记录媒介复制业	1159.7		5.9		1153.8

4-4 续表 15 单位：万元

指标名称	R&D 经费外部支出合计	对境内研究机构支出	对境内高等学校支出	对境内企业支出	对境外支出
文教、工美、体育和娱乐用品制造业	2516.3	1258.4	58.8	649.8	549.3
石油、煤炭及其他燃料加工业	3503.5	2657.4	846.1		
化学原料和化学制品制造业	14712.1	1718.0	2256.3	10512.3	225.5
医药制造业	118062.6	37286.8	4822.6	70792.0	5161.2
化学纤维制造业	956.3	204.1	222.2	530.0	
橡胶和塑料制品业	1041.0	139.3	523.4	348.7	29.6
非金属矿物制品业	219.0	48.1	158.5	12.4	
黑色金属冶炼和压延加工业	681.2	60.2	36.7	584.3	
有色金属冶炼和压延加工业	794.4	2.0	230.9	561.5	
金属制品业	1566.5	656.1	401.7	508.7	
通用设备制造业	13639.2	4478.8	1686.8	6956.5	517.1
专用设备制造业	2495.0	350.8	779.0	665.0	700.2
汽车制造业	173803.4	91837.3	1280.7	66011.5	14673.9
铁路、船舶、航空航天和其他运输设备制造业	5157.1	967.0	28.4	3932.0	229.7
电气机械和器材制造业	26214.4	2578.6	1890.4	18996.2	2749.2
计算机、通信和其他电子设备制造业	149510.2	922.9	2229.9	144048.1	2309.3
仪器仪表制造业	9228.1	213.6	849.4	5125.4	3039.7
其他制造业	364.2	110.3	253.9		
废弃资源综合利用业	26.0		26.0		
金属制品、机械和设备修理业					
电力、热力、燃气及水生产和供应业	1363.3	268.3	382.1	712.9	
电力、热力生产和供应业	1363.3	268.3	382.1	712.9	
水的生产和供应业					

4–4 续表 16 单位：万元

指标名称	R&D 经费外部支出合计	对境内研究机构支出	对境内高等学校支出	对境内企业支出	对境外支出
按经济成分分组					
公有经济	142359.1	24639.4	4051.6	109950.0	3718.1
非公有经济	402251.1	130102.2	17506.7	225459.4	29182.8
按企业控股情况分组					
国有控股	136911.6	24380.8	3624.8	105209.5	3696.5
集体控股	5447.5	258.6	426.8	4740.5	21.6
私人控股	150488.6	26014.3	13692.6	102274.1	8507.6
港澳台商控股	88574.2	42537.6	1194.2	40475.5	4366.9
外商控股	137307.0	61168.1	1721.7	58108.9	16308.3
其他	25881.3	382.2	898.2	24600.9	
按地区分组					
杭州市	195414.7	14993.8	5125.1	173142.0	2153.8
宁波市	134039.0	81751.0	4414.3	26911.5	20962.2
温州市	20638.4	940.0	1526.1	17019.8	1152.5
嘉兴市	21345.2	1745.2	1034.7	16859.1	1706.2
湖州市	5330.6	730.4	1068.8	2882.4	649.0
绍兴市	19658.4	3441.2	2344.4	12722.8	1150.0
金华市	10189.2	1499.8	1271.5	7395.3	22.6
衢州市	1891.5	709.4	335.3	846.8	
舟山市	841.1	541.2	91.9	23.2	184.8
台州市	133006.5	48295.0	4142.7	75649.0	4919.8
丽水市	2255.6	94.6	203.5	1957.5	

4–5　大中型工业企业全部 R&D 项目情况（2018）

指标名称	项目数（项）	参加项目人员（人）	项目人员折合全时当量（人年）	项目经费内部支出（万元）	
					政府资金
总计	**27361**	**273255**	**214518**	**7054858.7**	**64877.9**
按企业规模分组					
大型	7460	116713	93596	3374719.2	39050.6
中型	19901	156542	120922	3680139.5	25827.3
按登记注册类型分组					
内资企业	21896	206439	159649	5045751.8	41409.2
国有企业	18	160	121	4324.4	
股份合作企业	75	342	271	8642.0	36.0
有限责任公司	4739	46944	37004	1277909.1	8516.9
国有独资公司	106	973	594	32164.4	4508.0
其他有限责任公司	4633	45971	36409	1245744.7	4008.9
股份有限公司	5672	61777	47588	1719957.9	21913.2
私营企业	11392	97216	74665	2034918.4	10943.1
私营独资企业	4	106	67	1573.9	
私营合伙企业	1	25	8	317.4	
私营有限责任公司	9678	83230	63992	1706810.7	7413.7
私营股份有限公司	1709	13855	10598	326216.4	3529.4
港、澳、台商投资企业	2806	41455	34862	1288297.3	17033.3
合资经营企业（港或澳、台资）	1684	18259	14359	526042.5	1891.7
合作经营企业（港或澳、台资）	35	250	203	7014.9	
港、澳、台商独资经营企业	939	14612	12628	490235.6	14815.2
港、澳、台商投资股份有限公司	136	8244	7588	262743.6	251.4
其他港、澳、台投资企业	12	90	83	2260.7	75.0
外商投资企业	2659	25361	20007	720809.6	6435.4
中外合资经营企业	1498	14117	11066	386432.5	6255.8

4-5 续表1

指标名称	项目数（项）	参加项目人员（人）	项目人员折合全时当量（人年）	项目经费内部支出（万元）	政府资金
中外合作经营企业	4	52	47	654.6	
外资企业	966	9360	7447	288346.8	179.6
外商投资股份有限公司	135	1293	1098	27780.5	
其他外商投资企业	56	539	348	17595.2	
按国民经济行业大类分组					
制造业	27283	272617	214144	7039215.3	64845.0
农副食品加工业	91	647	473	16658.6	183.4
食品制造业	246	1265	906	28841.2	147.9
酒、饮料和精制茶制造业	44	533	379	5990.6	6.0
烟草制品业	37	98	57	4468.5	4468.5
纺织业	1738	19134	14009	378947.7	560.7
纺织服装、服饰业	598	8160	6528	135898.8	1044.3
皮革、毛皮、羽毛及其制品和制鞋业	421	7198	5011	82350.1	130.0
木材加工和木、竹、藤、棕、草制品业	149	2163	1684	39476.3	397.7
家具制造业	712	6954	5216	120937.5	258.4
造纸和纸制品业	311	3464	2720	130926.7	129.4
印刷和记录媒介复制业	160	1297	1042	24523.5	117.6
文教、工美、体育和娱乐用品制造业	709	6087	4973	97242.1	962.2
石油加工、炼焦和核燃料加工业	70	409	307	32648.5	
化学原料和化学制品制造业	1173	9069	7282	455190.4	2875.0
医药制造业	1826	12693	10183	350761.0	8069.8
化学纤维制造业	440	4664	3235	204237.4	1756.8
橡胶和塑料制品业	919	7556	5926	195611.9	387.8
非金属矿物制品业	319	3153	2495	81324.5	403.4
黑色金属冶炼和压延加工业	236	2123	1504	113050.3	
有色金属冶炼和压延加工业	301	2436	1848	84233.6	1818.9

4-5　续表 2

指标名称	项目数（项）	参加项目人员（人）	项目人员折合全时当量（人年）	项目经费内部支出（万元）	政府资金
金属制品业	1159	10519	7966	211903.1	1024.2
通用设备制造业	3460	26051	19867	587079.6	5931.2
专用设备制造业	1520	11238	9113	276549.6	2676.4
汽车制造业	2870	27296	20882	643659.3	1582.8
铁路、船舶、航空航天和其他运输设备制造业	429	3311	2764	80923.8	1879.3
电气机械和器材制造业	4184	39892	30835	1001463.6	2098.0
计算机、通信和其他电子设备制造业	2175	43864	37990	1395316.9	20705.9
仪器仪表制造业	853	9885	7868	234414.7	5176.3
其他制造业	107	1183	874	17864.2	36.3
废弃资源综合利用业	16	124	104	4061.9	
金属制品、机械和设备修理业	10	151	104	2659.4	16.8
电力、热力、燃气及水生产和供应业	78	638	374	15643.4	32.9
电力、热力生产和供应业	73	533	337	14243.1	32.9
水的生产和供应业	5	105	37	1400.3	
按地区分组					
杭州市	4176	61795	51337	2002820.3	33309.4
宁波市	7071	59891	47932	1490287.9	4037.0
温州市	2968	28392	22775	509961.3	3530.2
嘉兴市	2877	27951	21204	788266.5	2516.0
湖州市	1772	12956	10236	414052.8	2598.9
绍兴市	2523	28399	21945	712971.7	6835.6
金华市	1834	18326	13935	371508.2	4038.3
衢州市	484	5274	2888	124484.5	642.8
舟山市	201	2204	1704	46805.7	214.8
台州市	3055	24731	18333	510025.8	6731.8
丽水市	400	3336	2229	83674	423.1

4–6 大中型工业企业办研发机构情况（2018）

指标名称	机构数（个）	企业在境外设立的研发机构数（个）	机构人员合计（人）	#博士	硕士	机构经费支出（万元）	科技机构仪器和设备原价（万元）	#进口
总计	**2850**	**123**	**240009**	**1827**	**21519**	**7075336.6**	**5039217.9**	**570237.2**
按企业规模分组								
大型	529	47	112109	930	14889	3789537.2	2030818.6	286026.7
中型	2321	76	127900	897	6630	3285799.4	3008399.3	284210.5
按隶属关系分组								
中央	15	1	1237	28	176	38283.8	61157.4	29794.8
地方	101	3	8101	136	1337	276097.4	228657.5	49188.6
其他	2734	119	230671	1663	20006	6760955.4	4749403.0	491253.8
按登记注册类型分组								
内资企业	2263	100	171284	1343	11453	4724691.4	3880213.2	383176.7
国有企业	3		146			4995.1	2488.1	
股份合作企业	5		231	1	10	7052.8	8709.5	
有限责任公司	516	20	39211	315	3311	1198253.4	1553123.1	151360.9
国有独资公司	10		537	16	114	19945.7	45646.0	28707.3
其他有限责任公司	506	20	38674	299	3197	1178307.7	1507477.1	122653.6
股份有限公司	541	45	59556	699	6393	1879491.5	1232128.7	160825.6
私营企业	1198	35	72140	328	1739	1634898.6	1083763.8	70990.2
私营独资企业	1		10			400.0	110.0	
私营合伙企业	1		25			317.4	54.7	
私营有限责任公司	1035	31	61888	249	1185	1348642.9	852542.8	45619.5
私营股份有限公司	161	4	10217	79	554	285538.3	231056.3	25370.7
港、澳、台商投资企业	316	11	43295	218	7716	1506920.2	665239.9	111540.7

4-6 续表1

指标名称	机构数（个）	企业在境外设立的研发机构数（个）	机构人员合计（人）	#博士	硕士	机构经费支出（万元）	科技机构仪器和设备原价（万元）	#进口
合资经营企业（港或澳、台资）	187	6	17940	92	973	618871.0	368151.8	74633.4
合作经营企业（港或澳、台资）	5		399	1	17	10880.6	2736.0	
港、澳、台商独资经营企业	110	5	13979	34	2626	515175.3	240098.3	36079.4
港、澳、台商投资股份有限公司	11		10796	91	4085	358914.2	49375.1	827.9
其他港、澳、台投资企业	3		181		15	3079.1	4878.7	
外商投资企业	271	12	25430	266	2350	843725.0	493764.8	75519.8
中外合资经营企业	156	8	15724	198	1484	506160.5	220561.2	37364.7
中外合作经营企业	1		51			676.1	235.3	
外资企业	103	3	8966	62	845	313965.6	252561.9	36906.3
外商投资股份有限公司	8	1	510	5	18	9048.5	18410.9	1248.8
其他外商投资企业	3		179	1	3	13874.3	1995.5	
按国民经济行业大类分组								
采矿业	1		15			35.4	15.0	
黑色金属矿采选业	1		15			35.4	15.0	
制造业	2841	123	239632	1818	21489	7065478.4	5015365.4	569554.3
农副食品加工业	32		941	7	60	20933.8	27826.1	5772.3
食品制造业	30		1227	31	61	28322.5	17618.9	1887.9
酒、饮料和精制茶制造业	5		146	1	28	3906.4	6138.8	1836.2
烟草制品业	1		136	9	56	6738.9	36642.1	27701.8
纺织业	213	3	11199	28	175	252773.2	210197.6	39822.0
纺织服装、服饰业	89		5992	9	114	120646.9	46731.0	8353.3
皮革、毛皮、羽毛及其制品和制鞋业	67		4499	12	13	63804.7	19885.9	1759.7
木材加工和木、竹、藤、棕、草制品业	21		1512	13	31	24957.1	16466.4	2919.1
家具制造业	79	1	5007	7	57	83727.5	26584.3	526.8

4-6　续表 2

指标名称	机构数（个）	企业在境外设立的研发机构数（个）	机构人员合计（人）			机构经费支出（万元）	科技机构仪器和设备原价（万元）	
				# 博士	硕士			# 进口
造纸和纸制品业	35		3010	11	58	139972.5	139308.1	22745.0
印刷和记录媒介复制业	21		1359	6	11	28137.0	21960.3	210.8
文教、工美、体育和娱乐用品制造业	68	4	4873	25	72	80795.8	45326.5	1870.8
石油、煤炭及其他燃料加工业	1		490		8	68243.2	251284.7	
化学原料和化学制品制造业	151	5	8767	182	1213	482712.9	821185.3	68930.3
医药制造业	136	17	11579	316	2047	398457.0	337560.8	66929.7
化学纤维制造业	40	2	3202	65	80	160226.3	167216.6	23413.6
橡胶和塑料制品业	99	3	7466	32	251	232801.6	181214.9	27346.7
非金属矿物制品业	51	2	2394	31	204	77512.8	39428.3	4964.9
黑色金属冶炼和压延加工业	16		1391	14	41	114123.2	36746.7	750.0
有色金属冶炼和压延加工业	23		1816	22	129	49121.3	108528.8	16449.9
金属制品业	128	6	7485	26	130	144564.6	120967.0	16483.5
通用设备制造业	336	8	23032	151	1162	562128.1	429989.0	41597.4
专用设备制造业	145	15	10666	64	723	267456.8	158428.9	19198.4
汽车制造业	216	16	23500	124	1339	732460.9	385317.0	52070.2
铁路、船舶、航空航天和其他运输设备制造业	34	2	2292	1	53	68942.7	32740.3	2122.8
电气机械和器材制造业	457	27	37968	271	2025	1004211.9	576195.3	61838.8
计算机、通信和其他电子设备制造业	242	9	46700	288	10170	1578683.7	520646.3	45624.7
仪器仪表制造业	88	3	10311	72	1174	255548.2	199289.6	2000.8
其他制造业	12		416		4	7199.1	2783.6	
废弃资源综合利用业	2		74			1120.1	24672.6	
金属制品、机械和设备修理业	3		182			5247.7	6483.7	4426.9
电力、热力、燃气及水生产和供应业	8		362	9	30	9822.8	23837.5	682.9
电力、热力生产和供应业	7		355	9	27	9768.6	23586.9	592.9

4-6 续表 3

指标名称	机构数（个）	企业在境外设立的研发机构数（个）	机构人员合计（人）	#博士	硕士	机构经费支出（万元）	科技机构仪器和设备原价（万元）	#进口
水的生产和供应业	1		7		3	54.2	250.6	90.0
按经济成分分组								
公有经济	181	7	27107	343	6362	1008297.0	991962.9	157252.7
非公有经济	2669	116	212902	1484	15157	6067039.6	4047255.0	412984.5
按企业控股情况分组								
国有控股	112	5	22540	267	6086	851366.5	351434.6	86931.3
集体控股	69	2	4567	76	276	156930.5	640528.3	70321.4
私人控股	2179	91	162641	1144	9769	4343501.2	2872202.2	259658.8
港澳台商控股	223	12	24325	86	2962	861404.0	556006.5	63194.4
外商控股	181	7	18764	146	1748	612283.4	402503.2	59016.0
其他	86	6	7172	108	678	249851.0	216543.1	31115.3
按地区分组								
杭州市	503	17	64082	495	12876	2188292.0	994731.4	165903.5
宁波市	647	40	58000	276	3165	1588769.6	1734565.5	158404.4
温州市	322	15	24778	118	612	523411.2	322050.6	6356.9
嘉兴市	380	3	29327	168	1262	965619.4	706097.0	100332.9
湖州市	178	10	9295	130	478	300460.8	187733.7	15480.1
绍兴市	258	15	17233	187	1231	518252.2	336365.6	35054.1
金华市	157	1	9192	103	382	245707.3	209786.2	23316.1
衢州市	70	3	2555	57	201	105542.5	107075.0	17845.1
舟山市	33		2081	1	35	50253.0	30728.4	4750.4
台州市	274	19	21924	269	1212	542964.8	384907.5	42051.1
丽水市	28		1542	23	65	46063.8	25177	742.6

4-7　大中型工业企业自主知识产权保护情况（2018）

指标名称	专利申请数（件）	发明专利	PCT 专利	有效发明专利数（件）	已被实施	境外授权
总计	**50132**	**16325**	**1391**	**35216**	**23081**	**2154**
按企业规模分组						
大型	23966	8752	591	16156	10895	1101
中型	26166	7573	800	19060	12186	1053
按隶属关系分组						
中央	1419	694	39	1874	371	1
地方	1135	501	28	1332	756	184
其他	47578	15130	1324	32010	21954	1969
按登记注册类型分组						
内资企业	38889	11815	850	23990	15561	1309
国有企业	12	7		14	14	
股份合作企业	57	20		29	27	1
有限责任公司	12648	4788	156	7390	3885	363
国有独资公司	1211	638	7	1678	234	1
其他有限责任公司	11437	4150	149	5712	3651	362
股份有限公司	11219	3722	266	8996	6476	565
私营企业	14953	3278	428	7561	5159	380
私营独资企业	2	2		14	14	
私营合伙企业						
私营有限责任公司	12551	2575	283	5370	3621	276
私营股份有限公司	2400	701	145	2177	1524	104

4-7 续表 1

指标名称	专利申请数（件）	发明专利	PCT 专利	有效发明专利数（件）	已被实施	境外授权
港、澳、台商投资企业	7087	3224	404	7056	5093	232
合资经营企业（港或澳、台资）	2767	877	187	1707	1192	76
合作经营企业（港或澳、台资）	56	7	6	21	20	
港、澳、台商独资经营企业	2498	1311	211	4741	3363	135
港、澳、台商投资股份有限公司	1757	1024		578	510	21
其他港、澳、台投资企业	9	5		9	8	
外商投资企业	4156	1286	137	4170	2427	613
中外合资经营企业	2293	778	39	2188	1162	269
中外合作经营企业				2	2	
外资企业	1286	466	98	1784	1103	344
外商投资股份有限公司	514	23		174	142	
其他外商投资企业	63	19		22	18	
按国民经济行业大类分组						
制造业	48934	15737	1365	33863	23042	2153
农副食品加工业	77	36	17	91	59	6
食品制造业	141	80	10	78	54	
酒、饮料和精制茶制造业	70	17		34	27	
烟草制品业	90	56		334	165	
纺织业	1968	387	26	833	659	11
纺织服装、服饰业	589	69	9	182	160	1
皮革、毛皮、羽毛及其制品和制鞋业	405	36	22	126	85	
木材加工和木、竹、藤、棕、草制品业	197	63	5	248	207	15
家具制造业	2028	291	29	520	386	17

4-7 续表 2

指标名称	专利申请数（件）	发明专利	PCT 专利	有效发明专利数（件）	已被实施	境外授权
造纸和纸制品业	361	117	1	222	162	2
印刷和记录媒介复制业	208	71	4	155	75	2
文教、工美、体育和娱乐用品制造业	1438	139	13	347	269	18
石油、煤炭及其他燃料加工业	16	12		96	96	
化学原料和化学制品制造业	760	540	27	2224	1822	116
医药制造业	692	439	62	2475	1556	448
化学纤维制造业	303	90	13	303	195	2
橡胶和塑料制品业	1001	312	8	672	575	13
非金属矿物制品业	532	295	8	384	331	33
黑色金属冶炼和压延加工业	205	59		247	195	
有色金属冶炼和压延加工业	295	104	8	324	289	7
金属制品业	1814	330	49	962	625	43
通用设备制造业	5468	1485	134	3500	2357	199
专用设备制造业	2598	835	68	1577	1055	18
汽车制造业	3438	948	75	1814	1168	47
铁路、船舶、航空航天和其他运输设备制造业	526	116	4	229	183	13
电气机械和器材制造业	12849	3449	215	4813	2956	274
计算机、通信和其他电子设备制造业	8592	4436	388	9412	6108	722
仪器仪表制造业	1966	855	170	1493	1074	135
其他制造业	276	69		159	142	11
废弃资源综合利用业	31	1		9	7	
电力、热力、燃气及水生产和供应业	1198	588	26	1353	39	1
电力、热力生产和供应业	1182	584	26	1353	39	1

4-7 续表 3

指标名称	专利申请数（件）	发明专利	PCT 专利	有效发明专利数（件）	已被实施	境外授权
水的生产和供应业	16	4				
按经济成分分组						
公有经济	6593	3027	144	5286	3232	367
非公有经济	43539	13298	1247	29930	19849	1787
按企业控股情况分组						
国有控股	4675	2504	76	4292	2357	275
集体控股	1918	523	68	994	875	92
私人控股	34996	10132	869	19623	13315	1210
港澳台商控股	3840	1627	216	5798	4119	165
外商控股	2954	893	103	2890	1880	382
其他	1749	646	59	1619	535	30
按地区分组						
杭州市	12549	5388	295	12330	8276	700
宁波市	12131	4025	691	7159	5284	409
温州市	3515	702	40	1820	1123	88
嘉兴市	4502	1290	25	2460	1471	206
湖州市	2557	959	72	2314	1582	84
绍兴市	5875	1205	78	2631	1830	196
金华市	2987	885	63	1521	1125	137
衢州市	455	181	14	328	290	7
舟山市	233	56	14	134	131	5
台州市	3748	1041	94	3025	1797	319
丽水市	587	82		255	172	2

4-7　续表 4

指标名称	拥有注册商标（件）	# 境外注册	发表科技论文（篇）	形成国家或行业标准（项）	软件著作权（项）
总计	**48829**	**8434**	**2844**	**2190**	**5364**
按企业规模分组					
大型	22916	5066	1345	763	2087
中型	25913	3368	1499	1427	3277
按隶属关系分组					
中央	505	62	593	28	108
地方	1363	278	427	165	173
其他	46961	8094	1824	1997	5083
按登记注册类型分组					
内资企业	40473	6382	2367	1950	4577
国有企业	31	2		1	
股份合作企业	9	1	8	2	
有限责任公司	5669	795	984	309	1347
国有独资公司	177	24	451	24	72
其他有限责任公司	5492	771	533	285	1275
股份有限公司	16075	2860	1106	951	2139
私营企业	18689	2724	269	687	1091
私营独资企业	13				
私营合伙企业	2				
私营有限责任公司	15819	2401	168	575	562
私营股份有限公司	2855	323	101	112	529
港、澳、台商投资企业	3989	847	184	162	547
合资经营企业（港或澳、台资）	2206	601	153	121	75

4-7 续表 5

指标名称	拥有注册商标（件）	# 境外注册	发表科技论文（篇）	形成国家或行业标准（项）	软件著作权（项）
合作经营企业（港或澳、台资）	14	5		4	1
港、澳、台商独资经营企业	1446	163	24	14	42
港、澳、台商投资股份有限公司	309	78	6	23	428
其他港、澳、台投资企业	14		1		1
外商投资企业	4367	1205	293	78	240
中外合资经营企业	1508	605	256	57	163
中外合作经营企业					
外资企业	1645	305	37	7	72
外商投资股份有限公司	881	283		8	5
其他外商投资企业	333	12		6	
按国民经济行业大类分组					
制造业	48724	8432	2341	2175	5298
农副食品加工业	506	22	11	7	
食品制造业	814	17	17	5	9
酒、饮料和精制茶制造业	483	88	18	3	
烟草制品业	170	24	52	6	10
纺织业	1282	131	40	75	28
纺织服装、服饰业	3476	218	9	27	47
皮革、毛皮、羽毛及其制品和制鞋业	2532	195		72	8
木材加工和木、竹、藤、棕、草制品业	1024	107	123	102	20
家具制造业	2496	375	18	15	71
造纸和纸制品业	442	43	18	16	17
印刷和记录媒介复制业	289	30	7	11	2

4-7　续表 6

指标名称	拥有注册商标（件）	# 境外注册	发表科技论文（篇）	形成国家或行业标准（项）	软件著作权（项）
文教、工美、体育和娱乐用品制造业	2740	658	12	42	19
石油、煤炭及其他燃料加工业			96		
化学原料和化学制品制造业	4353	510	170	154	26
医药制造业	4068	307	290	74	17
化学纤维制造业	137	41	24	14	5
橡胶和塑料制品业	1465	560	50	114	45
非金属矿物制品业	645	310	18	27	12
黑色金属冶炼和压延加工业	52	16	65	14	
有色金属冶炼和压延加工业	522	38	25	25	4
金属制品业	1854	390	35	94	82
通用设备制造业	4797	1211	440	429	421
专用设备制造业	1592	367	105	129	186
汽车制造业	1320	207	91	64	66
铁路、船舶、航空航天和其他运输设备制造业	356	137	44	29	8
电气机械和器材制造业	6298	1229	279	314	668
计算机、通信和其他电子设备制造业	3295	797	109	179	2540
仪器仪表制造业	1297	322	163	110	984
其他制造业	418	82	12	17	3
废弃资源综合利用业	1			7	
电力、热力、燃气及水生产和供应业	105	2	503	15	66
电力、热力生产和供应业	104	2	494	15	62
水的生产和供应业	1		9		4

4-7 续表 7

指标名称	拥有注册商标（件）	# 境外注册	发表科技论文（篇）	形成国家或行业标准（项）	软件著作权（项）
按经济成分分组					
公有经济	3110	789	1167	216	1267
非公有经济	45719	7645	1677	1974	4097
按企业业控股情况分组					
国有控股	2439	660	1083	92	1167
集体控股	671	129	84	124	100
私人控股	39035	6530	1449	1808	3377
港澳台商控股	2672	356	69	75	149
外商控股	3270	702	126	57	95
其他	742	57	33	34	476
按地区分组					
杭州市	10238	2171	1007	522	3487
宁波市	7300	1222	383	207	386
温州市	6753	1183	117	251	752
嘉兴市	4157	641	96	172	100
湖州市	3384	376	279	204	123
绍兴市	4515	587	246	246	126
金华市	4115	496	89	182	138
衢州市	448	48	35	59	39
舟山市	92	1	54	6	6
台州市	6072	1568	175	313	152
丽水市	1755	141	9	13	15

4–8 大中型工业企业新产品开发、生产及销售情况（2018）

指标名称	新产品开发项目数（项）	新产品开发经费支出（万元）	新产品产值（万元）	新产品销售收入（万元）	
					#出口
总计	**30308**	**8068936.6**	**171637812.7**	**165362359.5**	**33508905.7**
按企业规模分组					
大型	8436	3981809.0	94237133.9	90694482.1	17667668.1
中型	21872	4087127.6	77400678.8	74667877.4	15841237.6
按隶属关系分组					
中央	137	43615.2	1013416.8	967280.7	124308.1
地方	1179	305317.9	5658865.6	5371518.3	710942.9
其他	28992	7720003.5	164965530.3	159023560.5	32673654.7
按登记注册类型分组					
内资企业	24094	5771919.7	129246732.6	124559450.1	22810137.0
国有企业	15	4728.3	129784.4	128271.4	
股份合作企业	56	5477.8	130148.8	119972.7	18155.8
有限责任公司	5356	1564692.2	45334845.6	42731656.2	5211707.7
国有独资公司	100	28903.0	198132.5	188972.3	7226.0
其他有限责任公司	5256	1535789.2	45136713.1	42542683.9	5204481.7
股份有限公司	6204	1917561.0	35330301.0	35029553.0	7663442.1
私营企业	12463	2279460.4	48321652.8	46549996.8	9916831.4
私营独资企业	4	1736.1	19621.9	18464.0	5989.0
私营合伙企业	1	317.4	2925.2	2340.2	
私营有限责任公司	10501	1902517.4	41209034.4	39763596.8	8166404.2
私营股份有限公司	1957	374889.5	7090071.3	6765595.8	1744438.2
港、澳、台商投资企业	3160	1478807.8	23719508.7	22918567.1	5866833.4

4-8 续表1

指标名称	新产品开发项目数（项）	新产品开发经费支出（万元）	新产品产值（万元）	新产品销售收入（万元）	
					# 出口
合资经营企业（港或澳、台资）	1865	615677.6	13065127.2	12557442.2	2819643.3
合作经营企业（港或澳、台资）	41	11238.9	220858.8	223676.4	126881.4
港、澳、台商独资经营企业	1067	565994.5	8264996.9	7853821.2	2606122.8
港、澳、台商投资股份有限公司	174	279824.8	2094930.7	2186857.2	274938.3
其他港、澳、台投资企业	13	6072.0	73595.1	96770.1	39247.6
外商投资企业	3054	818209.1	18671571.4	17884342.3	4831935.3
中外合资经营企业	1721	453439.6	10820769.6	10351027.4	2099387.7
中外合作经营企业	4	676.2	20449.9	20449.9	5437.9
外资企业	1099	306226.5	6348248.0	6127639.2	2470140.7
外商投资股份有限公司	174	38675.3	874940.6	794212.3	163553.9
其他外商投资企业	56	19191.5	607163.3	591013.5	93415.1
按国民经济行业大类分组					
采矿业	1	62.0			
黑色金属矿采选业	1	62.0			
制造业	30247	8055723.5	171220299.0	164957633.3	33504037.8
农副食品加工业	117	24288.4	224760.8	194089.2	61630.4
食品制造业	259	29834.2	609041.7	594968.1	98953.6
酒、饮料和精制茶制造业	52	8125.7	472817.2	451032.0	1510.9
烟草制品业	38	9261.1	94650.6	78714.8	373.5
纺织业	1655	354919.5	7842188.8	7464113.2	1567120.7
纺织服装、服饰业	633	156337.3	4283732.1	4132475.9	1971820.3
皮革、毛皮、羽毛及其制品和制鞋业	473	89381.8	1975599.7	1899897.4	747413.1
木材加工和木、竹、藤、棕、草制品业	164	40494.0	962374.3	942773.3	277282.4
家具制造业	795	143128.9	3265163.9	3202095.7	2005844.5

4-8 续表 2

指标名称	新产品开发项目数（项）	新产品开发经费支出(万元)	新产品产值（万元）	新产品销售收入（万元）	
					# 出口
造纸和纸制品业	351	131155.0	3749907.7	3559820.1	408958.2
印刷和记录媒介复制业	202	28763.6	586126.0	590960.2	178869.6
文教、工美、体育和娱乐用品制造业	753	107632.1	2986107.5	2869652.8	1080718.0
石油、煤炭及其他燃料加工业	23	20603.8	1776838.6	1778947.4	6935.0
化学原料和化学制品制造业	1209	541592.4	13324044.0	12942010.7	1055764.7
医药制造业	1801	348224.3	5545996.6	5241401.8	1403509.5
化学纤维制造业	574	290033.3	8865081.6	8552654.9	564239.4
橡胶和塑料制品业	1076	262084.9	3592726.0	3482801.6	973269.0
非金属矿物制品业	343	89648.1	2333319.4	2100982.7	408319.4
黑色金属冶炼和压延加工业	283	170419.6	3389120.1	3197858.4	287383.5
有色金属冶炼和压延加工业	332	111871.3	4068430.0	3994921.8	515033.8
金属制品业	1256	214962.7	4536362.4	4231436.1	1312580.2
通用设备制造业	3880	674923.6	12023157.3	11894794.2	2665453.0
专用设备制造业	1751	305988.7	4532113.6	4220585.4	978350.1
汽车制造业	3250	777082.2	26590240.4	24926218.7	1586863.1
铁路、船舶、航空航天和其他运输设备制造业	424	84642.1	1809302.1	1599975.9	598959.3
电气机械和器材制造业	4847	1191686.5	24946203.4	24748109.8	6960223.3
计算机、通信和其他电子设备制造业	2550	1529412.1	23422169.1	22747880.8	5069220.3
仪器仪表制造业	1030	295572.2	2901042.7	2832171.0	596277.5
其他制造业	102	18669.7	351822.6	340380.2	113806.6
废弃资源综合利用业	19	4107.9	154262.0	143909.2	7354.9
金属制品、机械和设备修理业	5	876.5	5596.8		
电力、热力、燃气及水生产和供应业	60	13151.1	417513.7	404726.2	4867.9
电力、热力生产和供应业	50	9590.8	417513.7	404726.2	4867.9

4-8 续表 3

指标名称	新产品开发项目数（项）	新产品开发经费支出(万元)	新产品产值（万元）	新产品销售收入（万元）	
					# 出口
燃气生产和供应业	4	481.2			
水的生产和供应业	6	3079.1			
按经济成分分组					
公有经济	1985	983756.3	19903607.0	19428418.2	2503055.8
非公有经济	28323	7085180.3	151734205.7	145933941.3	31005849.9
按企业控股情况分组					
国有控股	1413	813963.8	16108991.5	15822721.6	2187565.2
集体控股	572	169792.5	3794615.5	3605696.6	315490.6
私人控股	22963	5319825.4	114462446.9	110910886.1	21848716.2
港澳台商控股	2246	877538.2	15461181.7	15156283.2	4134016.6
外商控股	2040	597431.7	15524592.6	13809607.9	4217626.5
其他	1074	290385.0	6285984.5	6057164.1	805490.6
按地区分组					
杭州市	5097	2384101.9	39052794.1	38357156.9	5687477.9
宁波市	7951	1747495.1	43278714.3	40722991.1	8694807.1
温州市	3085	540421.5	9110595.7	8852351.5	1494824.8
嘉兴市	3487	989001.3	26606574.0	25930580.3	6233093.6
湖州市	1975	483594.0	10148994.0	9762428.6	2045418.2
绍兴市	2500	742223.6	14860503.0	14225672.3	2824218.2
金华市	1869	381489.7	8086327.2	7772479.1	1974104.4
衢州市	508	125402.9	3640013.8	3409762.3	385991.0
舟山市	196	46865.5	871405.6	660699.4	154969.5
台州市	3197	529377.8	13134706.7	12951505.0	3589191.7
丽水市	443	98963.3	2847184.3	2716733	424809.3

4–9　大中型工业企业政府相关政策落实情况（2018）

单位：万元

指标名称	使用来自政府部门的研发资金	研究开发费用加计扣除减免税	高新技术企业减免税
总计	**100259.5**	**487052.8**	**1108312.3**
按企业规模分组			
大型	59506.2	241115.3	585167.9
中型	40753.3	245937.5	523144.4
按隶属关系分组			
中央	4807.7	1528.1	1826.5
地方	8515.2	22971.5	39973.1
其他	86936.6	462553.2	1066512.7
按登记注册类型分组			
内资企业	70606.0	356475.4	778500.5
股份合作企业	37.9	726.1	1748.4
有限责任公司	13821.9	99308.2	200476.9
国有独资公司	39.5	1110.4	2463.3
其他有限责任公司	13782.4	98197.8	198013.6
股份有限公司	38252.0	138901.9	350764.4
私营企业	18494.2	117539.2	225510.8
私营有限责任公司	13872.1	93443.2	174511.4
私营股份有限公司	4622.1	24096.0	50999.4
港、澳、台商投资企业	19767.9	78027.3	151266.9
合资经营企业（港或澳、台资）	3304.5	35874.6	74436.7

4-9 续表 1

单位：万元

指标名称	使用来自政府部门的研发资金	研究开发费用加计扣除减免税	高新技术企业减免税
合作经营企业（港或澳、台资）		247.5	1146.4
港、澳、台商独资经营企业	16137.0	27592.5	69871.1
港、澳、台商投资股份有限公司	251.4	12206.4	4674.1
其他港、澳、台投资企业	75.0	2106.3	1138.6
外商投资企业	9885.6	52550.1	178544.9
中外合资经营企业	9198.3	30320.4	112147.7
外资企业	687.3	19703.7	46181.3
外商投资股份有限公司		1887.1	10555.8
其他外商投资企业		638.9	9660.1
按国民经济行业大类分组			
制造业	96428.6	486237.4	1105159.5
农副食品加工业	767.9	544.6	5326.3
食品制造业	356.9	1741.8	6181.0
酒、饮料和精制茶制造业		243.8	
纺织业	951.7	15031.6	37570.0
纺织服装、服饰业	775.7	7980.5	8698.0
皮革、毛皮、羽毛及其制品和制鞋业	86.2	5544.3	5921.7
木材加工和木、竹、藤、棕、草制品业	1898.6	2767.8	8764.8
家具制造业	340.0	10823.5	7826.3
造纸和纸制品业	277.6	8698.3	30403.6
印刷和记录媒介复制业	132.6	1604.7	6501.1
文教、工美、体育和娱乐用品制造业	1928.1	5677.0	6487.9

4-9 续表 2

单位：万元

指标名称	使用来自政府部门的研发资金	研究开发费用加计扣除减免税	高新技术企业减免税
石油、煤炭及其他燃料加工业	41.2	66.0	11593.2
化学原料和化学制品制造业	5044.2	48125.7	90219.8
医药制造业	12399.3	37378.6	102571.1
化学纤维制造业	1656.0	7204.4	24654.4
橡胶和塑料制品业	323.8	12625.4	25502.0
非金属矿物制品业	385.5	4948.7	36980.2
黑色金属冶炼和压延加工业	576.0	6804.7	5557.3
有色金属冶炼和压延加工业	1938.3	3629.6	3657.0
金属制品业	1656.6	12624.7	27650.5
通用设备制造业	12319.3	46106.9	107804.4
专用设备制造业	4655.1	21715.0	53962.9
汽车制造业	3080.2	42248.1	141540.4
铁路、船舶、航空航天和其他运输设备制造业	6221.3	3068.9	4655.7
电气机械和器材制造业	5694.3	73144.1	171160.5
计算机、通信和其他电子设备制造业	22494.2	87398.3	130492.7
仪器仪表制造业	10400.7	17600.5	42825.4
其他制造业	4.0	726.8	516.2
废弃资源综合利用业		163.1	135.1
金属制品、机械和设备修理业	23.3		
电力、热力、燃气及水生产和供应业	3830.9	815.4	3152.8
电力、热力生产和供应业	3830.9	815.4	3152.8

4-9　续表 3

单位：万元

指标名称	使用来自政府部门的研发资金	研究开发费用加计扣除减免税	高新技术企业减免税
按经济成分分组			
公有经济	16352.0	68968.9	74653.9
非公有经济	83907.5	418083.9	1033658.4
按企业控股情况分组			
国有控股	13342.1	55503.7	47744.0
集体控股	3009.9	13465.2	26909.9
私人控股	61209.9	305358.0	751114.1
港澳台商控股	17582.8	48564.3	121303.4
外商控股	2916.1	39033.6	121767.3
其他	2198.7	25128.0	39473.6
按地区分组			
杭州市	41763.3	139813.7	236952.0
宁波市	6754.6	92833.5	241229.1
温州市	5468.9	44557.1	84774.2
嘉兴市	4633.1	60907.0	167333.1
湖州市	4564.0	28779.4	66403.3
绍兴市	10805.8	38483.6	111645.8
金华市	6073.3	23367.7	52434.0
衢州市	2958.9	6263.2	14007.7
舟山市	695.7	1090.2	8008.1
台州市	15873.3	46753.3	115480.9
丽水市	668.6	4204.1	10044.1

4–10 大中型企业技术获取和技术改造情况（2018）

单位：万元

指标名称	引进境外技术经费支出	引进境外技术的消化吸收经费支出	购买境内技术经费支出	技术改造经费支出
总计	**1932444.2**	**155880.6**	**82284.4**	**13528.5**
按企业规模分组				
大型	1265031.7	88453.1	52307.1	10540.3
中型	667412.5	67427.5	29977.3	2988.2
按隶属关系分组				
中央	152078.6	23408.0	178.2	
地方	184527.3	9347.8	3499.2	7166.0
其他	1595838.3	123124.8	78607.0	6362.5
按登记注册类型分组				
内资企业	1574996.0	140842.0	45321.3	11838.9
国有企业	1150.9			
股份合作企业	2385.5			
有限责任公司	554180.1	36521.7	3481.4	523.4
国有独资公司	7947.8	22884.0	178.2	
其他有限责任公司	546232.3	13637.7	3303.2	523.4
股份有限公司	639476.7	54325.0	30444.8	10934.7
私营企业	377802.8	49995.3	11395.1	380.8
私营独资企业	1322.0			
私营有限责任公司	290575.1	31948.4	10903.1	380.8
私营股份有限公司	85905.7	18046.9	492.0	
港、澳、台商投资企业	174376.8	3345.3	2811.6	1347.7

4-10 续表 1

单位：万元

指标名称	引进境外技术经费支出	引进境外技术的消化吸收经费支出	购买境内技术经费支出	技术改造经费支出
合资经营企业（港或澳、台资）	89780.6	3339.7	2811.6	1347.7
合作经营企业（港或澳、台资）	7.0			
港、澳、台商独资经营企业	84254.9	5.6		
港、澳、台商投资股份有限公司	334.3			
外商投资企业	183071.4	11693.3	34151.5	341.9
中外合资经营企业	78077.6	11490.9	3514.0	71.4
外资企业	84268.0	202.4	30446.8	270.5
外商投资股份有限公司	682.8		190.7	
其他外商投资企业	20043.0			
按国民经济行业大类分组				
采矿业	24.0			
黑色金属矿采选业	24.0			
制造业	1899321.9	155740.6	82284.4	13528.5
农副食品加工业	4247.3	668.8		
食品制造业	13814.0	9416.6	2957.9	
酒、饮料和精制茶制造业	1497.1	1479.1		
烟草制品业	5140.4	22632.1	178.2	
纺织业	31542.1	664.5	150.0	
纺织服装、服饰业	5608.9	2236.5	2314.0	
皮革、毛皮、羽毛及其制品和制鞋业	979.8	242.1		
木材加工和木、竹、藤、棕、草制品业	800.0	243.3		
家具制造业	5480.5	1579.4		

4-10 续表 2

单位：万元

指标名称	引进境外技术经费支出	引进境外技术的消化吸收经费支出	购买境内技术经费支出	技术改造经费支出
造纸和纸制品业	18154.6	1500.0		
印刷和记录媒介复制业	8794.7	15.0		
文教、工美、体育和娱乐用品制造业	16781.7	1793.0	381.0	1332.7
石油、煤炭及其他燃料加工业	133000.0	315.0		
化学原料和化学制品制造业	130600.1	4849.5	190.7	325.6
医药制造业	101483.6	23748.5	3996.0	7127.5
化学纤维制造业	32510.7	1213.2	7564.2	60.5
橡胶和塑料制品业	57879.4	7983.5	649.4	394.7
非金属矿物制品业	304685.1	84.9	1809.8	
黑色金属冶炼和压延加工业	87695.3			
有色金属冶炼和压延加工业	12694.8	8857.5	288.3	
金属制品业	39111.4	6444.9	10443.9	1864.0
通用设备制造业	220859.3	5980.5	1379.9	140.2
专用设备制造业	103480.5	3640.1	472.4	280.1
汽车制造业	216470.5	27723.0	17998.8	248.1
铁路、船舶、航空航天和其他运输设备制造业	3029.1			
电气机械和器材制造业	149951.2	7431.2	30370.6	97.0
计算机、通信和其他电子设备制造业	175280.1	12075.0	1139.3	1658.1
仪器仪表制造业	15805.1	2901.4		
其他制造业	50.0	12.0		
废弃资源综合利用业	1894.6	10.0		
电力、热力、燃气及水生产和供应业	33098.3	140.0		

4-10 续表 3

单位：万元

指标名称	引进境外技术经费支出	引进境外技术的消化吸收经费支出	购买境内技术经费支出	技术改造经费支出
电力、热力生产和供应业	33098.3	140.0		
按经济成分分组				
公有经济	355105.0	38355.5	5057.3	7155.4
非公有经济	1577339.2	117525.1	77227.1	6373.1
按企业控股情况分组				
国有控股	322948.5	37361.8	2876.1	7140.4
集体控股	32156.5	993.7	2181.2	15.0
私人控股	1311637.1	111333.6	42831.9	6031.2
港澳台商控股	120238.9	1207.9	243.7	
外商控股	109882.9	4937.4	34151.5	341.9
其他	35580.3	46.2		
按地区分组				
杭州市	271513.1	30905.1	5531.4	411.1
宁波市	575737.0	60171.6	19689.3	263.1
温州市	134721.0	5853.8	586.6	25.6
嘉兴市	458950.6	2154.3	48009.7	2574.7
湖州市	27308.5	1335.6	479.1	1458.8
绍兴市	67217.4	930.3	1291.7	
金华市	59473.9	5495.2	23.8	9.6
衢州市	96716.5	16432.4	4097.2	2.6
舟山市	17044.5	832.7		
台州市	222264.6	30207.2	2575.6	8783.0
丽水市	1497.1	1562.4		

五、高等院校

5–1 高等学校基本情况（1978—2018）

年份	学校数（所）	招生数（人）		在校学生数（人）		毕业生数（人）		教职员工数（人）	
		本专科	研究生	本专科	研究生	本专科	研究生		专任教师
1978	20	14241		24223		3743		11961	5389
1979	20	9498		32227		1013		13889	6275
1980	22	9387		37815		3710		15619	6886
1981	22	9208		41020		5852		16365	6933
1982	22	10162		36088		14968		18181	7701
1983	24	12750		39008		10411		19274	8219
1984	27	15030		44883		9002		20431	8690
1985	35	19026		52688		11044		22497	9908
1986	37	17877		57352		13027		24723	10804
1987	37	18190		60072		15017		25620	11223
1988	37	19364		60419		18712		26472	11578
1989	37	18270		61045		17323		26772	11574
1990	37	18264		60327		18417		26787	11578
1991	36	18651		59822		18175		27004	11208
1992	35	21217		62226		18267		27821	11105
1993	36	27716		73586		15971		27898	11148
1994	37	30482		87428		17895		28212	11345
1995	37	28094		92857		22443		28194	11491
1996	36	30541		96480		27133		28107	11530
1997	35	33145		102302		26386		28123	11595
1998	32	36668	2155	113543	5991	24296		28327	11816
1999	36	59300	3216	151318	7460	30561	1578	30532	13140
2000	35	93516	4130	212375	9895	32477	1600	40037	18981
2001	38	120195	5577	293078	13237	37230	1882	44347	22168
2002	60	152470	6111	393145	16297	48431	2645	48481	25993
2003	64	173519	6863	484639	19269	78685	3514	48691	29945
2004	68	195617	8029	572759	22062	103123	4858	60833	35766
2005	67	215362	9577	651307	25637	133051	5558	58924	38402
2006	68	237157	10996	719869	27125	162531	8731	69730	42143
2007	77	249749	12326	777982	31409	183863	7387	73704	45622
2008	77	265696	13691	832224	35812	203203	8944	75986	47795
2009	78	261361	16184	866496	43381	218226	7941	77852	49516
2010	80	260111	16575	884867	47991	233741	11156	79785	50969
2011	104	271285	17565	907482	51846	238448	13046	81384	52296
2012	105	280824	18748	932292	54369	247537	15112	83843	54154
2013	106	283353	19535	959629	57801	244860	15592	85381	56000
2014	108	284285	20164	978216	60511	253708	16535	87375	58076
2015	108	287809	21496	991149	63528	263981	17117	88744	59472
2016	108	288798	22246	996143	67232	273342	17801	90214	60477
2017	108	293745	27368	1002346	74404	276580	18717	92654	62357
2018	109	309687	29760	1019449	82547	280634	20676	94462	63433

注：2011年起包含独立学院。2017年起研究生含全日制和非全日制。

5-2 普通高等教育分类情况（2018）

分类	学校数（所）	本、专科学生（人）			教职员工数（人）	
		毕业生数	招生数	在校学生数		# 专任教师
总计	**109**	**280634**	**309687**	**1019449**	**94462**	**63433**
普通本科	60	149271	164713	624707	69088	45908
民办本科	26	61495	68157	250680	17096	12779
独立学院	21	41130	45664	166432	10876	8348
高职（高专）院校	49	131363	144974	394742	25374	17525
民办	10	22578	26820	69977	4354	3089

5-3　高等学校科技活动情况（1986—2018）

年份	科技活动机构数（个）	科技活动人员（人）	经费拨入总额（万元）	#政府拨款	经费支出总额（万元）	#仪器设备费
1986	31	16086	2760	2061	2191	943
1987	32	15363	2954	1836	2557	823
1988	45	19874	3167	1789	2757	639
1989	44	20166	4514	2039	3926	884
1990	45	20267	5320	2773	4068	881
1991	43	20251	6442	3234	5505	1101
1992	58	20597	11083	5250	9996	2128
1993	234	20940	26974	9129	26563	4917
1994	262	20933	25766	8965	24830	3449
1995	259	21098	28731	7522	24805	3067
1996	259	22111	32341	7404	29516	3417
1997	295	22247	38327	10791	34538	4497
1998	433	23092	45677	11598	45008	4592
1999	365	23869	58749	13654	51850	3035
2000	430	28555	81153	23554	74714	8225
2001	534	34716	108576	37059	90486	11448
2002	405	19659	150651	61506	112630	17339
2003	421	21763	178362	67396	136090	19425
2004	203	29031	209249	90951	178960	27796
2005	191	25077	271011	136055	203204	37122
2006	160	25436	314684	170843	257099	53033
2007	161	26496	350014	178132	261104	41679
2008	169	28594	398755	225555	297278	51504
2009	575	53160	449992	242782	391720	72279
2010	471	56822	596839	348846	539237	61563
2011	494	60216	660167	376049	635506	108295
2012	524	62209	718381	410322	686972	98605
2013	595	64507	722863	406115	675602	96108
2014	601	65855	750889	433034	725606	88192
2015	634	74942	847205	498600	751587	86076
2016	717	87309	972426	580644	873965	94396
2017	823	89458	1091217	627515	994536	122007
2018	846	92824	1301272	724200	1208697	153233

5-4 高等院校自然科学领域科技人力资源情况（一）（2018）

单位：人

指标名称	合计		教师					
		女性	小计	教授	副教授	讲师	助教	其他
总计	**56957**	**28286**	**27623**	**4920**	**8346**	**10984**	**2072**	**1301**
按学科分								
自然科学	7064	2602	5564	1176	1875	2166	131	216
工程与技术	20090	6989	15067	2480	4822	6250	770	745
医药科学	25354	16489	4920	884	1100	1713	1007	216
农业科学	1988	772	1487	332	441	585	63	66
其　他	2461	1434	585	48	108	270	101	58
按学历分								
博士研究生	17371	5381	13911	3545	4484	4992	130	760
硕士研究生	17086	8714	7410	588	1770	3555	1093	404
大学本科	19479	12060	5744	776	2061	2126	644	137
大学专科	2312	1708	448	11	28	235	174	
中专及以下	709	423	110		3	76	31	
按年龄分								
30 岁及以下	11233	7624	3036		45	1359	1103	529
31~35 岁	11111	5883	4782	38	698	3119	473	454
36~40 岁	12509	6225	6795	464	2320	3463	341	207
41~45 岁	8114	3523	4676	823	1929	1761	101	62
46~55 岁	11492	4478	6644	2540	2867	1157	45	35
56~60 岁	2200	497	1458	826	484	125	9	14
61 岁及以上	298	56	232	229	3			

5-5 高等院校自然科学领域科技人力资源情况（二）（2018）

单位：人

指标名称	合计	其他技术职务系列人员				辅助人员
		高级	中级	初级	其他	
总计	**29334**	**6031**	**10414**	**9875**	**2189**	**825**
按学科分						
自然科学	1500	412	742	204	128	14
工程与技术	5023	1316	2348	777	460	122
医药科学	20434	3797	6422	8427	1241	547
农业科学	501	170	204	58	35	34
其　他	1876	336	698	409	325	108
按学历分						
博士研究生	3460	1458	1371	354	277	
硕士研究生	9676	1625	3891	3078	1082	
大学本科	13735	2772	4630	5503	830	
大学专科	1864	146	424	807		487
中专及以下	599	30	98	133		338
按年龄分						
30 岁及以下	8197	1	534	5994	1411	257
31~35 岁	6329	113	3163	2505	456	92
36~40 岁	5714	1051	3566	818	196	83
41~45 岁	3438	1445	1574	251	60	108
46~55 岁	4848	2865	1439	267	57	220
56~60 岁	742	494	137	40	9	62
61 岁及以上	66	62	1			3

5-6 高等院校自然科学领域科技人力资源情况（三）

单位：人

指标名称	合计	科学家和工程师				技术员	辅助人员
		小计	高级	中级	初级		
总计	**56957**	**53943**	**19297**	**21398**	**13248**	**2189**	**825**
按学科分							
自然科学	7064	6922	3463	2908	551	128	14
工程与技术	20090	19508	8618	8598	2292	460	122
医药科学	25354	23566	5781	8135	9650	1241	547
农业科学	1988	1919	943	789	187	35	34
其　他	2461	2028	492	968	568	325	108
按学历分							
博士研究生	17371	17094	9487	6363	1244	277	
硕士研究生	17086	16004	3983	7446	4575	1082	
大学本科	19479	18649	5609	6756	6284	830	
大学专科	2312	1825	185	659	981		487
中专及以下	709	371	33	174	164		338
按年龄分							
30 岁及以下	11233	9565	46	1893	7626	1411	257
31~35 岁	11111	10563	849	6282	3432	456	92
36~40 岁	12509	12230	3835	7029	1366	196	83
41~45 岁	8114	7946	4197	3335	414	60	108
46~55 岁	11492	11215	8272	2596	347	57	220
56~60 岁	2200	2129	1804	262	63	9	62
61 岁及以上	298	295	294	1			3

5-7 高等院校自然科学领域科技活动经费情况（2018）

单位：千元

经费名称	经费数
一、上年结转经费	9027183
二、当年拨入经费合计	11215021
其中：R&D 经费拨入合计	7335916
科研事业费	437444
其中：科研人员工资 1	7561
科研人员工资 2	338104
主管部门专项费	1996318
其中：平台建设经费	360772
人才队伍建设经费	813597
其他学科建设经费	734487
国家发改委、科技部专项费	1261166
国家自然科学基金项目费	1283699
国务院其他部门专项费	538296
省、市、自治区专项费	960198
地市厅局（含县）专项费	180202
企、事业单位委托经费	2803237
其中：进入学校财务	2694582
当年学校科技活动经费	1540854
其中：为国家科技计划项目配套	245143
金融机构贷款	
国外资金	70510
其他资金	143097

单位：千元

经费名称	经费数
三、当年经费支出合计	10485532
其中：R&D 经费支出合计	6076290
转拨给外单位经费	831162
其中：对国内研究机构	183547
对国内高等学校	445873
对国内企业	201582
对境外机构	160
内部支出经费合计	9654370
人员劳务费	3031230
业务费	3849605
固定资产购置费	1687298
其中：仪器设备费	1452480
上缴税金	67464
管理费	449608
其他支出	569165
四、当年结余经费合计	9756672
银行存款	9026633
暂付款	691757
其　他	38282
附：当年科研基建投入	194660
当年科研基建支出	184910
其中：土建工程	154400
仪器设备	30510
在岗人员人均年工资	42

5-8 高等院校自然科学领域科技活动机构情况（一）（2018）

指标名称	机构数（个）	从业人员（人）	科技活动人员（人年）	高级职称	中级职称	博士毕业（人）	硕士毕业（人）	培养研究生（人）
总计	**398**	**12301**	**6865**	**4165**	**2168**	**8410**	**2900**	**17960**
其中：R&D 机构	385	12002	6735	4102	2121	8245	2813	17685
其他机构	13	299	129	64	47	165	87	275
其中：国家级机构	40	1531	860	558	228	1034	373	2839
省部级机构	316	9758	5465	3309	1747	6767	2232	13803
其他主管部门机构	42	1012	540	299	193	609	295	1318
其中：本校独办	266	8526	4826	2911	1520	5918	1989	11496
校际联合	33	1010	512	326	155	596	239	2117
与国内企业合办	85	2418	1344	810	437	1598	636	3672
与国外企业合办	14	347	182	118	56	298	36	675

5-9 高等院校自然科学领域科技活动机构情况（二）（2018）

指标名称	内部支出（千元）	R&D 支出	承担课题数（项）	固定资产原值（千元）	仪器设备	进口
总计	**3468178**	**2842974**	**18622**	**10096414**	**8936783**	**4546658**
其中：R&D 机构	3419680	2804478	18325	9948601	8818437	4479209
其他机构	48498	38496	297	147813	118346	67449
其中：国家级机构	687691	622780	3242	1998729	1790568	893434
省部级机构	2524479	1981304	13720	7509311	6646627	3329619
其他主管部门机构	256008	238890	1660	588374	499588	323605
其中：本校独办	2646166	2133973	13262	7507945	6589441	3429396
校际联合	234545	205688	1274	843268	760158	427239
与国内企业合办	552362	474821	3730	1552490	1407760	600807
与国外企业合办	35105	28492	356	192711	179424	89216

5-10 高等院校自然科学领域科技项目情况（一）（2018）

研究类别	课题数（项）	当年投入经费（千元）	当年支出经费（千元）	当年投入人员（人年）	
					女性
总计	**38483**	**7088917**	**5630409**	**13876**	**4021**
按研究类型分					
基础研究	13089	2585921	2183070	4835	1472
应用研究	19015	3152647	2315128	6850	2028
试验与发展	2384	354593	301536	756	191
R&D 成果应用	1855	675863	567860	667	147
其他科技服务	2140	319893	262815	768	184
按学科分					
自然科学	5965	1060143	831997	2212	638
工程与技术	22117	4241706	3397409	7738	2014
医药科学	8145	1229447	903215	3150	1186
农业科学	2256	557621	497788	776	185

研究类别	当年投入人员（人年）				参加项目的研究生人数（人）		
	高级职务	中级职务	初级职务	其他		博士	硕士
总计	**7049**	**5370**	**1032**	**425**	**37791**	**8493**	**29298**
按研究类型分							
基础研究	2536	1825	275	198	17325	4130	13195
应用研究	3346	2698	637	169	15252	3197	12055
试验与发展	351	331	52	23	1441	183	1258
R&D 成果应用	367	258	25	18	1868	398	1470
其他科技服务	450	259	43	17	1905	585	1320
按学科分							
自然科学	1229	840	80	64	6496	1273	5223
工程与技术	4091	3075	387	185	19259	4398	14861
医药科学	1303	1181	517	150	9617	2154	7463
农业科学	426	275	49	26	2419	668	1751

5-11 高等院校自然科学领域科技项目情况（二）（2018）

研究类别	课题数（项）	当年投入经费（千元）	当年支出经费（千元）	当年投入人员（人年）	
					女性
总计	**38483**	**7088917**	**5630409**	**13876**	**4021**
国家“973”计划	141	12949	61404	54	15
国家科技支撑计划	60	11148	16211	29	10
国家“863”计划	48	1799	13147	18	6
国家科技重大专项	119	253784	170289	42	10
国家重点研发计划	1066	999925	807842	444	117
国家自然科学基金项目	7650	1368665	1074773	3067	902
主管部门科技项目	833	72071	76806	274	87
国家部委其他科技项目	759	474295	402001	301	92
省、市、自治区科技项目	6912	690408	611598	2632	891
地市厅局（含县）项目	2786	172204	152056	1000	338
企事业单位委托科技项目	15785	2692723	2016763	5271	1318
国际合作项目	180	69359	54346	62	15
自选课题	1944	125923	75843	619	206
其他课题	200	143664	97330	64	15

研究类别	当年投入人员（人年）				参加项目的研究生人数（人）		
	高级职务	中级职务	初级职务	其他		博士	硕士
总计	**7049**	**5370**	**1032**	**425**	**37791**	**8493**	**29298**
国家“973”计划	35	15	1	3	188	43	145
国家科技支撑计划	16	10	3	1	89	23	66
国家“863”计划	12	5	0	1	70	17	53
国家科技重大专项	22	16	1	3	203	93	110
国家重点研发计划	274	140	13	16	2106	762	1344
国家自然科学基金项目	1676	1126	143	122	11984	3031	8953
主管部门科技项目	102	125	42	4	298	50	248
国家部委其他科技项目	160	114	17	10	1026	224	802
省、市、自治区科技项目	1174	1074	303	81	6531	889	5642
地市厅局（含县）项目	440	411	130	20	1890	233	1657
企事业单位委托科技项目	2805	2030	297	140	11719	2708	9011
国际合作项目	40	18	2	3	277	95	182
自选课题	248	271	78	21	1075	189	886
其他课题	44	16	2	2	335	136	199

5–12　高等院校自然科学领域交流情况（2018）

形式	合计	国（境）内	国（境）外
合作研究丨派遣（人次）	1159	649	510
合作研究丨接受（人）	1152	789	363
国际学术会议丨出席人员（人次）	8626	5666	2960
国际学术会议丨交流论文（篇）	3898	2259	1639
国际学术会议丨特邀报告（篇）	801	490	311
国际学术会议丨主办（次）	136	133	3

5–13　高等院校自然科学领域技术转让与知识产权情况（一）（2018）

受让方类型	合同数（项）	合同金额（千元）	当年实际收入（千元）
总计	**1090**	**333093**	**170082**
其中：专利出售	716	116069	50109
其他知识产权出售	311	168157	96459
国有企业	24	5092	4052
外资企业	21	11938	2619
民营企业	1025	241104	127421
其他	20	74959	35990

5–14　高等院校自然科学领域技术转让与知识产权情况（二）（2018）

知识产权类别	申请数（项）	授权数（项）	专利拥有数(项）
总计	**21519**	**14161**	**54514**
其中：国外	185	66	178
发明专利	14200	6225	28679
实用新型	6329	6716	22350
外观设计	990	1220	3485
其他知识产权		1820	714
其中：集成电路布图设计登记数		102	8
植物新品种权授予数		8	10
国家或行业标准数		18	4

5-15　高等院校自然科学领域科技成果情况（2018）

学科门类	发表学术论文数（篇）		三大检索收录论文数（篇）		
		国外学术刊物发表	SCIE	E1	ISTP
总计	**38371**	**21411**	**16837**	**8754**	**1146**
自然科学	7729	4401	3442	1250	145
工程与技术	15011	8897	5840	6530	761
医药科学	12588	6236	5922	406	200
农业科学	3043	1877	1633	568	40

学科门类	科技专著				大专院校教科书		编著	
	部	千字	国（境）外出版		部	千字	部	千字
			部	千字				
总计	**174**	**35882**	**26**	**4416**	**292**	**44148**	**112**	**19047**
自然科学	22	5512	8	2057	26	5583	7	1264
工程与技术	96	20172	15	2200	110	25593	42	8883
医药科学	42	7583	1	68	153	12760	44	6219
农业科学	14	2615	2	91	3	212	19	2681

指标名称	合计		项目来源				
		与其他单位合作	“973”计划	国家科技支撑计划	“863”计划	国家自然科学基金重点、重大项目	军工项目
国家级项目验收（项）	98	36	9	4	4	29	52

指标名称	合计		鉴定结论			
		与其他单位合作	国际水平	国内首创	国内先进	其他
鉴定成果（项）	0	0	0	0	0	0

六、高技术产业

6–1　高技术产业基本情况（2018）

指标名称	企业数（个）	从业人员平均人数（人）	资产总计（亿元）	主营业务收入（亿元）	利润总额（亿元）	工业总产值（万元）	出口交货值（亿元）
总计	**2791**	**775368**	**10147.7**	**7262.6**	**754.5**	**74437319.1**	**1781.1**
按行业分组							
医药制造业	430	136927	2443.0	1402.5	225.9	15054750.7	301.3
化学药品制造	183	87492	1800.7	1036.1	167.6	11249739.8	236.7
化学药品原料药制造	116	53832	1158.0	521.6	93.0	5585678.6	211.1
化学药品制剂制造	67	33660	642.8	514.5	74.6	5664061.2	25.6
中药饮品加工	37	4675	52.1	43.0	3.7	456358.7	2.7
中成药生产	44	14553	251.1	95.5	20.8	1009685.5	5.0
兽用药品制造	18	2370	31.5	22.8	1.4	234776.7	2.7
生物药品制品制造	62	14520	215.5	133.4	25.0	1344757.0	30.5
生物药品制造	58	13907	199.9	123.9	22.4	1299577.3	30.4
基因工程药物和疫苗制造	4	613	15.5	9.5	2.6	45179.7	
卫生材料及医药用品制造	48	8500	60.8	47.3	5.5	492820.7	21.2
药用辅料及包装材料	38	4817	31.4	24.4	1.9	266612.3	2.7
航空、航天器及设备制造业	8	1040	8.2	5.1		53232.7	0.6
飞机制造	3	463	4.9	2.2	-0.4	23918.7	0.6
航空、航天相关设备制造	3	414	2.5	2.0	0.4	20218.5	
航空相关设备制造	3	414	2.5	2.0	0.4	20218.5	
其他航空航天器制造	2	163	0.9	0.9		9095.5	
电子及通信设备制造业	1541	461409	5819.5	4507.7	386.0	45768309.8	1074.8
电子工业专用设备制造	58	6723	127.2	74.2	10.1	841481.4	8.6
半导体器件专用设备制造	11	1479	77.6	32.4	5.9	399901.9	1.9
电子元器件与机电组件设备制造	15	1348	13.7	13.1	1.8	138872.5	1.0
其他电子专用设备制造	32	3896	35.9	28.7	2.4	302707.0	5.8
光纤、光缆及锂离子电池制造	105	24016	712.5	370.3	18.0	3607089.7	23.4
光纤制造	26	3035	64.6	50.0	3.7	413951.3	3.6
光缆制造	22	3512	278.2	132.8	12.5	1289821.6	3.2
锂离子电池制造	57	17469	369.8	187.4	1.8	1903316.8	16.6

6-1　续表 1

指标名称	企业数（个）	从业人员平均人数（人）	资产总计（亿元）	主营业务收入（亿元）	利润总额（亿元）	工业总产值（万元）	出口交货值（亿元）
通信设备制造、雷达及配套设备制造	168	114796	2148.4	1940.1	196.2	19728875.6	295.7
通信系统设备制造	115	64945	1636.9	1421.2	186.9	14277858.2	248.2
通信终端设备制造	51	49452	490.2	496.1	8.9	5230631.3	43.9
雷达及配套设备制造	2	399	21.3	22.7	0.4	220386.1	3.6
广播电视设备制造	59	16347	139.9	99.7	5.8	1012755.4	29.1
广播电视节目制作及发射设备制造	5	464	2.4	2.3	0.3	22995.8	0.7
广播电视接收设备制造	23	5482	26.6	21.4	0.8	218800.2	11.7
广播电视专用配件制造	4	611	1.9	2.5	0.1	26548.8	0.5
专用音响设备制造	12	1970	6.1	9.7	0.3	99648.0	6.5
应用电视设备及其他广播电视、设备制造	15	7820	102.8	63.8	4.3	644762.6	9.7
非专业视听设备制造	79	16578	154.7	147.8	3.6	1524916.2	88.9
电视机制造	7	4323	94.3	90.3	1.6	946151.0	61.6
音响设备制造	61	10702	42.9	45.0	1.8	468852.7	24.4
影视录放设备制造	11	1553	17.5	12.6	0.2	109912.5	2.9
电子器件制造	285	92214	920.4	659.4	40.4	6744882.3	318.2
电子真空器件制造	44	16093	58.3	66.0	2.9	673823.3	8.4
半导体分立器件制造	38	8405	105.4	69.0	6.4	703175.5	21.7
集成电路制造	45	10517	186.2	104.0	4.8	1015158.5	33.4
显示器件制造	36	20153	203.1	193.9	8.2	2030737.4	171.1
半导体照明器件制造	51	17390	145.3	94.6	6.3	998966.9	29.9
光电子器件制造	46	15089	152.3	94.3	8.3	966561.2	38.4
其他电子器件制造	25	4567	69.7	37.7	3.3	356459.5	15.4
电子元件及电子专用设备制造	646	153237	1350.8	949.4	85.0	9707351.8	247.3
电阻电容电感元件制造	142	24669	142.4	124.0	8.6	1297513.2	20.4
电子电路制造	69	12088	69.6	66.7	3.7	695304.4	4.6
敏感元件及传感器制造	26	15361	143.9	87.3	11.3	937989.3	39.3
电声器件及零件制造	41	10380	49.5	42.8	0.7	450034.3	12.9
电子专用材料制造	201	49066	647.6	403.7	39.0	4066566.4	107.1
其他电子元件制造	167	41673	297.8	224.9	21.7	2259944.2	63.0

6-1 续表 2

指标名称	企业数（个）	从业人员平均人数（人）	资产总计（亿元）	主营业务收入（亿元）	利润总额（亿元）	工业总产值（万元）	出口交货值（亿元）
智能消费设备制造	89	28267	188.2	211.4	22.7	2061394.2	51.4
可穿戴智能设备制造	3	255	0.9	1.2	0.2	12238.9	0.0
智能车载设备制造	9	1384	4.8	6.5	0.1	67050.2	2.0
智能无人飞行器制造	4	3189	25.4	19.0	2.2	193118.2	2.0
其他智能消费设备制造	73	23439	157.1	184.6	20.2	1788986.9	47.3
其他电子设备制造	52	9231	77.5	55.4	4.2	539563.2	12.3
计算机及办公设备制造业	101	30160	246.6	280.8	17.2	2873086.6	160.9
计算机整机制造	3	1773	16.8	62.7	0.8	599546.2	59.9
计算机零部件制造	27	16141	112.2	93.2	8.0	981399.5	79.3
计算机外围设备制造	26	5230	33.3	39.9	4.9	410118.9	12.7
工业控制计算机及系统制造	2	419	4.9	4.8	0.2	57758.6	
信息安全设备制造	1	85	0.4	0.2		2521.9	
其他计算机制造	9	1977	42.7	53.1	1.4	541514.9	2.0
办公设备制造	33	4535	36.3	26.8	1.9	280226.6	7.0
复印和胶印设备制造	8	983	9.3	6.5	0.3	66958.8	2.8
计算器及货币专用设备制造	25	3552	27.0	20.3	1.6	213267.8	4.3
医疗仪器设备及仪器仪表制造业	687	142839	1526.8	1018.9	129.3	10206081.9	241.5
医疗仪器设备及器械制造	132	26419	206.2	138.7	19.5	1418875.1	52.0
医疗诊断、监护及治疗设备制造	29	5430	70.1	36.8	4.8	355293.8	13.0
口腔科用设备及器具制造	8	1070	6.3	7.0	0.9	73582.4	3.4
医疗实验室及医用消毒设备和器具制造	4	528	3.1	2.2	-0.4	34546.3	1.0
医疗、外科及兽医用器械制造	53	13565	68.9	53.6	8.4	552757.2	21.9
机械治疗及病房护理设备制造	11	1353	15.7	7.0	1.1	69837.0	2.1
康复辅具制造	3	500	5.3	2.0	0.2	23329.8	1.0
其他医疗设备及器械制造	24	3973	36.8	30.1	4.7	309528.6	9.7
通用仪器仪表制造	420	81450	939.9	618.1	63.7	6079166.7	112.7
工业自动控制系统装置制造	191	35033	420.7	291.7	31.1	2793604.5	34.7
电工仪器仪表制造	69	17304	312.6	159.7	16.5	1505844.9	31.1
绘图、计算及测量仪器制造	24	4581	16.5	17.1	0.6	177485.8	10.7
实验分析仪器制造	28	4239	19.3	20.5	2.0	210155.5	5.1

6-1 续表 3

指标名称	企业数（个）	从业人员平均人数（人）	资产总计（亿元）	主营业务收入（亿元）	利润总额（亿元）	工业总产值（万元）	出口交货值（亿元）
试验机制造	10	913	4.7	4.9	0.3	50218.0	0.3
供应用仪器仪表制造	66	12290	74.6	76.8	5.6	795429.2	27.1
其他通用仪器制造	32	7090	91.4	47.5	7.5	546428.8	3.8
专用仪器仪表制造	92	21098	226.3	160.5	21.3	1660205.4	35.1
环境监测专用仪器仪表制造	6	524	6.4	4.6	0.4	45888.7	0.0
运输设备及生产用计数仪表制造	32	11776	133.6	94.5	7.9	963877.2	23.7
导航、测绘、气象及海洋专用仪器制造	4	596	4.6	2.2	0.1	25363.5	0.3
农林牧渔专用仪器仪表制造	1	69	0.9	0.4	0.1	3557.7	
地质勘探和地震专用仪器制造	1	84	1.8	0.6	0.2	7944.8	0.0
教学专用仪器制造	23	3319	22.0	18.3	1.3	190018.6	1.8
电子测量仪器制造	14	3246	45.5	30.6	9.6	325054.2	7.9
其他专用仪器制造	11	1484	11.5	9.2	1.9	98500.7	1.4
光学仪器制造	37	12952	150.7	97.7	24.9	1008648.7	41.1
其他仪器仪表制造业	6	920	3.7	3.9	-0.1	39186.0	0.6
信息化学品制造业	24	2993	103.5	47.6	-3.7	481857.4	1.9
信息化学品制造	24	2993	103.5	47.6	-3.7	481857.4	1.9
文化用信息化学品制造	20	2556	98.7	39.6	-5.6	400829.1	1.8
医学生产用信息化学品制造	4	437	4.8	8.0	1.9	81028.3	0.2
按地区分组							
杭州市	646	233830	3964.5	3103.2	371.5	31142730.6	570.8
宁波市	665	168544	1631.9	1383.8	97.2	14111268.6	500.8
温州市	328	59349	451.8	335.6	35.6	3497074.8	55.5
嘉兴市	356	110609	1124.0	828.8	49.4	8583238.1	209.5
湖州市	151	28786	319.7	221.7	19.6	2334310.4	35.7
绍兴市	203	49010	916.1	451.0	69.0	4871624.6	114.9
金华市	160	46305	549.3	324.2	34.6	3416173.5	56.9
衢州市	56	8023	77.2	50.8	5.9	514998.5	5.4
舟山市	13	2398	24.9	14.8	1.2	150521.0	1.1
台州市	177	62554	1034.2	511.1	64.6	5425751.7	226.8
丽水市	36	5960	54	37.5	6	389627.3	3.7

6–2　高技术产业 R&D 人员情况（2018）

指标名称	有 R&D 活动的企业数（个）	R&D 人员（人）	# 全时人员	# 研究人员	R&D 人员折合全时当量(人年)
总计	**1798**	**101673**	**82136**	**37040**	**82840.2**
按行业分组					
医药制造业	325	17838	14049	6883	14135.5
化学药品制造	155	12464	9887	5075	10022.2
化学药品原料药制造	97	8004	6413	3140	6433.5
化学药品制剂制造	58	4460	3474	1935	3588.7
中药饮品加工	18	356	254	98	240.4
中成药生产	37	1707	1333	670	1339.7
兽用药品制造	12	255	226	110	195.0
生物药品制品制造	47	1651	1271	613	1212.6
生物药品制造	43	1491	1172	559	1097.4
基因工程药物和疫苗制造	4	160	99	54	115.3
卫生材料及医药用品制造	33	918	760	230	777.3
药用辅料及包装材料	23	487	318	87	348.2
航空、航天器及设备制造业	4	29	19	10	18.9
飞机制造	1	7	6	2	5.8
航空、航天相关设备制造	2	17	8	8	10.3
航空相关设备制造	2	17	8	8	10.3
其他航空航天器制造	1	5	5		2.8
电子及通信设备制造业	899	61074	50232	22785	50916.9
电子工业专用设备制造	37	954	803	253	770.8
半导体器件专用设备制造	10	281	245	91	212.0
电子元器件与机电组件设备制造	4	87	73	27	84.3
其他电子专用设备制造	23	586	485	135	474.5
光纤、光缆及锂离子电池制造	68	3319	2785	1084	2368.6
光纤制造	9	125	85	37	100.9
光缆制造	16	494	394	138	320.0
锂离子电池制造	43	2700	2306	909	1947.7

6-2　续表 1

指标名称	有 R&D 活动的企业数（个）	R&D 人员（人）	# 全时人员	# 研究人员	R&D 人员折合全时当量(人年)
通信设备制造、雷达及配套设备制造	103	28182	24677	14352	25918.9
通信系统设备制造	72	24160	21517	12806	23024.1
通信终端设备制造	30	3949	3094	1511	2850.6
雷达及配套设备制造	1	73	66	35	44.2
广播电视设备制造	30	1126	926	337	914.9
广播电视节目制作及发射设备制造	5	90	67	36	66.0
广播电视接收设备制造	15	515	418	116	393.8
广播电视专用配件制造	1	28	25	7	17.6
专用音响设备制造	3	39	30	6	30.5
应用电视设备及其他广播电视设备制造	6	454	386	172	407.0
非专业视听设备制造	45	1630	1416	506	1175.3
电视机制造	4	410	345	124	251.2
音响设备制造	34	839	731	192	631.2
影视录放设备制造	7	381	340	190	292.9
电子器件制造	174	7438	5920	2281	5935.9
电子真空器件制造	23	765	510	197	608.9
半导体分立器件制造	22	1070	800	398	813.1
集成电路制造	32	1822	1602	794	1484.3
显示器件制造	21	524	436	120	434.9
半导体照明器件制造	25	1294	1002	285	1032.0
光电子器件制造	36	1477	1170	356	1195.6
其他电子器件制造	15	486	400	131	367.1
电子元件及电子专用设备制造	349	14546	10495	2996	10846.0
电阻电容电感元件制造	81	2223	1768	440	1788.7
电子电路制造	32	1238	897	140	945.6
敏感元件及传感器制造	16	1192	728	239	892.9
电声器件及零件制造	22	608	515	104	527.6
电子专用材料制造	99	4874	3326	1180	3263.0
其他电子元件制造	99	4411	3261	893	3428.1

6–2 续表 2

指标名称	有 R&D 活动的企业数（个）	R&D 人员（人）	# 全时人员	# 研究人员	R&D 人员折合全时当量（人年）
智能消费设备制造	62	2634	2162	593	1957.6
可穿戴智能设备制造	1	11	10	3	11.0
智能车载设备制造	6	105	40	22	84.7
智能无人飞行器制造	2	338	304	89	186.2
其他智能消费设备制造	53	2180	1808	479	1675.7
其他电子设备制造	31	1245	1048	383	1028.9
计算机及办公设备制造业	75	2550	2111	737	2071.2
计算机整机制造	2	101	61	20	32.4
计算机零部件制造	14	876	728	293	777.8
计算机外围设备制造	21	639	542	164	549.3
工业控制计算机及系统制造	1	73	66	11	36.9
其他计算机制造	7	233	174	52	204.4
办公设备制造	30	628	540	197	470.4
复印和胶印设备制造	8	126	112	41	116.6
计算器及货币专用设备制造	22	502	428	156	353.8
医疗仪器设备及仪器仪表制造业	484	19822	15428	6505	15407.8
医疗仪器设备及器械制造	99	3167	2541	917	2335.5
医疗诊断、监护及治疗设备制造	25	925	800	396	643.9
口腔科用设备及器具制造	6	150	81	34	114.0
医疗实验室及医用消毒设备和器具制造	4	102	90	42	95.7
医疗、外科及兽医用器械制造	39	1276	976	235	935.6
机械治疗及病房护理设备制造	5	154	134	47	104.4
康复辅具制造	3	71	63	22	50.5
其他医疗设备及器械制造	17	489	397	141	391.3
通用仪器仪表制造	289	11492	9132	3728	8972.3
工业自动控制系统装置制造	144	5676	4422	1864	4225.1
电工仪器仪表制造	48	2819	2391	1023	2501.1
绘图、计算及测量仪器制造	12	380	314	42	351.9
实验分析仪器制造	18	436	358	121	362.2
试验机制造	6	103	86	31	94.0

6-2　续表 3

指标名称	有 R&D 活动的企业数（个）	R&D 人员（人）	# 全时人员	# 研究人员	R&D 人员折合全时当量(人年)
供应用仪器仪表制造	41	1255	1022	290	991.3
其他通用仪器制造	20	823	539	357	446.7
专用仪器仪表制造	69	3087	2575	987	2485.0
环境监测专用仪器仪表制造	6	97	82	45	67.9
运输设备及生产用计数仪表制造	20	1357	1160	381	1109.0
导航、测绘、气象及海洋专用仪器制造	3	79	70	18	62.1
农林牧渔专用仪器仪表制造	1	19	17	2	19.0
地质勘探和地震专用仪器制造	1	4	4	2	3.4
教学专用仪器制造	16	550	437	155	445.1
电子测量仪器制造	13	681	566	270	513.7
其他专用仪器制造	9	300	239	114	264.8
光学仪器制造	25	2051	1159	865	1592.0
其他仪器仪表制造业	2	25	21	8	23.1
信息化学品制造业	11	360	297	120	289.8
信息化学品制造	11	360	297	120	289.8
文化用信息化学品制造	9	313	263	102	259.2
医学生产用信息化学品制造	2	47	34	18	30.6
按地区分组					
杭州市	385	41443	35600	19590	36348.8
宁波市	420	16140	12326	4737	12897.7
温州市	241	8311	6620	1769	6514.4
嘉兴市	214	11066	8995	3220	8345.7
湖州市	98	3392	2706	1031	2381.9
绍兴市	143	6227	4695	2146	5138.2
金华市	101	5395	3774	1545	3789.7
衢州市	28	778	597	163	457.5
舟山市	9	272	167	100	212.7
台州市	130	7854	6025	2509	6183.2
丽水市	29	795	631	230	570.4

6–3　高技术产业 R&D 经费情况（2018）

单位：万元

指标名称	R&D 经费内部支出	# 人员劳务费	# 仪器和设备	# 政府资金	# 企业资金	R&D 经费外部支出
总计	**2701824.1**	**1324010.3**	**187521.9**	**64675.9**	**2626849.9**	**301979.4**
按行业分组						
医药制造业	449216.3	157437.5	58930.9	16147.9	429344.4	127336.5
化学药品制造	348646.9	115495.8	47765.0	13114.4	332693.5	115689.3
化学药品原料药制造	202294.4	77813.4	25551.0	5114.5	195396.6	53558.5
化学药品制剂制造	146352.5	37682.4	22214.0	7999.9	137296.9	62130.8
中药饮品加工	6310.6	2247.6	520.9	189.1	6029.4	514.8
中成药生产	27036.5	13069.2	3368.0	804.7	25834.1	5734.6
兽用药品制造	4892.7	2183.8	354.8	61.2	4436.3	631.5
生物药品制品制造	39469.1	15737.8	4077.7	1133.0	38336.1	4362.7
生物药品制造	35294.6	14152.7	3696.2	1133.0	34161.6	4362.7
基因工程药物和疫苗制造	4174.5	1585.1	381.5		4174.5	
卫生材料及医药用品制造	16256.0	6184.8	1959.3	723.3	15532.7	284.3
药用辅料及包装材料	6604.5	2518.5	885.2	122.2	6482.3	119.3
航空、航天器及设备制造业	667.7	143.8	2.4	250.0	417.7	
飞机制造	95.4	43.0			95.4	
航空、航天相关设备制造	496.7	70.4		250.0	246.7	
航空相关设备制造	496.7	70.4		250.0	246.7	
其他航空航天器制造	75.6	30.4	2.4		75.6	
电子及通信设备制造业	1741333.3	933216.9	94095.8	27926.3	1711206.0	158646.2
电子工业专用设备制造	28538.5	9859.5	2582.9	1179.6	27179.0	563.9
半导体器件专用设备制造	13457.6	4550.2	1140.9		13445.9	510.8
电子元器件与机电组件设备制造	2681.9	691.3	636.4	615.4	1898.3	20.1
其他电子专用设备制造	12399.0	4618.0	805.6	564.2	11834.8	33.0
光纤、光缆及锂离子电池制造	102868.0	27022.6	11679.5	1285.5	101489.9	1195.2
光纤制造	5393.5	1238.5	168.2	17.0	5376.5	10.0
光缆制造	20176.0	2858.9	2463.1	22.6	20153.4	508.6

6-3 续表 1

单位：万元

指标名称	R&D 经费内部支出	# 人员劳务费	# 仪器和设备	# 政府资金	# 企业资金	R&D 经费外部支出
锂离子电池制造	77298.5	22925.2	9048.2	1245.9	75960.0	676.6
通信设备制造、雷达及配套设备制造	1016884.4	651116.4	34534.2	17666.1	999173.0	145094.1
通信系统设备制造	866846.9	603356.8	24788.5	16150.1	850678.7	122317.8
通信终端设备制造	147328.8	46831.5	9693.7	1032.9	146268.7	22661.0
雷达及配套设备制造	2708.7	928.1	52.0	483.1	2225.6	115.3
广播电视设备制造	18882.2	9720.1	1281.2	105.8	18643.6	728.3
广播电视节目制作及发射设备制造	1291.4	697.9	249.1	52.8	1238.6	31.0
广播电视接收设备制造	7776.3	4038.4	585.2	53.0	7590.5	690.0
广播电视专用配件制造	390.3	282.6			390.3	
专用音响设备制造	733.1	207.5			733.1	
应用电视设备及其他广播电视设备制造	8691.1	4493.7	446.9		8691.1	7.3
非专业视听设备制造	42026.2	15016.5	4287.9	188.0	41656.3	157.6
电视机制造	23262.0	4958.6	3326.0	129.3	23132.7	67.8
音响设备制造	14388.3	7068.6	562.8		14206.4	75.5
影视录放设备制造	4375.9	2989.3	399.1	58.7	4317.2	14.3
电子器件制造	176405.3	78988.5	15772.8	2931.9	172575.2	4909.5
电子真空器件制造	13976.4	5569.4	1976.4	220.0	13756.4	107.8
半导体分立器件制造	22116.2	10058.8	1251.0	63.7	22043.6	2936.3
集成电路制造	55148.3	29973.5	4245.6	573.9	53861.6	1349.6
显示器件制造	10519.3	4174.8	287.3		10519.3	51.6
半导体照明器件制造	25488.7	9714.4	3639.3	922.9	24565.8	65.0
光电子器件制造	35815.0	13521.6	3216.9	898.5	34779.5	33.9
其他电子器件制造	13341.4	5976.0	1156.3	252.9	13049.0	365.3
电子元件及电子专用设备制造	276027.3	101761.3	18742.5	2933.1	272484.2	4747.2
电阻电容电感元件制造	38546.1	15050.5	2354.7	504.4	37873.0	496.9
电子电路制造	16693.0	6286.5	677.6	166.0	16395.6	58.6
敏感元件及传感器制造	26380.3	8669.2	1202.1	23.9	26356.4	241.8
电声器件及零件制造	10613.8	5042.8	529.5	111.7	10220.4	2413.0
电子专用材料制造	109817.6	32041.8	5700.3	1791.1	108023.4	737.5
其他电子元件制造	73976.5	34670.5	8278.3	336.0	73615.4	799.4

6–3　续表 2

单位：万元

指标名称	R&D 经费内部支出	# 人员劳务费	# 仪器和设备	# 政府资金	# 企业资金	R&D 经费外部支出
智能消费设备制造	53515.0	25571.6	3204.9	157.8	53357.2	1178.9
可穿戴智能设备制造	126.3	81.7	0.1		126.3	
智能车载设备制造	1525.1	1136.0	8.5	36.1	1489.0	13.5
智能无人飞行器制造	7809.6	4657.2	110.7	14.4	7795.2	31.5
其他智能消费设备制造	44054.0	19696.7	3085.6	107.3	43946.7	1133.9
其他电子设备制造	26186.4	14160.4	2009.9	1478.5	24647.6	71.5
计算机及办公设备制造业	74861.7	26689.6	1650.9	867.5	73235.6	466.2
计算机整机制造	3050.9	946.8	40.5		3050.9	103.6
计算机零部件制造	38677.1	10390.1	631.5	25.6	38651.5	
计算机外围设备制造	15841.0	6411.4	698.0	506.1	14576.3	113.6
工业控制计算机及系统制造	1473.3	403.0	106.5		1473.3	
其他计算机制造	2947.1	1530.1	51.1		2947.1	127.9
办公设备制造	12872.3	7008.2	123.3	335.8	12536.5	121.1
复印和胶印设备制造	2756.1	1172.3	37.1		2756.1	35.7
计算器及货币专用设备制造	10116.2	5835.9	86.2	335.8	9780.4	85.4
医疗仪器设备及仪器仪表制造业	421446.4	204062.3	32630.4	19285.7	398546.0	15530.5
医疗仪器设备及器械制造	66219.4	29033.8	4810.3	7285.0	58347.9	3033.9
医疗诊断、监护及治疗设备制造	21597.2	9224.5	814.1	2115.5	19261.8	930.2
口腔科用设备及器具制造	2516.4	1321.3	34.0	170.0	2346.4	82.8
医疗实验室及医用消毒设备和器具制造	2961.2	1920.2	74.3	6.5	2954.7	
医疗、外科及兽医用器械制造	22351.9	9312.0	3110.3	3416.1	18569.2	625.1
机械治疗及病房护理设备制造	2119.7	1364.7	57.5	37.4	2082.3	621.7
康复辅具制造	1726.9	706.8	97.2	977.5	749.4	8.6
其他医疗设备及器械制造	12946.1	5184.3	622.9	562.0	12384.1	765.5
通用仪器仪表制造	255378.1	127527.8	21141.3	9841.4	242657.8	6635.2
工业自动控制系统装置制造	127200.7	61052.3	16759.9	7123.6	117447.6	4529.2
电工仪器仪表制造	69862.7	36473.9	2170.3	773.9	68985.7	676.2
绘图、计算及测量仪器制造	4476.7	2413.5	137.2		4402.1	368.9
实验分析仪器制造	7539.2	3762.0	370.9	23.1	7444.4	79.0
试验机制造	1357.8	682.4	116.3	82.0	1275.8	207.9

6-3 续表 3

单位：万元

指标名称	R&D 经费内部支出	# 人员劳务费	# 仪器和设备	# 政府资金	# 企业资金	R&D 经费外部支出
供应用仪器仪表制造	20190.4	9595.6	1476.6	273.3	19917.1	703.4
其他通用仪器制造	24750.6	13548.1	110.1	1565.5	23185.1	70.6
专用仪器仪表制造	56532.5	25811.7	2346.0	1064.3	55468.2	5042.2
环境监测专用仪器仪表制造	1269.6	494.2	149.9	240.6	1029.0	225.1
运输设备及生产用计数仪表制造	26851.5	11269.1	1106.2	556.0	26295.5	3831.1
导航、测绘、气象及海洋专用仪器制造	1248.6	558.9	97.2		1248.6	117.5
农林牧渔专用仪器仪表制造	378.8	101.8			378.8	
地质勘探和地震专用仪器制造	44.0	33.0	2.2		44.0	1.6
教学专用仪器制造	7450.4	3589.9	88.0	10.0	7440.4	196.6
电子测量仪器制造	13804.6	7495.6	612.8	22.5	13782.1	578.1
其他专用仪器制造	5485.0	2269.2	289.7	235.2	5249.8	92.2
光学仪器制造	42805.8	21344.2	4321.4	1082.7	41573.8	819.2
其他仪器仪表制造业	510.6	344.8	11.4	12.3	498.3	
信息化学品制造业	14298.7	2460.2	211.5	198.5	14100.2	
信息化学品制造	14298.7	2460.2	211.5	198.5	14100.2	
文化用信息化学品制造	13666.4	2130.4	211.5	198.5	13467.9	
医学生产用信息化学品制造	632.3	329.8			632.3	
按地区分组						
杭州市	1351596.0	823404.8	64152.5	39511.2	1309187.2	186580.1
宁波市	353958.0	146368.0	27498.2	4287.6	348774.8	16317.2
温州市	137640.6	61526.0	11422.8	1616.9	134009.6	4192.0
嘉兴市	283610.8	96938.6	20488.7	1918.0	280798.9	16469.8
湖州市	82969.9	23171.1	11972.8	2386.4	80391.2	3510.6
绍兴市	158132.8	53129.2	10912.7	5127.3	150805.1	13091.9
金华市	106980.0	34894.7	13001.5	3902.4	102166.9	7134.1
衢州市	12567.6	4698.1	1843.0	73.1	12484.4	990.2
舟山市	8002.9	1887.8	1697.1	580.0	7422.9	219.2
台州市	192201.2	72190.9	23265.1	4836.3	187081.3	52246.3
丽水市	14164.3	5801.1	1267.5	436.7	13727.6	1228

6–4　高技术产业企业办研发机构情况（2018）

指标名称	有研发机构的企业数（个）	机构数（个）	机构人员（人）	机构经费支出（万元）	机构仪器设备（万元）
总计	**1346**	**1495**	**94284**	**2839909.8**	**1513053.4**
按行业分组					
医药制造业	235	287	14791	474412.5	424353.0
化学药品制造	107	145	10542	366490.2	328848.1
化学药品原料药制造	72	97	6829	198869.2	214295.7
化学药品制剂制造	35	48	3713	167621.0	114552.4
中药饮品加工	10	18	157	3838.1	10301.0
中成药生产	26	30	1166	30079.4	27574.8
兽用药品制造	7	7	169	5429.2	2788.3
生物药品制品制造	38	39	1510	45705.8	39770.4
生物药品制造	35	36	1410	41776.1	38659.8
基因工程药物和疫苗制造	3	3	100	3929.7	1110.6
卫生材料及医药用品制造	28	29	799	16055.2	7710.2
药用辅料及包装材料	19	19	448	6814.6	7360.2
航空、航天器及设备制造业	3	3	53	1623.2	2837.3
飞机制造	2	2	31	1256.8	1558.7
其他航空航天器制造	1	1	22	366.4	1278.6
电子及通信设备制造业	686	746	58652	1866208.0	758375.2
电子工业专用设备制造	33	33	947	28779.0	11317.9
半导体器件专用设备制造	5	5	238	12790.6	4434.1
电子元器件与机电组件设备制造	6	6	107	4019.3	1666.9
其他电子专用设备制造	22	22	602	11969.1	5216.9
光纤、光缆及锂离子电池制造	53	61	2729	102871.6	55934.3
光纤制造	9	10	126	3641.2	1754.3
光缆制造	11	15	368	22480.9	11912.8
锂离子电池制造	33	36	2235	76749.5	42267.2

6–4 续表 1

指标名称	有研发机构的企业数（个）	机构数（个）	机构人员（人）	机构经费支出（万元）	机构仪器设备（万元）
通信设备制造、雷达及配套设备制造	89	104	32064	1175933.1	214761.5
通信系统设备制造	59	68	26600	964680.5	157641.2
通信终端设备制造	28	34	5372	207890.8	56171.8
雷达及配套设备制造	2	2	92	3361.8	948.5
广播电视设备制造	21	24	943	17760.0	11177.7
广播电视节目制作及发射设备制造	2	2	58	853.3	963.5
广播电视接收设备制造	9	9	269	5763.6	3012.8
广播电视专用配件制造	1	1	37	360.1	385.0
专用音响设备制造	2	2	51	610.8	586.8
应用电视设备及其他广播电视设备制造	7	10	528	10172.2	6229.6
非专业视听设备制造	30	32	1315	41881.5	17261.8
电视机制造	2	4	328	24356.1	10587.4
音响设备制造	23	23	611	10622.5	5116.6
影视录放设备制造	5	5	376	6902.9	1557.8
电子器件制造	127	135	6757	171311.7	125341.9
电子真空器件制造	20	20	895	21327.1	14010.9
半导体分立器件制造	15	15	1049	30641.3	35665.2
集成电路制造	25	25	1708	49130.4	22909.8
显示器件制造	12	15	396	7801.4	8394.3
半导体照明器件制造	21	22	842	16044.3	18179.1
光电子器件制造	24	28	1413	34829.6	20819.9
其他电子器件制造	10	10	454	11537.6	5362.7
电子元件及电子专用设备制造	273	295	11081	269619.8	296551.2
电阻电容电感元件制造	66	68	1743	36738.9	33743.6
电子电路制造	24	26	892	15930.5	15303.1
敏感元件及传感器制造	15	18	1194	27613.7	27908.1
电声器件及零件制造	11	11	356	7777.6	6038.6
电子专用材料制造	78	90	3306	113887.8	141272.4
其他电子元件制造	79	82	3590	67671.3	72285.4

6–4　续表 2

指标名称	有研发机构的企业数（个）	机构数（个）	机构人员（人）	机构经费支出（万元）	机构仪器设备（万元）
智能消费设备制造	43	45	2000	39043.1	16743.7
可穿戴智能设备制造	1	1	20	365.5	270.9
智能车载设备制造	1	1	21	219.8	10.3
智能无人飞行器制造	2	2	332	8014.6	1909.6
其他智能消费设备制造	39	41	1627	30443.2	14552.9
其他电子设备制造	17	17	816	19008.2	9285.2
计算机及办公设备制造业	53	56	2299	73293.5	27126.1
计算机整机制造	1	1	75	3082.1	192.0
计算机零部件制造	7	9	816	39417.0	6853.4
计算机外围设备制造	16	16	573	15252.2	9030.1
工业控制计算机及系统制造	1	1	69	1452.7	464.5
其他计算机制造	6	7	218	4724.0	1995.8
办公设备制造	22	22	548	9365.5	8590.3
复印和胶印设备制造	5	5	106	2170.6	1170.2
计算器及货币专用设备制造	17	17	442	7194.9	7420.1
医疗仪器设备及仪器仪表制造业	363	397	18335	421066.3	297321.2
医疗仪器设备及器械制造	63	72	2365	57241.7	32731.7
医疗诊断、监护及治疗设备制造	18	21	768	17876.9	10969.1
口腔科用设备及器具制造	6	6	132	2712.3	1337.0
医疗实验室及医用消毒设备和器具制造	3	3	35	563.3	217.1
医疗、外科及兽医用器械制造	19	23	831	18542.4	15676.4
机械治疗及病房护理设备制造	5	6	170	2922.9	546.2
康复辅具制造	1	1	26	2378.7	457.5
其他医疗设备及器械制造	11	12	403	12245.2	3528.4
通用仪器仪表制造	226	243	10788	245031.3	214479.1
工业自动控制系统装置制造	110	114	4785	103958.3	162137.0
电工仪器仪表制造	46	49	3295	78734.6	22761.5
绘图、计算及测量仪器制造	11	11	275	4699.8	1656.0
实验分析仪器制造	15	16	433	7240.8	10970.7

6–4 续表 3

指标名称	有研发机构的企业数（个）	机构数（个）	机构人员（人）	机构经费支出（万元）	机构仪器设备（万元）
试验机制造	4	4	92	1315.7	2472.7
供应用仪器仪表制造	23	25	1004	18921.8	9375.0
其他通用仪器制造	17	24	904	30160.3	5106.2
专用仪器仪表制造	51	57	2625	55832.4	26130.3
环境监测专用仪器仪表制造	6	7	166	3072.9	1298.3
运输设备及生产用计数仪表制造	16	19	1332	29725.0	14966.9
导航、测绘、气象及海洋专用仪器制造	1	1	40	625.5	454.7
农林牧渔专用仪器仪表制造	1	1	16	378.8	603.4
地质勘探和地震专用仪器制造	1	1	52	1329.1	688.5
教学专用仪器制造	13	14	528	7455.6	4210.5
电子测量仪器制造	10	11	437	12597.2	3562.4
其他专用仪器制造	3	3	54	648.3	345.6
光学仪器制造	20	22	2520	62255.6	23895.1
其他仪器仪表制造业	3	3	37	705.3	85.0
信息化学品制造业	6	6	154	3306.3	3040.6
信息化学品制造	6	6	154	3306.3	3040.6
文化用信息化学品制造	5	5	136	3078.4	2882.9
医学生产用信息化学品制造	1	1	18	227.9	157.7
按地区分组					
杭州市	312	353	44083	1516998.4	450462.0
宁波市	333	344	15171	376765.6	313653.8
温州市	205	211	7049	125138.5	112806.4
嘉兴市	182	193	10107	297138.1	180793.8
湖州市	78	89	2962	82120.0	53583.7
绍兴市	81	102	4290	142766.6	116032.9
金华市	55	68	2654	87458.9	87320.1
衢州市	9	11	275	5989.5	5448.2
舟山市	8	8	247	6612.7	7855.1
台州市	73	106	7111	187987.9	179876.0
丽水市	10	10	335	10933.6	5221.4

6–5 高技术产业企业专利情况（2018）

单位：件

指标名称	专利申请数	#发明专利	有效发明专利
总计	**19033**	**7952**	**19003**
按行业分组			
医药制造业	1442	701	3288
化学药品制造	586	408	2152
化学药品原料药制造	358	265	1389
化学药品制剂制造	228	143	763
中药饮品加工	49	22	103
中成药生产	132	66	307
兽用药品制造	37	13	43
生物药品制品制造	140	76	386
生物药品制造	136	73	378
基因工程药物和疫苗制造	4	3	8
卫生材料及医药用品制造	320	93	201
药用辅料及包装材料	178	23	96
航空、航天器及设备制造业	48	7	22
飞机制造	24	3	13
航空、航天相关设备制造	17	4	8
航空相关设备制造	17	4	8
其他航空航天器制造	7		1
电子及通信设备制造业	12466	5525	11782
电子工业专用设备制造	297	108	166
半导体器件专用设备制造	119	59	84
电子元器件与机电组件设备制造	30	10	5
其他电子专用设备制造	148	39	77
光纤、光缆及锂离子电池制造	804	339	592
光纤制造	57	5	51
光缆制造	95	57	99

6–5 续表 1

单位：件

指标名称	专利申请数	# 发明专利	有效发明专利
锂离子电池制造	652	277	442
通信设备制造、雷达及配套设备制造	4845	2977	5913
通信系统设备制造	4173	2677	5441
通信终端设备制造	654	297	465
雷达及配套设备制造	18	3	7
广播电视设备制造	409	136	202
广播电视节目制作及发射设备制造	19	4	15
广播电视接收设备制造	94	17	43
广播电视专用配件制造	12		13
专用音响设备制造	2		
应用电视设备及其他广播电视设备制造	282	115	131
非专业视听设备制造	251	51	121
电视机制造	58	14	14
音响设备制造	182	29	95
影视录放设备制造	11	8	12
电子器件制造	1772	775	2341
电子真空器件制造	136	31	59
半导体分立器件制造	142	58	136
集成电路制造	348	245	1188
显示器件制造	116	39	167
半导体照明器件制造	507	246	240
光电子器件制造	415	133	381
其他电子器件制造	108	23	170
电子元件及电子专用设备制造	2474	796	1900
电阻电容电感元件制造	417	118	205
电子电路制造	168	49	61
敏感元件及传感器制造	203	105	319
电声器件及零件制造	51	4	43
电子专用材料制造	878	358	926
其他电子元件制造	757	162	346

6-5 续表 2

单位：件

指标名称	专利申请数	#发明专利	有效发明专利
智能消费设备制造	1426	268	425
可穿戴智能设备制造	30	6	6
智能车载设备制造	33	14	10
智能无人飞行器制造	87	45	146
其他智能消费设备制造	1276	203	263
其他电子设备制造	188	75	122
计算机及办公设备制造业	693	183	354
计算机整机制造	49	35	1
计算机零部件制造	96	16	62
计算机外围设备制造	185	46	160
工业控制计算机及系统制造	8	1	1
其他计算机制造	53	16	50
办公设备制造	302	69	80
复印和胶印设备制造	56	19	41
计算器及货币专用设备制造	246	50	39
医疗仪器设备及仪器仪表制造业	4360	1520	3460
医疗仪器设备及器械制造	777	235	800
医疗诊断、监护及治疗设备制造	329	85	209
口腔科用设备及器具制造	35	10	24
医疗实验室及医用消毒设备和器具制造	4	1	1
医疗、外科及兽医用器械制造	197	67	397
机械治疗及病房护理设备制造	27	9	24
康复辅具制造	21	8	43
其他医疗设备及器械制造	164	55	102
通用仪器仪表制造	2295	796	2034
工业自动控制系统装置制造	1151	432	1241
电工仪器仪表制造	663	253	363
绘图、计算及测量仪器制造	92	16	58
实验分析仪器制造	64	15	44
试验机制造	16	3	19

6–5　续表 3　　单位：件

指标名称	专利申请数	# 发明专利	有效发明专利
供应用仪器仪表制造	162	26	77
其他通用仪器制造	147	51	232
专用仪器仪表制造	642	160	328
环境监测专用仪器仪表制造	16	5	33
运输设备及生产用计数仪表制造	281	73	137
导航、测绘、气象及海洋专用仪器制造	32	6	3
地质勘探和地震专用仪器制造	9	3	2
教学专用仪器制造	102	12	39
电子测量仪器制造	153	45	58
其他专用仪器制造	49	16	56
光学仪器制造	641	329	290
其他仪器仪表制造业	5		8
信息化学品制造业	24	16	97
信息化学品制造	24	16	97
文化用信息化学品制造	20	12	91
医学生产用信息化学品制造	4	4	6
按地区分组			
杭州市	7941	3979	10251
宁波市	3453	1392	2551
温州市	1583	301	559
嘉兴市	2062	575	1361
湖州市	797	349	751
绍兴市	887	325	1046
金华市	1116	529	817
衢州市	191	43	90
舟山市	35	17	42
台州市	787	389	1449
丽水市	181	53	86

6–6 高技术产业企业新产品开发、生产及销售情况（2018）

指标名称	新产品开发项目数（项）	新产品开发经费（万元）	新产品产值（万元）	新产品销售收入（万元）	
					#出口
总计	**13926**	**2984434.7**	**41733600.4**	**40226892.8**	**8415288.0**
按行业分组					
医药制造业	3177	444649.7	6490537.8	6096383.6	1513874.7
化学药品制造	1818	317638.9	5090407.7	4873762.1	1244933.3
化学药品原料药制造	981	162135.0	3167354.5	3031345.6	1105532.3
化学药品制剂制造	837	155503.9	1923053.2	1842416.5	139401.0
中药饮品加工	118	5354.8	101289.8	87686.1	4597.5
中成药生产	400	36551.6	389864.9	307278.7	5813.8
兽用药品制造	106	4966.8	123876.6	104642.2	7953.0
生物药品制品制造	402	53732.3	509529.5	458220.0	169890.1
生物药品制造	378	49478.4	507014.7	456004.3	169890.1
基因工程药物和疫苗制造	24	4253.9	2514.8	2215.7	
卫生材料及医药用品制造	237	19383.4	195387.4	188907.5	72797.9
药用辅料及包装材料	96	7021.9	80181.9	75887.0	7889.1
航空、航天器及设备制造业	14	1704.0	19086.7	19072.0	
飞机制造	1	31.8	8719.2	8704.5	
航空、航天相关设备制造	8	1305.8	9697.1	9697.1	
航空相关设备制造	8	1305.8	9697.1	9697.1	
其他航空航天器制造	5	366.4	670.4	670.4	
电子及通信设备制造业	6580	1958463.8	28583593.7	27760493.4	5115170.4
电子工业专用设备制造	271	35072.5	585190.2	505684.8	41797.5
半导体器件专用设备制造	92	14482.3	376624.8	302243.8	14702.3
电子元器件与机电组件设备制造	31	4902.6	59478.7	59073.4	8128.2
其他电子专用设备制造	148	15687.6	149086.7	144367.6	18967.0
光纤、光缆及锂离子电池制造	572	133280.5	2163398.9	2118957.1	160752.1
光纤制造	74	7323.8	138466.6	130973.5	6358.1
光缆制造	76	29813.3	637383.3	634166.2	11126.1
锂离子电池制造	422	96143.4	1387549.0	1353817.4	143267.9

6-6 续表 1

指标名称	新产品开发项目数（项）	新产品开发经费（万元）	新产品产值（万元）	新产品销售收入（万元）	# 出口
通信设备制造、雷达及配套设备制造	984	1092855.5	15611702.8	15004009.4	1906962.2
通信系统设备制造	564	902454.5	11034005.6	10684205.4	1541652.2
通信终端设备制造	377	187660.1	4512121.2	4254108.4	364984.4
雷达及配套设备制造	43	2740.9	65576.0	65695.6	325.6
广播电视设备制造	179	24167.3	677791.2	665926.1	134626.1
广播电视节目制作及发射设备制造	27	1373.6	16607.9	15931.0	6436.0
广播电视接收设备制造	73	10589.2	122043.6	118647.0	59550.3
广播电视专用配件制造	6	390.3	8930.8	8416.8	823.9
专用音响设备制造	11	1044.1	12694.7	12690.6	9654.7
应用电视设备及其他广播电视设备制造	62	10770.1	517514.2	510240.7	58161.2
非专业视听设备制造	280	53894.2	868878.4	844959.4	595236.2
电视机制造	42	30363.5	647642.2	636551.9	504706.5
音响设备制造	185	15391.2	178436.4	163409.9	88197.3
影视录放设备制造	53	8139.5	42799.8	44997.6	2332.4
电子器件制造	1301	212571.7	2697446.1	2728017.7	663375.1
电子真空器件制造	157	17264.2	384532.7	400338.7	36863.4
半导体分立器件制造	135	28808.7	254427.5	237576.8	32453.0
集成电路制造	280	65556.4	594832.7	567398.3	157660.8
显示器件制造	116	12373.7	176668.3	194572.3	62078.6
半导体照明器件制造	219	29201.1	500880.4	501582.8	120847.4
光电子器件制造	271	42892.0	647329.3	645851.9	205718.9
其他电子器件制造	123	16475.6	138775.2	180696.9	47753.0
电子元件及电子专用设备制造	2252	308638.7	4531245.3	4523475.9	1244015.5
电阻电容电感元件制造	418	39871.8	572312.0	534055.8	92073.7
电子电路制造	185	22516.3	224296.2	216146.9	7310.6
敏感元件及传感器制造	166	32157.4	455323.4	522109.9	201919.8
电声器件及零件制造	109	13022.3	176414.0	176729.9	19774.7
电子专用材料制造	688	117487.6	1967537.0	1954101.3	566136.3
其他电子元件制造	686	83583.3	1135362.7	1120332.1	356800.4

6–6 续表 2

指标名称	新产品开发项目数（项）	新产品开发经费（万元）	新产品产值（万元）	新产品销售收入（万元）	#出口
智能消费设备制造	562	67181.9	1161224.6	1092958.4	305702.6
可穿戴智能设备制造	6	312.5	4199.9	4199.9	
智能车载设备制造	50	3286.4	27017.2	24690.8	9230.3
智能无人飞行器制造	20	8766.5	91461.2	91018.8	19776.0
其他智能消费设备制造	486	54816.5	1038546.3	973048.9	276696.3
其他电子设备制造	179	30801.5	286716.2	276504.6	62703.1
计算机及办公设备制造业	493	55495.1	1268122.9	1200525.1	838533.3
计算机整机制造	22	3234.2	308503.5	311928.5	310793.8
计算机零部件制造	87	7213.4	544220.2	501173.4	421157.1
计算机外围设备制造	118	20418.5	193212.8	175229.4	43587.9
工业控制计算机及系统制造	8	1760.0	22021.9	23092.5	
其他计算机制造	61	5967.6	41807.9	37427.6	13571.4
办公设备制造	197	16901.4	158356.6	151673.7	49423.1
复印和胶印设备制造	37	2690.7	43870.1	44154.4	23462.7
计算器及货币专用设备制造	160	14210.7	114486.5	107519.3	25960.4
医疗仪器设备及仪器仪表制造业	3608	514082.5	5060934.5	4864048.7	943193.8
医疗仪器设备及器械制造	822	77496.4	628993.9	546003.4	152231.6
医疗诊断、监护及治疗设备制造	269	26720.7	158829.2	142405.2	34866.9
口腔科用设备及器具制造	40	3020.8	45622.0	40686.1	17675.9
医疗实验室及医用消毒设备和器具制造	21	2969.7	3518.6	5067.2	325.8
医疗、外科及兽医用器械制造	305	26498.0	220605.0	166992.0	41893.4
机械治疗及病房护理设备制造	53	2514.8	17497.4	16230.4	2616.5
康复辅具制造	20	2304.5	15215.1	13033.3	9124.7
其他医疗设备及器械制造	114	13467.9	167706.6	161589.2	45728.4
通用仪器仪表制造	2006	309686.5	3197846.4	3213625.1	576181.3
工业自动控制系统装置制造	1083	159046.6	1507139.5	1506846.1	244734.0
电工仪器仪表制造	345	80526.1	1068521.5	1110649.9	178543.2
绘图、计算及测量仪器制造	64	4677.2	57041.4	57152.5	27177.0
实验分析仪器制造	126	9092.8	40144.6	39788.3	4536.3
试验机制造	38	2220.6	17419.4	14069.9	2896.5

6-6 续表 3

指标名称	新产品开发项目数（项）	新产品开发经费（万元）	新产品产值（万元）	新产品销售收入（万元）	#出口
供应用仪器仪表制造	210	22245.7	316797.7	320406.4	109905.2
其他通用仪器制造	140	31877.5	190782.3	164712.0	8389.1
专用仪器仪表制造	569	63311.3	764026.0	672382.7	105871.0
环境监测专用仪器仪表制造	50	2932.9	37381.3	34214.5	
运输设备及生产用计数仪表制造	243	30270.4	422736.1	365777.0	46448.7
导航、测绘、气象及海洋专用仪器制造	21	1242.8	11858.3	9381.8	830.0
农林牧渔专用仪器仪表制造	3	378.8	3244.3	3987.3	
地质勘探和地震专用仪器制造	9	1305.1	485.1	485.1	
教学专用仪器制造	98	8691.8	78305.4	68568.8	4999.4
电子测量仪器制造	91	14835.1	133555.4	120031.3	40768.4
其他专用仪器制造	54	3654.4	76460.1	69936.9	12824.5
光学仪器制造	188	62636.8	456003.8	418003.4	107400.7
其他仪器仪表制造业	23	951.5	14064.4	14034.1	1509.2
信息化学品制造业	54	10039.6	311324.8	286370.0	4515.8
信息化学品制造	54	10039.6	311324.8	286370.0	4515.8
文化用信息化学品制造	45	9331.9	308135.3	283882.2	3456.5
医学生产用信息化学品制造	9	707.7	3189.5	2487.8	1059.3
按地区分组					
杭州市	3681	1529485.6	17901207.4	17391195.9	2955389.7
宁波市	3107	438727.3	6503837.8	6296144.9	1311061.8
温州市	1468	137840.5	1694209.5	1642811.8	248318.4
嘉兴市	1741	279397.8	5813963.4	5547086.5	1409822.4
湖州市	714	103714.4	1549092.5	1475612.3	236136.8
绍兴市	939	162963.7	3075171.3	2992874.7	781577.9
金华市	870	119513.5	1834034.1	1707842.1	277035.4
衢州市	192	15259.2	190732.6	180652.9	14049.9
舟山市	51	9716.3	20642.4	18004.7	8939.2
台州市	1022	174099.9	2908220.4	2741996.4	1162589.5
丽水市	141	13716.5	242489	232670.6	10367

6-7 高技术产业企业技术获取和技术改造情况（2018）

单位：万元

指标名称	技术改造经费支出	购买境内技术经费支出	引进境外技术经费支出	引进境外技术的消化吸收经费支出
总计	**335842.0**	**44026.2**	**5507.6**	**9488.5**
按行业分组				
医药制造业	108766.7	24735.4	3996.0	7127.5
化学药品制造	87949.9	23022.8	3996.0	7127.5
化学药品原料药制造	46151.0	17129.6	2397.5	7127.5
化学药品制剂制造	41798.9	5893.2	1598.5	
中药饮品加工	1585.4			
中成药生产	10755.5	450.0		
兽用药品制造	103.6	293.3		
生物药品制品制造	7248.5	808.3		
生物药品制造	7248.5	808.3		
卫生材料及医药用品制造	499.9	85.3		
药用辅料及包装材料	623.9	75.7		
航空、航天器及设备制造业	1200.0			
飞机制造	1200.0			
电子及通信设备制造业	163161.2	14283.0	1390.1	2361.0
电子工业专用设备制造	2141.7	283.0		
半导体器件专用设备制造	1643.6	283.0		
其他电子专用设备制造	498.1			
光纤、光缆及锂离子电池制造	6356.7	40.6		
光纤制造	556.4			
光缆制造	5152.6	5.1		
锂离子电池制造	647.7	35.5		
通信设备制造、雷达及配套设备制造	9545.4	519.6	100.0	
通信系统设备制造	1414.7	253.6		
通信终端设备制造	8130.7	266.0	100.0	
广播电视设备制造	76.6	178.1		
广播电视接收设备制造	68.6	178.1		

6-7 续表 1

单位：万元

指标名称	技术改造经费支出	购买境内技术经费支出	引进境外技术经费支出	引进境外技术的消化吸收经费支出
专用音响设备制造	8.0			
非专业视听设备制造	2035.7	240.8	7.9	1655.5
电视机制造				1655.5
音响设备制造	2033.4	131.0	7.9	
影视录放设备制造	2.3	109.8		
电子器件制造	58923.4	6056.3	142.9	
电子真空器件制造	149.7			
半导体分立器件制造	1368.0	512.9		
集成电路制造	3045.6		142.9	
显示器件制造	21.5	21.5		
半导体照明器件制造	3792.1	3361.6		
光电子器件制造	50448.0	2160.3		
其他电子器件制造	98.5			
电子元件及电子专用设备制造	80722.2	6180.8	1139.3	705.5
电阻电容电感元件制造	7304.0	1051.3		
电子电路制造	21513.7	3623.2	1139.3	2.6
敏感元件及传感器制造	11002.7	61.7		702.9
电声器件及零件制造	20.0			
电子专用材料制造	17210.3	599.2		
其他电子元件制造	23671.5	845.4		
智能消费设备制造	1675.6	693.4		
智能车载设备制造	26.0	20.4		
其他智能消费设备制造	1649.6	673.0		
其他电子设备制造	1683.9	90.4		
计算机及办公设备制造业	41003.5	71.0	121.5	
计算机整机制造			106.3	
计算机零部件制造	39640.6			
计算机外围设备制造	1006.9			
其他计算机制造		5.0	15.2	
办公设备制造	356.0	66.0		
复印和胶印设备制造	356.0			

6-7 续表 2

单位：万元

指标名称	技术改造经费支出	购买境内技术经费支出	引进境外技术经费支出	引进境外技术的消化吸收经费支出
计算器及货币专用设备制造		66.0		
医疗仪器设备及仪器仪表制造业	21710.6	4936.8		
医疗仪器设备及器械制造	1356.0	571.1		
医疗诊断、监护及治疗设备制造	31.8	3.0		
医疗、外科及兽医用器械制造	1138.0	568.1		
其他医疗设备及器械制造	186.2			
通用仪器仪表制造	5593.1	2452.6		
工业自动控制系统装置制造	2377.6	1034.9		
电工仪器仪表制造	1104.7	609.9		
绘图、计算及测量仪器制造	265.3			
供应用仪器仪表制造	1634.5	757.8		
其他通用仪器制造	211.0	50.0		
专用仪器仪表制造	13960.8	1913.1		
运输设备及生产用计数仪表制造	13876.0	1690.1		
教学专用仪器制造	2.5	42.0		
其他专用仪器制造	82.3	181.0		
光学仪器制造	800.7			
按地区分组				
杭州市	41397.4	5930.8	1741.4	
宁波市	28336.5	8704.6	115.2	702.9
温州市	36225.6	3443.0		
嘉兴市	56140.9	157.5	106.3	
湖州市	14848.0	523.5	7.9	
绍兴市	29095.9	169.7		
金华市	31603.9	727.6		
衢州市	11128.3	3884.2	1139.3	2.6
舟山市	82.3			
台州市	85789.5	20455.3	2397.5	8783.0
丽水市	1193.7	30.0		

6–8　医药制造业基本情况（2018）

指标名称	企业数（个）	从业人员平均人数（人）	资产总计（亿元）	主营业务收入（亿元）	利润总额（亿元）	工业总产值（万元）	出口交货值（亿元）
总计	**430**	**136927**	**2443.0**	**1402.5**	**225.9**	**15054750.7**	**301.3**
按行业分组							
医药制造业	430	136927	2443.0	1402.5	225.9	15054750.7	301.3
化学药品制造	183	87492	1800.7	1036.1	167.6	11249739.8	236.7
化学药品原料药制造	116	53832	1158.0	521.6	93.0	5585678.6	211.1
化学药品制剂制造	67	33660	642.8	514.5	74.6	5664061.2	25.6
中药饮品加工	37	4675	52.1	43.0	3.7	456358.7	2.7
中成药生产	44	14553	251.1	95.5	20.8	1009685.5	5.0
兽用药品制造	18	2370	31.5	22.8	1.4	234776.7	2.7
生物药品制品制造	62	14520	215.5	133.4	25.0	1344757.0	30.5
生物药品制造	58	13907	199.9	123.9	22.4	1299577.3	30.4
基因工程药物和疫苗制造	4	613	15.5	9.5	2.6	45179.7	
卫生材料及医药用品制造	48	8500	60.8	47.3	5.5	492820.7	21.2
药用辅料及包装材料	38	4817	31.4	24.4	1.9	266612.3	2.7
按地区分组							
杭州市	96	37713	636.9	519.6	81.7	5713938.6	42.5
宁波市	37	7277	118.8	67.0	11.2	634128.5	7.6
温州市	21	3353	34.5	20.8	2.3	232174.4	6.4
嘉兴市	25	5539	81.8	42.8	3.9	424680.4	10.3
湖州市	43	7924	78.3	43.9	7.1	490665.6	8.2
绍兴市	75	24211	525.6	256.7	46.1	2728588.4	82.4
金华市	39	11725	226.4	108.3	17.8	1168021.2	8.0
衢州市	12	1762	19.4	14.8	3.7	150583.5	0.9
舟山市	4	1041	10.3	3.2	-0.3	33168.2	0.1
台州市	65	33601	682.2	303.2	47.1	3252712.9	134.8
丽水市	13	2781	28.9	22	5.2	226089	0.1

6–9 医药制造业 R&D 人员情况（2018）

指标名称	有 R&D 活动的企业数（个）	R&D 人员（人）			R&D 人员折合全时当量（人年）
			# 全时人员	# 研究人员	
总计	**325**	**17838**	**14049**	**6883**	**14135.5**
按行业分组					
医药制造业	325	17838	14049	6883	14135.5
化学药品制造	155	12464	9887	5075	10022.2
化学药品原料药制造	97	8004	6413	3140	6433.5
化学药品制剂制造	58	4460	3474	1935	3588.7
中药饮品加工	18	356	254	98	240.4
中成药生产	37	1707	1333	670	1339.7
兽用药品制造	12	255	226	110	195.0
生物药品制品制造	47	1651	1271	613	1212.6
生物药品制造	43	1491	1172	559	1097.4
基因工程药物和疫苗制造	4	160	99	54	115.3
卫生材料及医药用品制造	33	918	760	230	777.3
药用辅料及包装材料	23	487	318	87	348.2
按地区分组					
杭州市	69	4212	3630	1900	3262.6
宁波市	31	998	699	354	750.0
温州市	15	464	335	130	338.1
嘉兴市	18	698	610	218	552.0
湖州市	28	826	638	236	574.4
绍兴市	56	3319	2569	1350	2910.9
金华市	31	1624	1279	599	1183.3
衢州市	9	174	128	37	141.5
舟山市	2	65	32	37	47.2
台州市	53	5040	3829	1922	4072.1
丽水市	13	418	300	100	303.3

6–10 医药制造业 R&D 经费情况（2018）

单位：万元

指标名称	R&D 经费内部支出	# 人员劳务费	# 仪器和设备	# 政府资金	# 企业资金	R&D 经费外部支出
总计	**449216.3**	**157437.5**	**58930.9**	**16147.9**	**429344.4**	**127336.5**
按行业分组						
医药制造业	449216.3	157437.5	58930.9	16147.9	429344.4	127336.5
化学药品制造	348646.9	115495.8	47765.0	13114.4	332693.5	115689.3
化学药品原料药制造	202294.4	77813.4	25551.0	5114.5	195396.6	53558.5
化学药品制剂制造	146352.5	37682.4	22214.0	7999.9	137296.9	62130.8
中药饮品加工	6310.6	2247.6	520.9	189.1	6029.4	514.8
中成药生产	27036.5	13069.2	3368.0	804.7	25834.1	5734.6
兽用药品制造	4892.7	2183.8	354.8	61.2	4436.3	631.5
生物药品制品制造	39469.1	15737.8	4077.7	1133.0	38336.1	4362.7
生物药品制造	35294.6	14152.7	3696.2	1133.0	34161.6	4362.7
基因工程药物和疫苗制造	4174.5	1585.1	381.5		4174.5	
卫生材料及医药用品制造	16256.0	6184.8	1959.3	723.3	15532.7	284.3
药用辅料及包装材料	6604.5	2518.5	885.2	122.2	6482.3	119.3
按地区分组						
杭州市	141206.4	43863.3	20705.2	5644.9	134754.9	54111.8
宁波市	18438.7	8637.9	1639.7	270.7	18168.0	2165.1
温州市	6646.1	3073.9	1209.5	105.8	6540.3	1568.2
嘉兴市	12163.3	5449.7	1134.5	167.0	11601.1	964.0
湖州市	15946.1	5856.8	1187.4	127.0	15819.1	1094.8
绍兴市	81641.1	27810.4	7902.0	2901.5	76765.3	7868.3
金华市	37975.5	10370.6	7023.3	1304.2	36198.1	5824.7
衢州市	2516.2	683.6	369.7	12.6	2493.5	990.2
舟山市	1906.4	422.8	1122.0	580.0	1326.4	219.2
台州市	123654.7	48622.2	15803.7	4630.5	118959.6	51347.2
丽水市	7121.8	2646.3	833.9	403.7	6718.1	1183

6-11 医药制造业企业办研发机构情况（2018）

指标名称	有研发机构的企业数（个）	机构数（个）	机构人员（人）	机构经费支出（万元）	机构仪器设备（万元）
总计	**235**	**287**	**14791**	**474412.5**	**424353.0**
按行业分组					
医药制造业	235	287	14791	474412.5	424353.0
化学药品制造	107	145	10542	366490.2	328848.1
化学药品原料药制造	72	97	6829	198869.2	214295.7
化学药品制剂制造	35	48	3713	167621.0	114552.4
中药饮品加工	10	18	157	3838.1	10301.0
中成药生产	26	30	1166	30079.4	27574.8
兽用药品制造	7	7	169	5429.2	2788.3
生物药品制品制造	38	39	1510	45705.8	39770.4
生物药品制造	35	36	1410	41776.1	38659.8
基因工程药物和疫苗制造	3	3	100	3929.7	1110.6
卫生材料及医药用品制造	28	29	799	16055.2	7710.2
药用辅料及包装材料	19	19	448	6814.6	7360.2
按地区分组					
杭州市	57	61	3348	149942.5	100499.7
宁波市	23	23	902	23666.7	12891.2
温州市	16	16	414	6165.3	17081.8
嘉兴市	17	18	683	14650.1	10619.0
湖州市	22	23	634	15113.0	9688.0
绍兴市	38	55	2420	94987.0	83613.9
金华市	17	20	1081	34181.7	29324.8
衢州市	1	1	58	2255.8	2704.9
舟山市	1	1	28	240.5	1476.6
台州市	39	65	5027	128033.0	153011.1
丽水市	4	4	196	5176.9	3442

6-12 医药制造业企业专利情况（2018）

单位：件

指标名称	专利申请数	# 发明专利	有效发明专利
总计	**1442**	**701**	**3288**
按行业分组			
医药制造业	1442	701	3288
化学药品制造	586	408	2152
化学药品原料药制造	358	265	1389
化学药品制剂制造	228	143	763
中药饮品加工	49	22	103
中成药生产	132	66	307
兽用药品制造	37	13	43
生物药品制品制造	140	76	386
生物药品制造	136	73	378
基因工程药物和疫苗制造	4	3	8
卫生材料及医药用品制造	320	93	201
药用辅料及包装材料	178	23	96
按地区分组			
杭州市	303	130	786
宁波市	96	58	178
温州市	36	17	71
嘉兴市	118	27	101
湖州市	141	69	206
绍兴市	349	155	519
金华市	49	26	283
衢州市	29	5	12
舟山市	4	4	22
台州市	217	188	1051
丽水市	100	22	59

6-13 医药制造业企业新产品开发、生产及销售情况（2018）

指标名称	新产品开发项目数（项）	新产品开发经费（万元）	新产品产值（万元）	新产品销售收入（万元）	
					#出口
总计	**3177**	**444649.7**	**6490537.8**	**6096383.6**	**1513874.7**
按行业分组					
医药制造业	3177	444649.7	6490537.8	6096383.6	1513874.7
化学药品制造	1818	317638.9	5090407.7	4873762.1	1244933.3
化学药品原料药制造	981	162135.0	3167354.5	3031345.6	1105532.3
化学药品制剂制造	837	155503.9	1923053.2	1842416.5	139401.0
中药饮品加工	118	5354.8	101289.8	87686.1	4597.5
中成药生产	400	36551.6	389864.9	307278.7	5813.8
兽用药品制造	106	4966.8	123876.6	104642.2	7953.0
生物药品制品制造	402	53732.3	509529.5	458220.0	169890.1
生物药品制造	378	49478.4	507014.7	456004.3	169890.1
基因工程药物和疫苗制造	24	4253.9	2514.8	2215.7	
卫生材料及医药用品制造	237	19383.4	195387.4	188907.5	72797.9
药用辅料及包装材料	96	7021.9	80181.9	75887.0	7889.1
按地区分组					
杭州市	894	151570.2	1577037.3	1499952.5	224269.8
宁波市	312	24311.1	216801.8	195147.6	29637.0
温州市	90	5934.4	84602.8	81020.1	6640.3
嘉兴市	186	14474.6	264156.6	269428.7	75965.7
湖州市	242	17276.2	211987.7	195477.6	32423.6
绍兴市	444	81141.7	1781932.2	1751059.5	619353.1
金华市	340	42736.9	525937.1	462323.9	36381.1
衢州市	76	3910.4	44608.9	40671.5	
舟山市	9	3239.4			
台州市	496	93446.9	1626108.1	1454330.9	488575.9
丽水市	88	6607.9	157365.3	146971.3	628.2

6–14 医药制造业企业技术获取和技术改造情况（2018）

单位：万元

指标名称	技术改造经费支出	购买境内技术经费支出	引进境外技术经费支出	引进境外技术的消化吸收经费支出
总计	**108766.7**	**24735.4**	**3996.0**	**7127.5**
按行业分组				
医药制造业	108766.7	24735.4	3996.0	7127.5
化学药品制造	87949.9	23022.8	3996.0	7127.5
化学药品原料药制造	46151.0	17129.6	2397.5	7127.5
化学药品制剂制造	41798.9	5893.2	1598.5	
中药饮品加工	1585.4			
中成药生产	10755.5	450.0		
兽用药品制造	103.6	293.3		
生物药品制品制造	7248.5	808.3		
生物药品制造	7248.5	808.3		
卫生材料及医药用品制造	499.9	85.3		
药用辅料及包装材料	623.9	75.7		
按地区分组				
杭州市	15681.5	5120.4	1598.5	
宁波市	1030.6	26.0		
温州市	1635.8	15.0		
嘉兴市		26.5		
湖州市	992.3	367.4		
绍兴市	26928.1	85.0		
金华市	24370.7	402.2		
衢州市	787.7			
台州市	36190.9	18662.9	2397.5	7127.5
丽水市	1149.1	30		

6–15 航空、航天器及设备制造业基本情况（2018）

指标名称	企业数（个）	从业人员平均人数（人）	资产总计（亿元）	主营业务收入（亿元）	利润总额（亿元）	工业总产值（万元）	出口交货值（亿元）
总计	**8**	**1040**	**8.2**	**5.1**	**0.0**	**53232.7**	**0.6**
按行业分组							
航空、航天器及设备制造业	8	1040	8.2	5.1		53232.7	0.6
飞机制造	3	463	4.9	2.2	-0.4	23918.7	0.6
航空、航天相关设备制造	3	414	2.5	2.0	0.4	20218.5	
航空相关设备制造	3	414	2.5	2.0	0.4	20218.5	
其他航空航天器制造	2	163	0.9	0.9		9095.5	
按地区分组							
杭州市	2	388	3.9	1.5	-0.5	15977.2	0.6
宁波市	2	348	1.2	0.7		6969.7	
绍兴市	1	66	1.3	1.3	0.4	13248.8	
台州市	3	238	1.8	1.6	0.1	17037.0	

6–16 航空、航天器及设备制造业 R&D 人员情况（2018）

指标名称	有 R&D 活动的企业数（个）	R&D 人员（人）			R&D 人员折合全时当量（人年）
			# 全时人员	# 研究人员	
总计	**4**	**29**	**19**	**10**	**18.9**
按行业分组					
航空、航天器及设备制造业	4	29	19	10	18.9
飞机制造	1	7	6	2	5.8
航空、航天相关设备制造	2	17	8	8	10.3
航空相关设备制造	2	17	8	8	10.3
其他航空航天器制造	1	5	5		2.8
按地区分组					
杭州市	1	5	5		2.8
宁波市	1	10	2	4	5.3
绍兴市	1	7	6	4	5.0
台州市	1	7	6	2	5.8

6–17 航空、航天器及设备制造业 R&D 经费情况（2018）

单位：万元

指标名称	R&D 经费内部支出	# 人员劳务费	# 仪器和设备	# 政府资金	# 企业资金	R&D 经费外部支出
总计	**667.7**	**143.8**	**2.4**	**250.0**	**417.7**	
按行业分组						
航空、航天器及设备制造业	667.7	143.8	2.4	250.0	417.7	
飞机制造	95.4	43.0			95.4	
航空、航天相关设备制造	496.7	70.4		250.0	246.7	
航空相关设备制造	496.7	70.4		250.0	246.7	
其他航空航天器制造	75.6	30.4	2.4		75.6	
按地区分组						
杭州市	75.6	30.4	2.4		75.6	
宁波市	47.8	19.4			47.8	
绍兴市	448.9	51.0		250.0	198.9	
台州市	95.4	43			95.4	

6–18 航空、航天器及设备制造业企业办研发机构情况（2018）

指标名称	有研发机构的企业数（个）	机构数（个）	机构人员（人）	机构经费支出（万元）	机构仪器设备（万元）
总计	**3**	**3**	**53**	**1623.2**	**2837.3**
按行业分组					
航空、航天器及设备制造业	3	3	53	1623.2	2837.3
飞机制造	2	2	31	1256.8	1558.7
其他航空航天器制造	1	1	22	366.4	1278.6
按地区分组					
杭州市	2	2	46	1525.5	2478.9
台州市	1	1	7	97.7	358.4

6–19　航空、航天器及设备制造业企业专利情况（2018）

单位：件

指标名称	专利申请数	#发明专利	有效发明专利
总计	**48**	**7**	**22**
按行业分组			
航空、航天器及设备制造业	48	7	22
飞机制造	24	3	13
航空、航天相关设备制造	17	4	8
航空相关设备制造	17	4	8
其他航空航天器制造	7		1
按地区分组			
杭州市	10	1	4
宁波市	2	2	
绍兴市	15	2	8
台州市	21	2	10

6–20　航空、航天器及设备制造业企业新产品开发、生产及销售情况（2018）

指标名称	新产品开发项目数（项）	新产品开发经费（万元）	新产品产值（万元）	新产品销售收入（万元）	#出口
总计	**14**	**1704.0**	**19086.7**	**19072.0**	
按行业分组					
航空、航天器及设备制造业	14	1704.0	19086.7	19072.0	
飞机制造	1	31.8	8719.2	8704.5	
航空、航天相关设备制造	8	1305.8	9697.1	9697.1	
航空相关设备制造	8	1305.8	9697.1	9697.1	
其他航空航天器制造	5	366.4	670.4	670.4	
按地区分组					
杭州市	5	366.4	2656.5	2641.8	
宁波市	6	521.5	1350.4	1350.4	
绍兴市	2	784.3	8346.7	8346.7	
台州市	1	31.8	6733.1	6733.1	

6–21　航空、航天器及设备制造业企业技术获取和技术改造情况（2018）

单位：万元

指标名称	技术改造经费支出	购买境内技术经费支出	引进境外技术经费支出	引进境外技术的消化吸收经费支出
总计	**1200.0**	**0**	**0**	**0**
按行业分组				
航空、航天器及设备制造业	1200.0			
飞机制造	1200.0			
按地区分组				
杭州市	1200.0			

6–22　电子及通信设备制造业基本情况（2018）

指标名称	企业数（个）	从业人员平均人数（人）	资产总计（亿元）	主营业务收入（亿元）	利润总额（亿元）	工业总产值（万元）	出口交货值（亿元）
总计	**1541**	**461409**	**5819.5**	**4507.7**	**386.0**	**45768309.8**	**1074.8**
按行业分组							
电子及通信设备制造业	1541	461409	5819.5	4507.7	386.0	45768309.8	1074.8
电子工业专用设备制造	58	6723	127.2	74.2	10.1	841481.4	8.6
半导体器件专用设备制造	11	1479	77.6	32.4	5.9	399901.9	1.9
电子元器件与机电组件设备制造	15	1348	13.7	13.1	1.8	138872.5	1.0
其他电子专用设备制造	32	3896	35.9	28.7	2.4	302707.0	5.8
光纤、光缆及锂离子电池制造	105	24016	712.5	370.3	18.0	3607089.7	23.4
光纤制造	26	3035	64.6	50.0	3.7	413951.3	3.6
光缆制造	22	3512	278.2	132.8	12.5	1289821.6	3.2
锂离子电池制造	57	17469	369.8	187.4	1.8	1903316.8	16.6

6–22 续表 1

指标名称	企业数（个）	从业人员平均人数（人）	资产总计（亿元）	主营业务收入（亿元）	利润总额（亿元）	工业总产值（万元）	出口交货值（亿元）
通信设备制造、雷达及配套设备制造	168	114796	2148.4	1940.1	196.2	19728875.6	295.7
通信系统设备制造	115	64945	1636.9	1421.2	186.9	14277858.2	248.2
通信终端设备制造	51	49452	490.2	496.1	8.9	5230631.3	43.9
雷达及配套设备制造	2	399	21.3	22.7	0.4	220386.1	3.6
广播电视设备制造	59	16347	139.9	99.7	5.8	1012755.4	29.1
广播电视节目制作及发射设备制造	5	464	2.4	2.3	0.3	22995.8	0.7
广播电视接收设备制造	23	5482	26.6	21.4	0.8	218800.2	11.7
广播电视专用配件制造	4	611	1.9	2.5	0.1	26548.8	0.5
专用音响设备制造	12	1970	6.1	9.7	0.3	99648.0	6.5
应用电视设备及其他广播电视设备制造	15	7820	102.8	63.8	4.3	644762.6	9.7
非专业视听设备制造	79	16578	154.7	147.8	3.6	1524916.2	88.9
电视机制造	7	4323	94.3	90.3	1.6	946151.0	61.6
音响设备制造	61	10702	42.9	45.0	1.8	468852.7	24.4
影视录放设备制造	11	1553	17.5	12.6	0.2	109912.5	2.9
电子器件制造	285	92214	920.4	659.4	40.4	6744882.3	318.2
电子真空器件制造	44	16093	58.3	66.0	2.9	673823.3	8.4
半导体分立器件制造	38	8405	105.4	69.0	6.4	703175.5	21.7
集成电路制造	45	10517	186.2	104.0	4.8	1015158.5	33.4
显示器件制造	36	20153	203.1	193.9	8.2	2030737.4	171.1
半导体照明器件制造	51	17390	145.3	94.6	6.3	998966.9	29.9
光电子器件制造	46	15089	152.3	94.3	8.3	966561.2	38.4
其他电子器件制造	25	4567	69.7	37.7	3.3	356459.5	15.4
电子元件及电子专用设备制造	646	153237	1350.8	949.4	85.0	9707351.8	247.3
电阻电容电感元件制造	142	24669	142.4	124.0	8.6	1297513.2	20.4

6-22 续表 2

指标名称	企业数（个）	从业人员平均人数（人）	资产总计（亿元）	主营业务收入（亿元）	利润总额（亿元）	工业总产值（万元）	出口交货值（亿元）
电子电路制造	69	12088	69.6	66.7	3.7	695304.4	4.6
敏感元件及传感器制造	26	15361	143.9	87.3	11.3	937989.3	39.3
电声器件及零件制造	41	10380	49.5	42.8	0.7	450034.3	12.9
电子专用材料制造	201	49066	647.6	403.7	39.0	4066566.4	107.1
其他电子元件制造	167	41673	297.8	224.9	21.7	2259944.2	63.0
智能消费设备制造	89	28267	188.2	211.4	22.7	2061394.2	51.4
可穿戴智能设备制造	3	255	0.9	1.2	0.2	12238.9	
智能车载设备制造	9	1384	4.8	6.5	0.1	67050.2	2.0
智能无人飞行器制造	4	3189	25.4	19.0	2.2	193118.2	2.0
其他智能消费设备制造	73	23439	157.1	184.6	20.2	1788986.9	47.3
其他电子设备制造	52	9231	77.5	55.4	4.2	539563.2	12.3
按地区分组							
杭州市	337	144225	2663.8	2109.5	240.1	20837515.7	392.8
宁波市	415	114196	1024.3	984.3	45.3	10106752.9	375.6
温州市	177	31085	197.1	147.8	10.9	1528444.3	22.1
嘉兴市	251	83131	764.9	607.6	36.1	6328375.8	124.9
湖州市	84	17813	217.2	155.7	9.8	1612242.6	24.5
绍兴市	86	19887	319.0	147.2	16.7	1633661.4	26.9
金华市	92	29570	280.3	189.1	14.6	1980024.7	40.2
衢州市	34	4872	46.4	26.6	0.6	265287.1	4.4
舟山市	3	193	2.1	1.0		9792.1	0.1
台州市	45	13811	282.4	126.1	11.1	1330561.1	60.1
丽水市	17	2626	21.8	12.8	0.8	135652.1	3.3

6–23　电子及通信设备制造业 R&D 人员情况（2018）

指标名称	有 R&D 活动的企业数（个）	R&D 人员（人）	# 全时人员	# 研究人员	R&D 人员折合全时当量（人年）
总计	**899**	**61074**	**50232**	**22785**	**50916.9**
按行业分组					
电子及通信设备制造业	899	61074	50232	22785	50916.9
电子工业专用设备制造	37	954	803	253	770.8
半导体器件专用设备制造	10	281	245	91	212.0
电子元器件与机电组件设备制造	4	87	73	27	84.3
其他电子专用设备制造	23	586	485	135	474.5
光纤、光缆及锂离子电池制造	68	3319	2785	1084	2368.6
光纤制造	9	125	85	37	100.9
光缆制造	16	494	394	138	320.0
锂离子电池制造	43	2700	2306	909	1947.7
通信设备制造、雷达及配套设备制造	103	28182	24677	14352	25918.9
通信系统设备制造	72	24160	21517	12806	23024.1
通信终端设备制造	30	3949	3094	1511	2850.6
雷达及配套设备制造	1	73	66	35	44.2
广播电视设备制造	30	1126	926	337	914.9
广播电视节目制作及发射设备制造	5	90	67	36	66.0
广播电视接收设备制造	15	515	418	116	393.8
广播电视专用配件制造	1	28	25	7	17.6
专用音响设备制造	3	39	30	6	30.5
应用电视设备及其他广播电视设备制造	6	454	386	172	407.0
非专业视听设备制造	45	1630	1416	506	1175.3
电视机制造	4	410	345	124	251.2
音响设备制造	34	839	731	192	631.2
影视录放设备制造	7	381	340	190	292.9
电子器件制造	174	7438	5920	2281	5935.9
电子真空器件制造	23	765	510	197	608.9
半导体分立器件制造	22	1070	800	398	813.1

6-23 续表

指标名称	有 R&D 活动的企业数（个）	R&D 人员（人）			R&D 人员折合全时当量（人年）
			# 全时人员	# 研究人员	
集成电路制造	32	1822	1602	794	1484.3
显示器件制造	21	524	436	120	434.9
半导体照明器件制造	25	1294	1002	285	1032.0
光电子器件制造	36	1477	1170	356	1195.6
其他电子器件制造	15	486	400	131	367.1
电子元件及电子专用设备制造	349	14546	10495	2996	10846.0
电阻电容电感元件制造	81	2223	1768	440	1788.7
电子电路制造	32	1238	897	140	945.6
敏感元件及传感器制造	16	1192	728	239	892.9
电声器件及零件制造	22	608	515	104	527.6
电子专用材料制造	99	4874	3326	1180	3263.0
其他电子元件制造	99	4411	3261	893	3428.1
智能消费设备制造	62	2634	2162	593	1957.6
可穿戴智能设备制造	1	11	10	3	11.0
智能车载设备制造	6	105	40	22	84.7
智能无人飞行器制造	2	338	304	89	186.2
其他智能消费设备制造	53	2180	1808	479	1675.7
其他电子设备制造	31	1245	1048	383	1028.9
按地区分组					
杭州市	179	30962	26946	15293	28370.5
宁波市	246	9263	7394	2413	7505.5
温州市	119	4013	3198	693	3088.4
嘉兴市	134	7370	5880	1935	5310.2
湖州市	54	2152	1797	703	1499.3
绍兴市	56	2123	1491	549	1615.8
金华市	49	3091	1898	743	2070.3
衢州市	15	428	316	63	231.5
舟山市	3	52	43	19	43.0
台州市	31	1301	990	264	967.7
丽水市	13	319	279	110	214.9

6–24 电子及通信设备制造业 R&D 经费情况（2018）

单位：万元

指标名称	R&D 经费内部支出	# 人员劳务费	# 仪器和设备	# 政府资金	# 企业资金	R&D 经费外部支出
总计	**1741333.3**	**933216.9**	**94095.8**	**27926.3**	**1711206.0**	**158646.2**
按行业分组						
电子及通信设备制造业	1741333.3	933216.9	94095.8	27926.3	1711206.0	158646.2
电子工业专用设备制造	28538.5	9859.5	2582.9	1179.6	27179.0	563.9
半导体器件专用设备制造	13457.6	4550.2	1140.9		13445.9	510.8
电子元器件与机电组件设备制造	2681.9	691.3	636.4	615.4	1898.3	20.1
其他电子专用设备制造	12399.0	4618.0	805.6	564.2	11834.8	33.0
光纤、光缆及锂离子电池制造	102868.0	27022.6	11679.5	1285.5	101489.9	1195.2
光纤制造	5393.5	1238.5	168.2	17.0	5376.5	10.0
光缆制造	20176.0	2858.9	2463.1	22.6	20153.4	508.6
锂离子电池制造	77298.5	22925.2	9048.2	1245.9	75960.0	676.6
通信设备制造、雷达及配套设备制造	1016884.4	651116.4	34534.2	17666.1	999173.0	145094.1
通信系统设备制造	866846.9	603356.8	24788.5	16150.1	850678.7	122317.8
通信终端设备制造	147328.8	46831.5	9693.7	1032.9	146268.7	22661.0
雷达及配套设备制造	2708.7	928.1	52.0	483.1	2225.6	115.3
广播电视设备制造	18882.2	9720.1	1281.2	105.8	18643.6	728.3
广播电视节目制作及发射设备制造	1291.4	697.9	249.1	52.8	1238.6	31.0
广播电视接收设备制造	7776.3	4038.4	585.2	53.0	7590.5	690.0
广播电视专用配件制造	390.3	282.6			390.3	
专用音响设备制造	733.1	207.5			733.1	
应用电视设备及其他广播电视设备制造	8691.1	4493.7	446.9		8691.1	7.3
非专业视听设备制造	42026.2	15016.5	4287.9	188.0	41656.3	157.6
电视机制造	23262.0	4958.6	3326.0	129.3	23132.7	67.8
音响设备制造	14388.3	7068.6	562.8		14206.4	75.5
影视录放设备制造	4375.9	2989.3	399.1	58.7	4317.2	14.3
电子器件制造	176405.3	78988.5	15772.8	2931.9	172575.2	4909.5
电子真空器件制造	13976.4	5569.4	1976.4	220.0	13756.4	107.8
半导体分立器件制造	22116.2	10058.8	1251.0	63.7	22043.6	2936.3

6-24 续表

单位：万元

指标名称	R&D 经费内部支出	# 人员劳务费	# 仪器和设备	# 政府资金	# 企业资金	R&D 经费外部支出
集成电路制造	55148.3	29973.5	4245.6	573.9	53861.6	1349.6
显示器件制造	10519.3	4174.8	287.3		10519.3	51.6
半导体照明器件制造	25488.7	9714.4	3639.3	922.9	24565.8	65.0
光电子器件制造	35815.0	13521.6	3216.9	898.5	34779.5	33.9
其他电子器件制造	13341.4	5976.0	1156.3	252.9	13049.0	365.3
电子元件及电子专用设备制造	276027.3	101761.3	18742.5	2933.1	272484.2	4747.2
电阻电容电感元件制造	38546.1	15050.5	2354.7	504.4	37873.0	496.9
电子电路制造	16693.0	6286.5	677.6	166.0	16395.6	58.6
敏感元件及传感器制造	26380.3	8669.2	1202.1	23.9	26356.4	241.8
电声器件及零件制造	10613.8	5042.8	529.5	111.7	10220.4	2413.0
电子专用材料制造	109817.6	32041.8	5700.3	1791.1	108023.4	737.5
其他电子元件制造	73976.5	34670.5	8278.3	336.0	73615.4	799.4
智能消费设备制造	53515.0	25571.6	3204.9	157.8	53357.2	1178.9
可穿戴智能设备制造	126.3	81.7	0.1		126.3	
智能车载设备制造	1525.1	1136.0	8.5	36.1	1489.0	13.5
智能无人飞行器制造	7809.6	4657.2	110.7	14.4	7795.2	31.5
其他智能消费设备制造	44054.0	19696.7	3085.6	107.3	43946.7	1133.9
其他电子设备制造	26186.4	14160.4	2009.9	1478.5	24647.6	71.5
按地区分组						
杭州市	1068609.8	702127.8	37039.7	20128.6	1047680.1	129950.5
宁波市	207619.9	78419.2	11208.3	1921.3	205695.6	8180.8
温州市	58553.7	26758.9	4136.7	234.7	58039.8	928.4
嘉兴市	177663.1	57441.5	18162.0	1420.4	175806.9	14578.7
湖州市	58971.8	14928.7	9365.9	1825.5	56954.0	2322.4
绍兴市	57917.1	18019.6	2294.1	120.6	57591.7	1106.9
金华市	55403.3	18498.8	4133.7	2050.0	53068.5	1089.7
衢州市	6110.0	2018.4	1062.2	60.5	6049.5	
舟山市	813.8	358.3	31.2		813.8	
台州市	43501.0	11874.0	6230.8	131.7	43369.3	443.8
丽水市	6169.8	2771.7	431.2	33.0	6136.8	45.0

6–25 电子及通信设备制造业企业办研发机构情况（2018）

指标名称	有研发机构的企业数（个）	机构数（个）	机构人员（人）	机构经费支出（万元）	机构仪器设备（万元）
总计	**686**	**746**	**58652**	**1866208.0**	**758375.2**
按行业分组					
电子及通信设备制造业	686	746	58652	1866208.0	758375.2
电子工业专用设备制造	33	33	947	28779.0	11317.9
半导体器件专用设备制造	5	5	238	12790.6	4434.1
电子元器件与机电组件设备制造	6	6	107	4019.3	1666.9
其他电子专用设备制造	22	22	602	11969.1	5216.9
光纤、光缆及锂离子电池制造	53	61	2729	102871.6	55934.3
光纤制造	9	10	126	3641.2	1754.3
光缆制造	11	15	368	22480.9	11912.8
锂离子电池制造	33	36	2235	76749.5	42267.2
通信设备制造、雷达及配套设备制造	89	104	32064	1175933.1	214761.5
通信系统设备制造	59	68	26600	964680.5	157641.2
通信终端设备制造	28	34	5372	207890.8	56171.8
雷达及配套设备制造	2	2	92	3361.8	948.5
广播电视设备制造	21	24	943	17760.0	11177.7
广播电视节目制作及发射设备制造	2	2	58	853.3	963.5
广播电视接收设备制造	9	9	269	5763.6	3012.8
广播电视专用配件制造	1	1	37	360.1	385.0
专用音响设备制造	2	2	51	610.8	586.8
应用电视设备及其他广播电视设备制造	7	10	528	10172.2	6229.6
非专业视听设备制造	30	32	1315	41881.5	17261.8
电视机制造	2	4	328	24356.1	10587.4
音响设备制造	23	23	611	10622.5	5116.6
影视录放设备制造	5	5	376	6902.9	1557.8
电子器件制造	127	135	6757	171311.7	125341.9
电子真空器件制造	20	20	895	21327.1	14010.9
半导体分立器件制造	15	15	1049	30641.3	35665.2

6–25 续表

指标名称	有研发机构的企业数（个）	机构数（个）	机构人员（人）	机构经费支出（万元）	机构仪器设备（万元）
集成电路制造	25	25	1708	49130.4	22909.8
显示器件制造	12	15	396	7801.4	8394.3
半导体照明器件制造	21	22	842	16044.3	18179.1
光电子器件制造	24	28	1413	34829.6	20819.9
其他电子器件制造	10	10	454	11537.6	5362.7
电子元件及电子专用设备制造	273	295	11081	269619.8	296551.2
电阻电容电感元件制造	66	68	1743	36738.9	33743.6
电子电路制造	24	26	892	15930.5	15303.1
敏感元件及传感器制造	15	18	1194	27613.7	27908.1
电声器件及零件制造	11	11	356	7777.6	6038.6
电子专用材料制造	78	90	3306	113887.8	141272.4
其他电子元件制造	79	82	3590	67671.3	72285.4
智能消费设备制造	43	45	2000	39043.1	16743.7
可穿戴智能设备制造	1	1	20	365.5	270.9
智能车载设备制造	1	1	21	219.8	10.3
智能无人飞行器制造	2	2	332	8014.6	1909.6
其他智能消费设备制造	39	41	1627	30443.2	14552.9
其他电子设备制造	17	17	816	19008.2	9285.2
按地区分组					
杭州市	142	159	34083	1202865.3	294323.3
宁波市	195	204	8415	215071.8	137030.8
温州市	96	99	3181	50203.0	39640.1
嘉兴市	121	125	6860	202843.2	137794.9
湖州市	44	53	1909	59937.0	38856.9
绍兴市	25	28	1361	35899.2	27353.7
金华市	31	38	1281	47019.7	52889.5
衢州市	8	10	217	3733.7	2743.3
舟山市	3	3	45	840.8	4682.1
台州市	15	21	1161	42037.6	21281.2
丽水市	6	6	139	5756.7	1779.4

6-26　电子及通信设备制造业企业专利情况（2018）

单位：件

指标名称	专利申请数	#发明专利	有效发明专利
总计	**12466**	**5525**	**11782**
按行业分组			
电子及通信设备制造业	12466	5525	11782
电子工业专用设备制造	297	108	166
半导体器件专用设备制造	119	59	84
电子元器件与机电组件设备制造	30	10	5
其他电子专用设备制造	148	39	77
光纤、光缆及锂离子电池制造	804	339	592
光纤制造	57	5	51
光缆制造	95	57	99
锂离子电池制造	652	277	442
通信设备制造、雷达及配套设备制造	4845	2977	5913
通信系统设备制造	4173	2677	5441
通信终端设备制造	654	297	465
雷达及配套设备制造	18	3	7
广播电视设备制造	409	136	202
广播电视节目制作及发射设备制造	19	4	15
广播电视接收设备制造	94	17	43
广播电视专用配件制造	12		13
专用音响设备制造	2		
应用电视设备及其他广播电视设备制造	282	115	131
非专业视听设备制造	251	51	121
电视机制造	58	14	14
音响设备制造	182	29	95
影视录放设备制造	11	8	12
电子器件制造	1772	775	2341
电子真空器件制造	136	31	59
半导体分立器件制造	142	58	136

6–26 续表

单位：件

指标名称	专利申请数	# 发明专利	有效发明专利
集成电路制造	348	245	1188
显示器件制造	116	39	167
半导体照明器件制造	507	246	240
光电子器件制造	415	133	381
其他电子器件制造	108	23	170
电子元件及电子专用设备制造	2474	796	1900
电阻电容电感元件制造	417	118	205
电子电路制造	168	49	61
敏感元件及传感器制造	203	105	319
电声器件及零件制造	51	4	43
电子专用材料制造	878	358	926
其他电子元件制造	757	162	346
智能消费设备制造	1426	268	425
可穿戴智能设备制造	30	6	6
智能车载设备制造	33	14	10
智能无人飞行器制造	87	45	146
其他智能消费设备制造	1276	203	263
其他电子设备制造	188	75	122
按地区分组			
杭州市	6266	3325	7784
宁波市	1863	724	1458
温州市	708	127	127
嘉兴市	1441	434	969
湖州市	502	219	447
绍兴市	315	122	387
金华市	951	470	437
衢州市	156	34	66
舟山市	6	3	6
台州市	180	36	74
丽水市	78	31	27

6–27 电子及通信设备制造业企业新产品开发、生产及销售情况（2018）

指标名称	新产品开发项目数（项）	新产品开发经费（万元）	新产品产值（万元）	新产品销售收入（万元）	#出口
总计	**6580**	**1958463.8**	**28583593.7**	**27760493.4**	**5115170.4**
按行业分组					
电子及通信设备制造业	6580	1958463.8	28583593.7	27760493.4	5115170.4
电子工业专用设备制造	271	35072.5	585190.2	505684.8	41797.5
半导体器件专用设备制造	92	14482.3	376624.8	302243.8	14702.3
电子元器件与机电组件设备制造	31	4902.6	59478.7	59073.4	8128.2
其他电子专用设备制造	148	15687.6	149086.7	144367.6	18967.0
光纤、光缆及锂离子电池制造	572	133280.5	2163398.9	2118957.1	160752.1
光纤制造	74	7323.8	138466.6	130973.5	6358.1
光缆制造	76	29813.3	637383.3	634166.2	11126.1
锂离子电池制造	422	96143.4	1387549.0	1353817.4	143267.9
通信设备制造、雷达及配套设备制造	984	1092855.5	15611702.8	15004009.4	1906962.2
通信系统设备制造	564	902454.5	11034005.6	10684205.4	1541652.2
通信终端设备制造	377	187660.1	4512121.2	4254108.4	364984.4
雷达及配套设备制造	43	2740.9	65576.0	65695.6	325.6
广播电视设备制造	179	24167.3	677791.2	665926.1	134626.1
广播电视节目制作及发射设备制造	27	1373.6	16607.9	15931.0	6436.0
广播电视接收设备制造	73	10589.2	122043.6	118647.0	59550.3
广播电视专用配件制造	6	390.3	8930.8	8416.8	823.9
专用音响设备制造	11	1044.1	12694.7	12690.6	9654.7
应用电视设备及其他广播电视设备制造	62	10770.1	517514.2	510240.7	58161.2
非专业视听设备制造	280	53894.2	868878.4	844959.4	595236.2
电视机制造	42	30363.5	647642.2	636551.9	504706.5
音响设备制造	185	15391.2	178436.4	163409.9	88197.3
影视录放设备制造	53	8139.5	42799.8	44997.6	2332.4
电子器件制造	1301	212571.7	2697446.1	2728017.7	663375.1
电子真空器件制造	157	17264.2	384532.7	400338.7	36863.4
半导体分立器件制造	135	28808.7	254427.5	237576.8	32453.0

6–27 续表

指标名称	新产品开发项目数（项）	新产品开发经费（万元）	新产品产值（万元）	新产品销售收入（万元）	#出口
集成电路制造	280	65556.4	594832.7	567398.3	157660.8
显示器件制造	116	12373.7	176668.3	194572.3	62078.6
半导体照明器件制造	219	29201.1	500880.4	501582.8	120847.4
光电子器件制造	271	42892.0	647329.3	645851.9	205718.9
其他电子器件制造	123	16475.6	138775.2	180696.9	47753.0
电子元件及电子专用设备制造	2252	308638.7	4531245.3	4523475.9	1244015.5
电阻电容电感元件制造	418	39871.8	572312.0	534055.8	92073.7
电子电路制造	185	22516.3	224296.2	216146.9	7310.6
敏感元件及传感器制造	166	32157.4	455323.4	522109.9	201919.8
电声器件及零件制造	109	13022.3	176414.0	176729.9	19774.7
电子专用材料制造	688	117487.6	1967537.0	1954101.3	566136.3
其他电子元件制造	686	83583.3	1135362.7	1120332.1	356800.4
智能消费设备制造	562	67181.9	1161224.6	1092958.4	305702.6
可穿戴智能设备制造	6	312.5	4199.9	4199.9	
智能车载设备制造	50	3286.4	27017.2	24690.8	9230.3
智能无人飞行器制造	20	8766.5	91461.2	91018.8	19776.0
其他智能消费设备制造	486	54816.5	1038546.3	973048.9	276696.3
其他电子设备制造	179	30801.5	286716.2	276504.6	62703.1
按地区分组					
杭州市	1600	1162646.8	14551428.1	14159283.3	2192743.0
宁波市	1759	261840.1	4718066.2	4629042.7	977666.4
温州市	632	55926.5	688967.3	660019.7	105675.8
嘉兴市	1165	207656.2	4224748.0	4035570.5	768968.3
湖州市	381	77069.4	1187408.0	1132476.6	186179.4
绍兴市	305	62458.7	1024320.4	995842.6	142942.7
金华市	383	61420.7	1160895.4	1115162.9	221786.6
衢州市	85	7024.4	105020.6	105241.8	12884.1
舟山市	8	638.5	1206.1	513.7	
台州市	220	55665.6	851183.6	856105.5	496585.3
丽水市	42	6116.9	70350	71234.1	9738.8

6-28 电子及通信设备制造业企业技术获取和技术改造情况（2018）

单位：万元

指标名称	技术改造经费支出	购买境内技术经费支出	引进境外技术经费支出	引进境外技术的消化吸收经费支出
总计	**163161.2**	**14283.0**	**1390.1**	**2361.0**
按行业分组				
电子及通信设备制造业	163161.2	14283.0	1390.1	2361.0
电子工业专用设备制造	2141.7	283.0		
半导体器件专用设备制造	1643.6	283.0		
其他电子专用设备制造	498.1			
光纤、光缆及锂离子电池制造	6356.7	40.6		
光纤制造	556.4			
光缆制造	5152.6	5.1		
锂离子电池制造	647.7	35.5		
通信设备制造、雷达及配套设备制造	9545.4	519.6	100.0	
通信系统设备制造	1414.7	253.6		
通信终端设备制造	8130.7	266.0	100.0	
广播电视设备制造	76.6	178.1		
广播电视接收设备制造	68.6	178.1		
专用音响设备制造	8.0			
非专业视听设备制造	2035.7	240.8	7.9	1655.5
电视机制造				1655.5
音响设备制造	2033.4	131.0	7.9	
影视录放设备制造	2.3	109.8		
电子器件制造	58923.4	6056.3	142.9	
电子真空器件制造	149.7			
半导体分立器件制造	1368.0	512.9		
集成电路制造	3045.6		142.9	

6-28 续表

单位：万元

指标名称	技术改造经费支出	购买境内技术经费支出	引进境外技术经费支出	引进境外技术的消化吸收经费支出
显示器件制造	21.5	21.5		
半导体照明器件制造	3792.1	3361.6		
光电子器件制造	50448.0	2160.3		
其他电子器件制造	98.5			
电子元件及电子专用设备制造	80722.2	6180.8	1139.3	705.5
电阻电容电感元件制造	7304.0	1051.3		
电子电路制造	21513.7	3623.2	1139.3	2.6
敏感元件及传感器制造	11002.7	61.7		702.9
电声器件及零件制造	20.0			
电子专用材料制造	17210.3	599.2		
其他电子元件制造	23671.5	845.4		
智能消费设备制造	1675.6	693.4		
智能车载设备制造	26.0	20.4		
其他智能消费设备制造	1649.6	673.0		
其他电子设备制造	1683.9	90.4		
按地区分组				
杭州市	20689.4	512.1	142.9	
宁波市	23920.6	6792.5	100.0	702.9
温州市	20658.2	1845.7		
嘉兴市	16483.8	131.0		
湖州市	13720.7	1.1	7.9	
绍兴市	1945.8	84.7		
金华市	6989.6	325.4		
衢州市	10340.6	3884.2	1139.3	2.6
台州市	48367.9	706.3		1655.5
丽水市	44.6			

6–29 计算机及办公设备制造业基本情况（2018）

指标名称	企业数（个）	从业人员平均人数(人)	资产总计（亿元）	主营业务收入（亿元）	利润总额（亿元）	工业总产值（万元）	出口交货值（亿元）
总计	**101**	**30160**	**246.6**	**280.8**	**17.2**	**2873086.6**	**160.9**
按行业分组							
计算机及办公设备制造业	101	30160	246.6	280.8	17.2	2873086.6	160.9
计算机整机制造	3	1773	16.8	62.7	0.8	599546.2	59.9
计算机零部件制造	27	16141	112.2	93.2	8.0	981399.5	79.3
计算机外围设备制造	26	5230	33.3	39.9	4.9	410118.9	12.7
工业控制计算机及系统制造	2	419	4.9	4.8	0.2	57758.6	
信息安全设备制造	1	85	0.4	0.2		2521.9	
其他计算机制造	9	1977	42.7	53.1	1.4	541514.9	2.0
办公设备制造	33	4535	36.3	26.8	1.9	280226.6	7.0
复印和胶印设备制造	8	983	9.3	6.5	0.3	66958.8	2.8
计算器及货币专用设备制造	25	3552	27.0	20.3	1.6	213267.8	4.3
按地区分组							
杭州市	27	7208	85.2	133.2	5.2	1329909.0	63.3
宁波市	20	6798	23.7	43.2	1.3	444269.9	34.0
温州市	23	2471	12.7	11.9	0.7	122385.9	2.9
嘉兴市	21	11810	112.3	75.4	9.3	802951.5	49.9
湖州市	3	229	2.8	3.0	0.3	31713.0	0.5
绍兴市	3	259	3.4	1.1		12630.9	0.7
金华市	2	829	3.1	3.4	0.4	37581.5	1.6
台州市	2	556	3.4	9.6	-0.1	91644.9	8.0

6-30 计算机及办公设备制造业 R&D 人员情况（2018）

指标名称	有 R&D 活动的企业数（个）	R&D 人员（人）	# 全时人员	# 研究人员	R&D 人员折合全时当量（人年）
总计	**75**	**2550**	**2111**	**737**	**2071.2**
按行业分组					
计算机及办公设备制造业	75	2550	2111	737	2071.2
计算机整机制造	2	101	61	20	32.4
计算机零部件制造	14	876	728	293	777.8
计算机外围设备制造	21	639	542	164	549.3
工业控制计算机及系统制造	1	73	66	11	36.9
信息安全设备制造					
其他计算机制造	7	233	174	52	204.4
办公设备制造	30	628	540	197	470.4
复印和胶印设备制造	8	126	112	41	116.6
计算器及货币专用设备制造	22	502	428	156	353.8
按地区分组					
杭州市	18	517	425	117	404.7
宁波市	15	307	262	60	256.6
温州市	19	264	224	51	211.0
嘉兴市	14	1125	931	419	968.7
湖州市	3	58	52	16	50.1
绍兴市	2	28	20	8	26.8
金华市	2	143	129	40	113.6
台州市	2	108	68	26	39.7

6–31 计算机及办公设备制造业 R&D 经费情况（2018）

单位：万元

指标名称	R&D 经费内部支出	# 人员劳务费	# 仪器和设备	# 政府资金	# 企业资金	R&D 经费外部支出
总计	**74861.7**	**26689.6**	**1650.9**	**867.5**	**73235.6**	**466.2**
按行业分组						
计算机及办公设备制造业	74861.7	26689.6	1650.9	867.5	73235.6	466.2
计算机整机制造	3050.9	946.8	40.5		3050.9	103.6
计算机零部件制造	38677.1	10390.1	631.5	25.6	38651.5	
计算机外围设备制造	15841.0	6411.4	698.0	506.1	14576.3	113.6
工业控制计算机及系统制造	1473.3	403.0	106.5		1473.3	
信息安全设备制造						
其他计算机制造	2947.1	1530.1	51.1		2947.1	127.9
办公设备制造	12872.3	7008.2	123.3	335.8	12536.5	121.1
复印和胶印设备制造	2756.1	1172.3	37.1		2756.1	35.7
计算器及货币专用设备制造	10116.2	5835.9	86.2	335.8	9780.4	85.4
按地区分组						
杭州市	11746.0	4578.5	891.3	511.7	10482.8	164.4
宁波市	5315.2	2479.2	532.3	19.6	5288.5	25.5
温州市	4389.5	1769.6	43.7	316.2	4073.3	107.4
嘉兴市	46274.2	14905.6	41.9		46274.2	167.5
湖州市	1246.6	475.3	14.3		1246.6	
绍兴市	567.1	163.0	84.3		567.1	
金华市	2138.6	1318.5	2.6	20.0	2118.6	1.4
台州市	3184.5	999.9	40.5		3184.5	

6–32 计算机及办公设备制造业企业办研发机构情况（2018）

指标名称	有研发机构的企业数（个）	机构数（个）	机构人员（人）	机构经费支出（万元）	机构仪器设备（万元）
总计	**53**	**56**	**2299**	**73293.5**	**27126.1**
按行业分组					
计算机及办公设备制造业	53	56	2299	73293.5	27126.1
计算机整机制造	1	1	75	3082.1	192.0
计算机零部件制造	7	9	816	39417.0	6853.4
计算机外围设备制造	16	16	573	15252.2	9030.1
工业控制计算机及系统制造	1	1	69	1452.7	464.5
其他计算机制造	6	7	218	4724.0	1995.8
办公设备制造	22	22	548	9365.5	8590.3
复印和胶印设备制造	5	5	106	2170.6	1170.2
计算器及货币专用设备制造	17	17	442	7194.9	7420.1
按地区分组					
杭州市	14	17	518	14105.0	8569.6
宁波市	10	10	268	4559.7	3241.3
温州市	16	16	339	6465.9	3970.0
嘉兴市	9	9	1017	43565.4	10664.4
湖州市	3	3	82	1515.4	488.8
台州市	1	1	75	3082.1	192.0

6–33 计算机及办公设备制造业企业专利情况（2018）

单位：件

指标名称	专利申请数	# 发明专利	有效发明专利
总计	**693**	**183**	**354**
按行业分组			
计算机及办公设备制造业	693	183	354
计算机整机制造	49	35	1
计算机零部件制造	96	16	62
计算机外围设备制造	185	46	160
工业控制计算机及系统制造	8	1	1
其他计算机制造	53	16	50
办公设备制造	302	69	80
复印和胶印设备制造	56	19	41
计算器及货币专用设备制造	246	50	39
按地区分组			
杭州市	174	47	212
宁波市	40	14	30
温州市	209	35	35
嘉兴市	164	30	57
湖州市	50	20	18
金华市	19	4	1
台州市	37	33	1

6–34 计算机及办公设备制造业企业新产品开发、生产及销售情况（2018）

指标名称	新产品开发项目数（项）	新产品开发经费（万元）	新产品产值（万元）	新产品销售收入（万元）	#出口
总计	**493**	**55495.1**	**1268122.9**	**1200525.1**	**838533.3**
按行业分组					
计算机及办公设备制造业	493	55495.1	1268122.9	1200525.1	838533.3
计算机整机制造	22	3234.2	308503.5	311928.5	310793.8
计算机零部件制造	87	7213.4	544220.2	501173.4	421157.1
计算机外围设备制造	118	20418.5	193212.8	175229.4	43587.9
工业控制计算机及系统制造	8	1760.0	22021.9	23092.5	
信息安全设备制造					
其他计算机制造	61	5967.6	41807.9	37427.6	13571.4
办公设备制造	197	16901.4	158356.6	151673.7	49423.1
复印和胶印设备制造	37	2690.7	43870.1	44154.4	23462.7
计算器及货币专用设备制造	160	14210.7	114486.5	107519.3	25960.4
按地区分组					
杭州市	130	21360.6	383834.9	383392.7	269871.8
宁波市	73	5451.8	48013.1	45271.6	7735.4
温州市	134	6304.8	57203.9	56938.0	15774.8
嘉兴市	98	14259.9	643885.6	592345.3	458933.9
湖州市	13	1509.7	21063.8	20821.1	4448.7
绍兴市	8	568.3	6274.2	4883.3	3766.0
金华市	17	2675.5	29051.4	14652.1	
台州市	20	3364.5	78796.0	82221.0	78002.7

6–35 计算机及办公设备制造业企业技术获取和技术改造情况（2018）

单位：万元

指标名称	技术改造经费支出	购买境内技术经费支出	引进境外技术经费支出	引进境外技术的消化吸收经费支出
总计	**41003.5**	**71.0**	**121.5**	**0**
按行业分组				
计算机及办公设备制造业	41003.5	71.0	121.5	
计算机整机制造			106.3	
计算机零部件制造	39640.6			
计算机外围设备制造	1006.9			
其他计算机制造		5.0	15.2	
办公设备制造	356.0	66.0		
复印和胶印设备制造	356.0			
计算器及货币专用设备制造		66.0		
按地区分组				
杭州市	1346.4			
宁波市		71.0	15.2	
嘉兴市	39657.1		106.3	

6–36 医疗仪器设备及仪器仪表制造业基本情况（2018）

指标名称	企业数（个）	从业人员平均人数(人)	资产总计（亿元）	主营业务收入（亿元）	利润总额（亿元）	工业总产值（万元）	出口交货值（亿元）
总计	**687**	**142839**	**1526.8**	**1018.9**	**129.3**	**10206081.9**	**241.5**
按行业分组							
医疗仪器设备及仪器仪表制造业	687	142839	1526.8	1018.9	129.3	10206081.9	241.5
医疗仪器设备及器械制造	132	26419	206.2	138.7	19.5	1418875.1	52.0
医疗诊断、监护及治疗设备制造	29	5430	70.1	36.8	4.8	355293.8	13.0
口腔科用设备及器具制造	8	1070	6.3	7.0	0.9	73582.4	3.4
医疗实验室及医用消毒设备和器具制造	4	528	3.1	2.2	-0.4	34546.3	1.0
医疗、外科及兽医用器械制造	53	13565	68.9	53.6	8.4	552757.2	21.9
机械治疗及病房护理设备制造	11	1353	15.7	7.0	1.1	69837.0	2.1
康复辅具制造	3	500	5.3	2.0	0.2	23329.8	1.0
其他医疗设备及器械制造	24	3973	36.8	30.1	4.7	309528.6	9.7
通用仪器仪表制造	420	81450	939.9	618.1	63.7	6079166.7	112.7
工业自动控制系统装置制造	191	35033	420.7	291.7	31.1	2793604.5	34.7
电工仪器仪表制造	69	17304	312.6	159.7	16.5	1505844.9	31.1
绘图、计算及测量仪器制造	24	4581	16.5	17.1	0.6	177485.8	10.7
实验分析仪器制造	28	4239	19.3	20.5	2.0	210155.5	5.1
试验机制造	10	913	4.7	4.9	0.3	50218.0	0.3
供应用仪器仪表制造	66	12290	74.6	76.8	5.6	795429.2	27.1
其他通用仪器制造	32	7090	91.4	47.5	7.5	546428.8	3.8
专用仪器仪表制造	92	21098	226.3	160.5	21.3	1660205.4	35.1
环境监测专用仪器仪表制造	6	524	6.4	4.6	0.4	45888.7	
运输设备及生产用计数仪表制造	32	11776	133.6	94.5	7.9	963877.2	23.7
导航、测绘、气象及海洋专用仪器制造	4	596	4.6	2.2	0.1	25363.5	0.3
农林牧渔专用仪器仪表制造	1	69	0.9	0.4	0.1	3557.7	
地质勘探和地震专用仪器制造	1	84	1.8	0.6	0.2	7944.8	
教学专用仪器制造	23	3319	22.0	18.3	1.3	190018.6	1.8
电子测量仪器制造	14	3246	45.5	30.6	9.6	325054.2	7.9
其他专用仪器制造	11	1484	11.5	9.2	1.9	98500.7	1.4
光学仪器制造	37	12952	150.7	97.7	24.9	1008648.7	41.1
其他仪器仪表制造业	6	920	3.7	3.9	-0.1	39186.0	0.6
按地区分组							
杭州市	179	44069	571.6	337.9	44.9	3229790.4	71.4
宁波市	191	39925	463.9	288.7	39.5	2919147.6	83.7
温州市	105	22188	201.8	152.7	21.6	1585925.2	23.9
嘉兴市	55	8830	88.4	72.6	5.7	721802.1	23.4
湖州市	19	2620	17.7	17.7	1.7	186756.2	2.5
绍兴市	35	4305	61.7	39.1	5.8	429397.6	4.9
金华市	26	4096	36.7	22.5	1.5	220556.0	6.5
衢州市	4	761	5.0	4.1	0.8	46688.4	0.1
舟山市	6	1164	12.6	10.6	1.4	107560.7	1.0
台州市	61	14328	64.1	70.2	6.3	730571.5	23.8
丽水市	6	553	3.3	2.7	0.1	27886.2	0.4

6-37 医疗仪器设备及仪器仪表制造业 R&D 人员情况（2018）

指标名称	有 R&D 活动的企业数（个）	R&D 人员（人）	# 全时人员	# 研究人员	R&D 人员折合全时当量（人年）
总计	**484**	**19822**	**15428**	**6505**	**15407.8**
按行业分组					
医疗仪器设备及仪器仪表制造业	484	19822	15428	6505	15407.8
医疗仪器设备及器械制造	99	3167	2541	917	2335.5
医疗诊断、监护及治疗设备制造	25	925	800	396	643.9
口腔科用设备及器具制造	6	150	81	34	114.0
医疗实验室及医用消毒设备和器具制造	4	102	90	42	95.7
医疗、外科及兽医用器械制造	39	1276	976	235	935.6
机械治疗及病房护理设备制造	5	154	134	47	104.4
康复辅具制造	3	71	63	22	50.5
其他医疗设备及器械制造	17	489	397	141	391.3
通用仪器仪表制造	289	11492	9132	3728	8972.3
工业自动控制系统装置制造	144	5676	4422	1864	4225.1
电工仪器仪表制造	48	2819	2391	1023	2501.1
绘图、计算及测量仪器制造	12	380	314	42	351.9
实验分析仪器制造	18	436	358	121	362.2
试验机制造	6	103	86	31	94.0
供应用仪器仪表制造	41	1255	1022	290	991.3
其他通用仪器制造	20	823	539	357	446.7
专用仪器仪表制造	69	3087	2575	987	2485.0
环境监测专用仪器仪表制造	6	97	82	45	67.9
运输设备及生产用计数仪表制造	20	1357	1160	381	1109.0
导航、测绘、气象及海洋专用仪器制造	3	79	70	18	62.1
农林牧渔专用仪器仪表制造	1	19	17	2	19.0
地质勘探和地震专用仪器制造	1	4	4	2	3.4
教学专用仪器制造	16	550	437	155	445.1
电子测量仪器制造	13	681	566	270	513.7
其他专用仪器制造	9	300	239	114	264.8
光学仪器制造	25	2051	1159	865	1592.0
其他仪器仪表制造业	2	25	21	8	23.1
按地区分组					
杭州市	115	5680	4542	2256	4252.6
宁波市	127	5562	3969	1906	4380.2
温州市	87	3516	2814	883	2838.3
嘉兴市	45	1753	1466	597	1397.8
湖州市	12	325	191	68	232.9
绍兴市	27	704	581	221	547.8
金华市	18	508	448	158	403.4
衢州市	3	163	141	57	82.4
舟山市	4	155	92	44	122.4
台州市	43	1398	1132	295	1097.7
丽水市	3	58	52	20	52.2

6–38 医疗仪器设备及仪器仪表制造业 R&D 经费情况（2018）

单位：万元

指标名称	R&D 经费内部支出	# 人员劳务费	# 仪器和设备	# 政府资金	# 企业资金	R&D 经费外部支出
总计	**421446.4**	**204062.3**	**32630.4**	**19285.7**	**398546.0**	**15530.5**
按行业分组						
医疗仪器设备及仪器仪表制造业	421446.4	204062.3	32630.4	19285.7	398546.0	15530.5
医疗仪器设备及器械制造	66219.4	29033.8	4810.3	7285.0	58347.9	3033.9
医疗诊断、监护及治疗设备制造	21597.2	9224.5	814.1	2115.5	19261.8	930.2
口腔科用设备及器具制造	2516.4	1321.3	34.0	170.0	2346.4	82.8
医疗实验室及医用消毒设备和器具制造	2961.2	1920.2	74.3	6.5	2954.7	
医疗、外科及兽医用器械制造	22351.9	9312.0	3110.3	3416.1	18569.2	625.1
机械治疗及病房护理设备制造	2119.7	1364.7	57.5	37.4	2082.3	621.7
康复辅具制造	1726.9	706.8	97.2	977.5	749.4	8.6
其他医疗设备及器械制造	12946.1	5184.3	622.9	562.0	12384.1	765.5
通用仪器仪表制造	255378.1	127527.8	21141.3	9841.4	242657.8	6635.2
工业自动控制系统装置制造	127200.7	61052.3	16759.9	7123.6	117447.6	4529.2
电工仪器仪表制造	69862.7	36473.9	2170.3	773.9	68985.7	676.2
绘图、计算及测量仪器制造	4476.7	2413.5	137.2		4402.1	368.9
实验分析仪器制造	7539.2	3762.0	370.9	23.1	7444.4	79.0
试验机制造	1357.8	682.4	116.3	82.0	1275.8	207.9
供应用仪器仪表制造	20190.4	9595.6	1476.6	273.3	19917.1	703.4
其他通用仪器制造	24750.6	13548.1	110.1	1565.5	23185.1	70.6
专用仪器仪表制造	56532.5	25811.7	2346.0	1064.3	55468.2	5042.2
环境监测专用仪器仪表制造	1269.6	494.2	149.9	240.6	1029.0	225.1
运输设备及生产用计数仪表制造	26851.5	11269.1	1106.2	556.0	26295.5	3831.1
导航、测绘、气象及海洋专用仪器制造	1248.6	558.9	97.2		1248.6	117.5
农林牧渔专用仪器仪表制造	378.8	101.8			378.8	
地质勘探和地震专用仪器制造	44.0	33.0	2.2		44.0	1.6
教学专用仪器制造	7450.4	3589.9	88.0	10.0	7440.4	196.6
电子测量仪器制造	13804.6	7495.6	612.8	22.5	13782.1	578.1
其他专用仪器制造	5485.0	2269.2	289.7	235.2	5249.8	92.2
光学仪器制造	42805.8	21344.2	4321.4	1082.7	41573.8	819.2
其他仪器仪表制造业	510.6	344.8	11.4	12.3	498.3	
按地区分组						
杭州市	129204.8	72450.2	5513.9	13226.0	115440.4	2353.4
宁波市	122536.4	56812.3	14117.9	2076.0	119574.9	5945.8
温州市	66941.7	29529.2	6027.5	960.2	64246.6	1588.0
嘉兴市	36908.8	18238.9	1150.3	282.1	36563.8	759.6
湖州市	6291.2	1665.1	1405.2	283.9	6007.3	93.4
绍兴市	17012.8	6836.8	442.6	1855.2	15136.3	4116.7
金华市	11083.7	4571.9	1825.5	528.2	10402.8	218.3
衢州市	3546.0	1816.3	411.1		3546.0	
舟山市	5282.7	1106.7	543.9		5282.7	
台州市	21765.6	10651.8	1190.1	74.1	21472.5	455.3
丽水市	872.7	383.1	2.4		872.7	

6–39　医疗仪器设备及仪器仪表制造业企业办研发机构情况（2018）

指标名称	有研发机构的企业数（个）	机构数（个）	机构人员（人）	机构经费支出（万元）	机构仪器设备（万元）
总计	**363**	**397**	**18335**	**421066.3**	**297321.2**
按行业分组					
医疗仪器设备及仪器仪表制造业	363	397	18335	421066.3	297321.2
医疗仪器设备及器械制造	63	72	2365	57241.7	32731.7
医疗诊断、监护及治疗设备制造	18	21	768	17876.9	10969.1
口腔科用设备及器具制造	6	6	132	2712.3	1337.0
医疗实验室及医用消毒设备和器具制造	3	3	35	563.3	217.1
医疗、外科及兽医用器械制造	19	23	831	18542.4	15676.4
机械治疗及病房护理设备制造	5	6	170	2922.9	546.2
康复辅具制造	1	1	26	2378.7	457.5
其他医疗设备及器械制造	11	12	403	12245.2	3528.4
通用仪器仪表制造	226	243	10788	245031.3	214479.1
工业自动控制系统装置制造	110	114	4785	103958.3	162137.0
电工仪器仪表制造	46	49	3295	78734.6	22761.5
绘图、计算及测量仪器制造	11	11	275	4699.8	1656.0
实验分析仪器制造	15	16	433	7240.8	10970.7
试验机制造	4	4	92	1315.7	2472.7
供应用仪器仪表制造	23	25	1004	18921.8	9375.0
其他通用仪器制造	17	24	904	30160.3	5106.2
专用仪器仪表制造	51	57	2625	55832.4	26130.3
环境监测专用仪器仪表制造	6	7	166	3072.9	1298.3
运输设备及生产用计数仪表制造	16	19	1332	29725.0	14966.9
导航、测绘、气象及海洋专用仪器制造	1	1	40	625.5	454.7
农林牧渔专用仪器仪表制造	1	1	16	378.8	603.4
地质勘探和地震专用仪器制造	1	1	52	1329.1	688.5
教学专用仪器制造	13	14	528	7455.6	4210.5
电子测量仪器制造	10	11	437	12597.2	3562.4
其他专用仪器制造	3	3	54	648.3	345.6
光学仪器制造	20	22	2520	62255.6	23895.1
其他仪器仪表制造业	3	3	37	705.3	85.0
按地区分组					
杭州市	95	112	6050	147994.5	44376.8
宁波市	105	107	5586	133467.4	160490.5
温州市	76	79	3080	60961.9	51046.6
嘉兴市	35	41	1547	36079.4	21715.5
湖州市	8	9	307	5040.4	4026.1
绍兴市	17	18	464	11372.3	4861.9
金华市	6	9	286	5881.5	4074.1
舟山市	4	4	174	5531.4	1696.4
台州市	17	18	841	14737.5	5033.3

6–40 医疗仪器设备及仪器仪表制造业企业专利情况（2018）

单位：件

指标名称	专利申请数	#发明专利	有效发明专利
总计	**4360**	**1520**	**3460**
按行业分组			
医疗仪器设备及仪器仪表制造业	4360	1520	3460
医疗仪器设备及器械制造	777	235	800
医疗诊断、监护及治疗设备制造	329	85	209
口腔科用设备及器具制造	35	10	24
医疗实验室及医用消毒设备和器具制造	4	1	1
医疗、外科及兽医用器械制造	197	67	397
机械治疗及病房护理设备制造	27	9	24
康复辅具制造	21	8	43
其他医疗设备及器械制造	164	55	102
通用仪器仪表制造	2295	796	2034
工业自动控制系统装置制造	1151	432	1241
电工仪器仪表制造	663	253	363
绘图、计算及测量仪器制造	92	16	58
实验分析仪器制造	64	15	44
试验机制造	16	3	19
供应用仪器仪表制造	162	26	77
其他通用仪器制造	147	51	232
专用仪器仪表制造	642	160	328
环境监测专用仪器仪表制造	16	5	33
运输设备及生产用计数仪表制造	281	73	137
导航、测绘、气象及海洋专用仪器制造	32	6	3
地质勘探和地震专用仪器制造	9	3	2
教学专用仪器制造	102	12	39
电子测量仪器制造	153	45	58
其他专用仪器制造	49	16	56
光学仪器制造	641	329	290
其他仪器仪表制造业	5		8
按地区分组			
杭州市	1183	471	1448
宁波市	1452	594	885
温州市	628	120	320
嘉兴市	333	78	177
湖州市	99	40	69
绍兴市	202	44	132
金华市	97	29	95
衢州市	6	4	7
舟山市	25	10	14
台州市	332	130	313
丽水市	3		

6–41 医疗仪器设备及仪器仪表制造业企业新产品开发、生产及销售情况（2018）

指标名称	新产品开发项目数（项）	新产品开发经费（万元）	新产品产值（万元）	新产品销售收入（万元）	#出口
总计	**3608**	**514082.5**	**5060934.5**	**4864048.7**	**943193.8**
按行业分组					
医疗仪器设备及仪器仪表制造业	3608	514082.5	5060934.5	4864048.7	943193.8
医疗仪器设备及器械制造	822	77496.4	628993.9	546003.4	152231.6
医疗诊断、监护及治疗设备制造	269	26720.7	158829.2	142405.2	34866.9
口腔科用设备及器具制造	40	3020.8	45622.0	40686.1	17675.9
医疗实验室及医用消毒设备和器具制造	21	2969.7	3518.6	5067.2	325.8
医疗、外科及兽医用器械制造	305	26498.0	220605.0	166992.0	41893.4
机械治疗及病房护理设备制造	53	2514.8	17497.4	16230.4	2616.5
康复辅具制造	20	2304.5	15215.1	13033.3	9124.7
其他医疗设备及器械制造	114	13467.9	167706.6	161589.2	45728.4
通用仪器仪表制造	2006	309686.5	3197846.4	3213625.1	576181.3
工业自动控制系统装置制造	1083	159046.6	1507139.5	1506846.1	244734.0
电工仪器仪表制造	345	80526.1	1068521.5	1110649.9	178543.2
绘图、计算及测量仪器制造	64	4677.2	57041.4	57152.5	27177.0
实验分析仪器制造	126	9092.8	40144.6	39788.3	4536.3
试验机制造	38	2220.6	17419.4	14069.9	2896.5
供应用仪器仪表制造	210	22245.7	316797.7	320406.4	109905.2
其他通用仪器制造	140	31877.5	190782.3	164712.0	8389.1
专用仪器仪表制造	569	63311.3	764026.0	672382.7	105871.0
环境监测专用仪器仪表制造	50	2932.9	37381.3	34214.5	
运输设备及生产用计数仪表制造	243	30270.4	422736.1	365777.0	46448.7
导航、测绘、气象及海洋专用仪器制造	21	1242.8	11858.3	9381.8	830.0
农林牧渔专用仪器仪表制造	3	378.8	3244.3	3987.3	
地质勘探和地震专用仪器制造	9	1305.1	485.1	485.1	
教学专用仪器制造	98	8691.8	78305.4	68568.8	4999.4
电子测量仪器制造	91	14835.1	133555.4	120031.3	40768.4
其他专用仪器制造	54	3654.4	76460.1	69936.9	12824.5
光学仪器制造	188	62636.8	456003.8	418003.4	107400.7
其他仪器仪表制造业	23	951.5	14064.4	14034.1	1509.2
按地区分组					
杭州市	1033	192788.2	1382750.3	1343132.2	267445.8
宁波市	957	146602.8	1519606.3	1425332.6	296023.0
温州市	606	68370.5	844981.3	826110.8	118800.6
嘉兴市	276	36378.6	400800.8	394200.0	104216.9
湖州市	74	7492.4	120632.8	118523.3	12793.1
绍兴市	178	17867.3	254297.8	232742.6	15516.1
金华市	126	12301.4	117152.5	114705.5	18867.7
衢州市	28	3860.1	41103.1	34739.6	1165.8
舟山市	34	5838.4	19436.3	17491.0	8939.2
台州市	285	21591.1	345399.6	342605.9	99425.6
丽水市	11	991.7	14773.7	14465.2	

6-42 医疗仪器设备及仪器仪表制造业企业技术获取和技术改造情况（2018）

单位：万元

指标名称	技术改造经费支出	购买境内技术经费支出	引进境外技术经费支出	引进境外技术的消化吸收经费支出
总计	**21710.6**	**4936.8**	**0**	**0**
按行业分组				
医疗仪器设备及仪器仪表制造业	21710.6	4936.8		
医疗仪器设备及器械制造	1356.0	571.1		
医疗诊断、监护及治疗设备制造	31.8	3.0		
医疗、外科及兽医用器械制造	1138.0	568.1		
其他医疗设备及器械制造	186.2			
通用仪器仪表制造	5593.1	2452.6		
工业自动控制系统装置制造	2377.6	1034.9		
电工仪器仪表制造	1104.7	609.9		
绘图、计算及测量仪器制造	265.3			
供应用仪器仪表制造	1634.5	757.8		
其他通用仪器制造	211.0	50.0		
专用仪器仪表制造	13960.8	1913.1		
运输设备及生产用计数仪表制造	13876.0	1690.1		
教学专用仪器制造	2.5	42.0		
其他专用仪器制造	82.3	181.0		
光学仪器制造	800.7			
按地区分组				
杭州市	2480.1	298.3		
宁波市	3385.3	1815.1		
温州市	13931.6	1582.3		
湖州市	135.0	155.0		
绍兴市	222.0			
金华市	243.6			
舟山市	82.3			
台州市	1230.7	1086.1		

6–43 信息化学品制造业基本情况（2018）

指标名称	企业数（个）	从业人员平均人数（人）	资产总计（亿元）	主营业务收入（亿元）	利润总额（亿元）	工业总产值（万元）	出口交货值（亿元）
总计	**24**	**2993**	**103.5**	**47.6**	**-3.7**	**481857.4**	**1.9**
按行业分组							
信息化学品制造业	24	2993	103.5	47.6	-3.7	481857.4	1.9
信息化学品制造	24	2993	103.5	47.6	-3.7	481857.4	1.9
文化用信息化学品制造	20	2556	98.7	39.6	-5.6	400829.1	1.8
医学生产用信息化学品制造	4	437	4.8	8.0	1.9	81028.3	0.2
按地区分组							
杭州市	5	227	3.1	1.4	0.1	15599.7	0.2
温州市	2	252	5.7	2.3		28145.0	0.2
嘉兴市	4	1299	76.6	30.4	-5.6	305428.3	1.0
湖州市	2	200	3.7	1.3	0.6	12933.0	0.0
绍兴市	3	282	5.1	5.5	0.0	54097.5	0.0
金华市	1	85	2.8	0.9	0.2	9990.1	0.5
衢州市	6	628	6.3	5.3	0.8	52439.5	
台州市	1	20	0.2	0.3		3224.3	

6–44 信息化学品制造业 R&D 人员情况（2018）

指标名称	有 R&D 活动的企业数（个）	R&D 人员（人）			R&D 人员折合全时当量（人年）
			# 全时人员	# 研究人员	
总计	**11**	**360**	**297**	**120**	**289.8**
按行业分组					
信息化学品制造业	11	360	297	120	289.8
信息化学品制造	11	360	297	120	289.8
文化用信息化学品制造	9	313	263	102	259.2
医学生产用信息化学品制造	2	47	34	18	30.6
按地区分组					
杭州市	3	67	52	24	55.7
温州市	1	54	49	12	38.6
嘉兴市	3	120	108	51	117.0
湖州市	1	31	28	8	25.2
绍兴市	1	46	28	14	32.0
金华市	1	29	20	5	19.1
衢州市	1	13	12	6	2.2

6–45 信息化学品制造业 R&D 经费情况（2018）

单位：万元

指标名称	R&D 经费内部支出	# 人员劳务费	# 仪器和设备	# 政府资金	# 企业资金	R&D 经费外部支出
总计	**14298.7**	**2460.2**	**211.5**	**198.5**	**14100.2**	**0**
按行业分组						
信息化学品制造业	14298.7	2460.2	211.5	198.5	14100.2	
信息化学品制造	14298.7	2460.2	211.5	198.5	14100.2	
文化用信息化学品制造	13666.4	2130.4	211.5	198.5	13467.9	
医学生产用信息化学品制造	632.3	329.8			632.3	
按地区分组						
杭州市	753.4	354.6			753.4	
温州市	1109.6	394.4	5.4		1109.6	
嘉兴市	10601.4	902.9		48.5	10552.9	
湖州市	514.2	245.2		150.0	364.2	
绍兴市	545.8	248.4	189.7		545.8	
金华市	378.9	134.9	16.4		378.9	
衢州市	395.4	179.8			395.4	

6–46 信息化学品制造业企业办研发机构情况（2018）

指标名称	有研发机构的企业数（个）	机构数（个）	机构人员（人）	机构经费支出（万元）	机构仪器设备（万元）
总计	**6**	**6**	**154**	**3306.3**	**3040.6**
按行业分组					
信息化学品制造业	6	6	154	3306.3	3040.6
信息化学品制造	6	6	154	3306.3	3040.6
文化用信息化学品制造	5	5	136	3078.4	2882.9
医学生产用信息化学品制造	1	1	18	227.9	157.7
按地区分组					
杭州市	2	2	38	565.6	213.7
温州市	1	1	35	1342.4	1067.9
湖州市	1	1	30	514.2	523.9
绍兴市	1	1	45	508.1	203.4
金华市	1	1	6	376	1031.7

6–47 信息化学品制造业企业专利情况（2018）

单位：件

指标名称	专利申请数	# 发明专利	有效发明专利
总计	**24**	**16**	**97**
按行业分组			
信息化学品制造业	24	16	97
信息化学品制造	24	16	97
文化用信息化学品制造	20	12	91
医学生产用信息化学品制造	4	4	6
按地区分组			
杭州市	5	5	17
温州市	2	2	6
嘉兴市	6	6	57
湖州市	5	1	11
绍兴市	6	2	
金华市			1
衢州市			5

6–48 信息化学品制造业企业新产品开发、生产及销售情况（2018）

指标名称	新产品开发项目数（项）	新产品开发经费（万元）	新产品产值（万元）	新产品销售收入（万元）	# 出口
总计	**54**	**10039.6**	**311324.8**	**286370.0**	**4515.8**
按行业分组					
信息化学品制造业	54	10039.6	311324.8	286370.0	4515.8
信息化学品制造	54	10039.6	311324.8	286370.0	4515.8
文化用信息化学品制造	45	9331.9	308135.3	283882.2	3456.5
医学生产用信息化学品制造	9	707.7	3189.5	2487.8	1059.3
按地区分组					
杭州市	19	753.4	3500.3	2793.4	1059.3
温州市	6	1304.3	18454.2	18723.2	1426.9
嘉兴市	16	6628.5	280372.4	255542.0	1737.6
湖州市	4	366.7	8000.2	8313.7	292.0
绍兴市	2	143.4			
金华市	4	379.0	997.7	997.7	
衢州市	3	464.3			

主 要 指 标 解 释

科技活动：指在自然科学、农业科学、医药科学、工程与技术科学、人文与社会科学领域（以下简称科学技术领域）中与科技知识的产生、发展、传播和应用密切相关的有组织的活动。为核算科技投入的需要，科技活动可分为科学研究与试验发展（R&D）、科学研究与试验发展成果应用及相关的科技服务三类活动。

科学研究与试验发展：指在科学技术领域，为增加知识总量以及运用这些知识去创造新的应用而进行的系统的创造性的活动，包括基础研究、应用研究、试验发展三类活动。

基础研究：指为了获得关于现象和可观察事实的基本原理的新知识（揭示客观事物的本质、运动规律，获得新发现、新学说）而进行的实验性或理论性研究，它不以任何专门或特定的应用或使用为目的。其成果以科学论文和科学著作为主要形式。

应用研究：指为获得新知识而进行的创造性研究，主要针对某一特定的目的或目标。应用研究是为了确定基础研究成果可能的用途，或是为达到预定的目标探索应采取的新方法（原理性）或新途径。其成果形式以科学论文、专著、原理性模型或发明专利为主。

试验发展：指利用从基础研究、应用研究和实际经验中所获得的现有知识，为产生新的产品、材料和装置，建立新的工艺、系统和服务，以及为了对已产生和建立的上述各项做实质性的改进而进行的系统性工作。其成果形式主要是专利、专有技术、新产品原型或样机样件等。

科学研究与试验发展成果应用：指为使试验发展阶段产生的新产品、材料和装置，建立的新工艺、系统和服务以及做实质性改进后的上述各项能够投入生产或实际应用，为了解决所存在的技术问题而进行的系统性的工作。这类活动的成果形式大多是可供生产和实际操作的带有技术和工艺参数的图纸、技术标准和操作规范。

科技服务：指与科学研究与实验发展有关，并有助于科学技术知识的产生、传播和应用的活动。

从业人员年平均人数：从业人员是指在从事劳动并取得劳动报酬或经营收入的全部劳动力。从业人员年平均人数是指在报告期内平均每天拥有的从业人员数。

科学家和工程师：指具有高、中级技术职称（职务）的人员和无高、中级技术职称（职务）的大学本科及以上学历的人员。

专业技术人员：指从事专业技术工作的人员以及从事专业技术管理工作且在1983年以前审定了专业技术职称或在1984年以后聘任了专业技术职务的人员。

工程技术人员：指负担工程技术和工程技术管理工作并具有工程技术能力的人员。

从业人员劳动报酬：指工业企业在报告期内直接支付给本企业全部从业人员的劳动报酬总额，包括职工工资总额和企业其他从业人员劳动报酬两部分。

工业总产值：指以货币表现的工业企业在报告期内生产的工业产品总量，包括本年生产成品价值，对外加工费收入，自制半成品、在制品期末期初差额价值。

产品销售收入：指工业企业销售产成品、自制半成品的收入和提供工业性劳务等取得的收入总额。

产品销售利润：指企业销售收入扣除其成本、费用、税金后的余额。

利润总额：指企业在生产经营过程中各种收入扣除各种消耗后的盈余，反映企业在报告期内实现的盈亏总额（亏损以“–”表示），包括企业的营业利润、补贴收入、各种投资净收益和营业外收支净额。

年末固定资产原价: 指企业在建造、购置、安装、改建、扩建、技术改造固定资产时实际支出的全部货币总额。

生产经营用机器设备原价：指企业在年末拥有的直接服务于企业生产、经营过程的各种机器设备的原价。

微电子控制机器设备原价：指企业在年末拥有的、利用微电子技术（包括电子计算机、集成电路等）对生产过程进行控制、观察测量、测试等生产机器设备的原价。

科技活动人员：指企业在报告年度直接从事（或参与）科技活动以及专门从事科技活动管理和为科技活动提供直接服务的人员。累计从事科技活动的时间占制度工作时间 10%（不含）以下的人员不统计。

科技活动全时人员：指企业科技活动人员中在报告年度实际从事科技活动的时间占制度工作时间 90%（含）以上的人员。

科技活动非全时人员：指企业科技活动人员中在报告年度实际从事科技活动的时间占制度工作时间在 10%（含）~ 90%（不含）的人员。

研究与试验发展人员：指企业科技活动人员中从事基础研究、应用研究和试验发展三类活动的人员。

科技活动经费筹集总额：指企业在报告年度从各种渠道筹集到的计划用于科技活动的经费，包括企业资金、金融机构贷款、政府资金、事业单位资金、国外资金、其他资金等。

企业资金：指报告年度本企业从自有资金中提取或接受在国内注册的其他企业委托获得的计划用于科研和技术开发活动的经费，不包括来自政府有关部门、金融机构以及国外的计划用于科技活动的经费。

金融机构贷款：指企业从各类金融机构获得的用于科技活动的贷款。

政府资金: 指企业从各级政府部门获得的计划用于科技活动的经费,包括科技专项费、科研基建费和贷款等。

国外资金：指本企业从中国境外的企业、大学、国际组织、民间组织、金融机构及外国政府获得的计划用于科技活动的经费，不包括从在国内注册的外资企业获得的计划用于科技活动的经费。

其他资金：指科技活动执行单位从上述渠道以外获得的计划用于科技活动的经费，如来自民间非营利机构的资助和个人捐赠等。

科技活动经费支出总额：指企业在报告年度实际支出的全部科技活动费用，包括列入技术开发的经费支出以及技措技改等资金实际用于科技活动的支出，不包括生产性支出和归还贷款支出。科技活动经费支出总额分为内部支出和外部支出。

科技活动经费内部支出：指企业在报告年度用于内部开展科技活动实际支出的费用，包括外协加工费，不包括委托研制或合作研制而支付外单位的经费。

科技活动人员劳务费：指以货币或实物形式直接或间接支付给科技活动人员的劳动报酬及各种费用，包括各种形式的工资、补助工资、津贴、价格补贴、奖金、福利、失业保险、养老保险、医疗保险、工伤保险、人民助学金等。为科技活动提供间接服务人员的劳务费计入其他支出。

固定资产购建：指企业在报告年度为开展科技活动，使用非基本建设资金进行固定资产购置，以及使用基本建设费进行新建、改建、扩建、购置、安装科研用固定资产以及进行科研设备改造及大修理等的实际支出。

设备购置：指在报告期内为进行科技活动而购置的科研仪器设备、图书资料、实验材料和标本以及其他设备的支出。

研究与试验发展经费支出：指报告年度在企业科技活动经费内部支出中用于基础研究、应用研究和试验发展三类项目以及这三类项目的管理和服务费用的支出。

基础研究支出：指报告年度在企业科技活动经费内部支出中用于基础研究项目以及这类项目的管理和服务费用的支出。

应用研究支出：指报告年度在企业科技活动经费内部支出中用于应用研究项目以及这类项目的管理和服务费用的支出。

试验发展支出：指报告年度在企业科技活动经费内部支出中用于试验发展项目以及这类项目的管理和服务费用的支出。

科技活动经费外部支出：指企业在报告年度委托其他单位或与其他单位合作开展科技活动而支付给其他单位的经费，不包括外协加工费。

新产品：指采用新技术原理、新设计构思研制、生产的全新产品，或在结构、材质、工艺等某一方面比原有产品有明显改进，从而显著提高了产品性能或扩大了使用功能的产品。

新产品产值：指报告年度本企业生产的新产品的价值。

新产品销售收入：指报告年度本企业销售新产品实现的销售收入。

新产品出口收入：指报告年度本企业将新产品出售给外贸部门和直接出售给外商所实现的销售收入。

全部科技项目数：指企业在报告年度当年立项并开展研制工作和以前年份立项仍继续进行研制的科技项目数，包括当年完成和年内研制工作已告失败的科技项目，但不包括委托外单位进行研制的科技项目。

研究与试验发展项目数：指企业在报告年度进行的全部科技项目中属于研究与试验发展的项目数。

专利申请数：指企业在报告年度内向专利行政部门提出专利申请并被受理的件数。

发明专利申请数：指企业在报告年度内向专利行政部门提出发明专利申请并被受理的件数。

拥有发明专利数：指企业作为专利权人在报告年度拥有的、经国内外专利行政部门授权且在有效期内的发明专利件数。

技术改造经费支出：指本企业在报告年度进行技术改造而发生的费用支出。在技术改造经费支出中，属于研究与试验发展的经费支出，除了包含在技术改造经费支出中，还要计入企业研究与试验发展经费支出中。

技术引进经费支出：指企业在报告年度用于购买国外技术，包括产品设计、工艺流程、图纸、配方、专利等技术资料的费用支出，以及购买关键设备、仪器、样机和样件等的费用支出。

引进设计、图纸、工艺、配方、专利的支出：指企业在报告年度内用于购买国外产品设计、工艺流程、配方、专利、技术诀窍等的费用支出。

消化吸收的经费支出：指本企业在报告年度对国外引进项目进行消化吸收所支付的经费总额。

购买国内技术经费支出：指本企业在报告年度购买国内其他单位科技成果的经费支出。

享受各级政府对科技的减免税：指各级政府为了鼓励增加科技投入、促进高新技术产品开发、发展高新技术产业等而减负的各种税金总额。